高等职业教育“互联网 +”创新型系列教材

现代网络技术

主　编　张大伟　刘彦宇

副主编　张志宏　赵龙海　李明艳　张　柳

参　编　黄少年　李　博　吴　艺　蔡　荔

　　　　苏　霞　李　杰

主　审　黄国敏

机 械 工 业 出 版 社

本书基于eNSP（Enterprise Network Simulation Platform），按照易学、易用、实用的原则介绍了交换机、路由器、无线设备等现代网络设备的管理与操作方法。本书选取的31个网络技术项目，涵盖了网络基本原理、网络互联设备及服务器配置三个方面。

本书可作为各类高等职业院校计算机相关专业教材，也可作为相关院校的实验实训指导书，还可作为网络爱好者的参考用书。

为方便教学，本书有多媒体课件、模拟试卷及答案等教学资源，凡选用本书作为授课教材的老师，均可通过QQ（2314073523）咨询。

图书在版编目（CIP）数据

现代网络技术 / 张大伟，刘彦宇主编. —北京：机械工业出版社，2022.8

高等职业教育“互联网+”创新型系列教材

ISBN 978-7-111-71386-9

Ⅰ. ①现… Ⅱ. ①张… ②刘… Ⅲ. ①计算机网络－高等职业教育－教材 Ⅳ. ①TP393

中国版本图书馆CIP数据核字（2022）第146065号

机械工业出版社（北京市百万庄大街22号 邮政编码100037）

策划编辑：曲世海 责任编辑：曲世海 苑文环

责任校对：樊钟英 贾立萍 封面设计：马若濛

责任印制：单爱军

北京虎彩文化传播有限公司印刷

2023年9月第1版第1次印刷

184mm×260mm·17印张·410千字

标准书号：ISBN 978-7-111-71386-9

定价：59.00元

电话服务 网络服务

客服电话：010-88361066 机 工 官 网：www.cmpbook.com

010-88379833 机 工 官 博：weibo.com/cmp1952

010-68326294 金 书 网：www.golden-book.com

封底无防伪标均为盗版 机工教育服务网：www.cmpedu.com

前　言

信息社会飞速发展，网络技术应用日趋广泛，网络设备作为网络载体，其重要性不言而喻。掌握网络设备的配置与管理，对学习计算机网络技术起着至关重要的作用。“现代网络技术”是由典型工作任务转化而来的一门工作过程导向课程，也是北海职业学院电子信息工程系应用电子专业群的建设成果之一，具有鲜明的职业特征，旨在培养学生可持续发展的能力和独立获取新知识、新技术的方法与能力。

本书以工作页的形式展现现代网络技术的学习领域，教学模式、评价方式、实施过程较以往进行了较大的变革，在一定程度上解决了职业教育中课程设置、教学内容与企业需求相脱离，无法满足岗位需求的问题，特别是在教材设计等方面进行了较大的革新，并且取得了可喜的成绩。

本书由张大伟、刘彦宇担任主编，张志宏、赵龙海、李明艳、张柳担任副主编，黄少年、李博、吴艺、蔡荔、苏霞、李杰参与编写。其中，李博编写了项目 1 和项目 3；张大伟编写了项目 2、项目 8、项目 9、项目 21 和项目 26；蔡荔编写了项目 4 和项目 5；刘彦宇编写了项目 6 和项目 7；李杰编写了项目 10 ～项目 12；赵龙海编写了项目 13 ～项目 15；黄少年编写了项目 16 ～项目 18；苏霞编写了项目 19 和项目 20；李明艳编写了项目 22；张志宏编写了项目 23 ～项目 25；吴艺编写了项目 27 和项目 28；张柳编写了项目 29 ～项目 31。黄国敏对本书进行了审读。

本书在编写过程中参考了很多计算机网络教材和相关著作、论文，吸收了许多专家的观点。在此，特向在书中引用和参考的已注明和未注明的教材、专著、报刊、文章的编者和作者表示诚挚的谢意。

由于编者能力所限，本书不足之处在所难免，敬请专家读者批评指正。

编　者

二维码索引

（续）

目　录

Chapter

项目 1 认识计算机网络

1. 知识点导入

计算机网络是计算机和通信技术两大现代技术的结合体，包括计算机硬件、软件、网络体系结构、通信等多种技术，以实现资源共享和信息传递为目标。

（1）计算机网络的定义

计算机网络是利用通信设备和线路将分布于不同地理位置且功能独立的多个计算机系统连接起来，并配以功能完善的网络软件实现网络的软、硬件及资源共享与信息传递的集合。通俗地说，计算机网络由若干结点和连接这些结点的链路组成。

（2）计算机网络的产生与发展

计算机网络最早出现在 20 世纪 50 年代初美国航空公司与 IBM 公司联合研究民用系统的计算机技术中。1969 年 12 月，美国国防部高级研究计划署 ARPA（Advanced Research Projects Agency）开发的 ARPAnet 网络，标志着计算机网络的兴起，即 Internet 的前身。

（3）计算机网络的分类

计算机网络按不同的标准可分成不同的类别，常见的标准如下：

1）按覆盖范围分：局域网（LAN，几米至 10km）、城域网（MAN，10 ～ 100km）、广域网（WAN，几百至几千千米）。

2）按拓扑结构分：总线型网、星形网、环形网、树形网、网状网等。

3）按传输介质分：有线网、无线网。

4）按传播技术分：广播式网、点到点式网。

5）按交换技术分：电路交换网、分组交换网、报文交换网。

（4）计算机网络的拓扑结构

计算机网络拓扑是指用传输媒体互连各种设备的布局，分物理拓扑和逻辑拓扑两种。常见的物理拓扑有总线型拓扑、星形拓扑、环形拓扑，如图 1-1 所示。

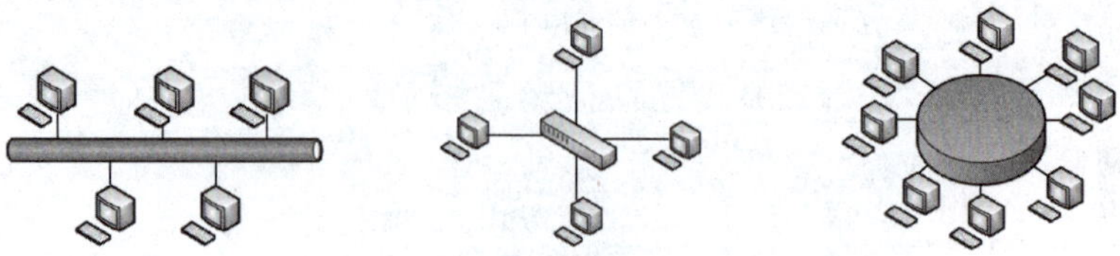

a) 总线型　　b) 星形　　c) 环形

图 1-1　计算机网络拓扑结构

2. 工作情境

eNSP（enterprise Network Simulation Platform）是一款由华为提供的、可扩展的、图形化操作的网络仿真工具平台，主要对企业网络路由器、交换机进行软件仿真，完美呈现真实设备实景，支持大型网络模拟。请根据场景的需要利用网络仿真软件 eNSP 完成星形拓扑图的绘制。

3. 项目实施

项目描述：使用华为 eNSP 仿真模拟软件绘制星形网络拓扑图。

（1）打开软件

华为 eNSP 仿真模拟软件界面如图 1-2 所示。

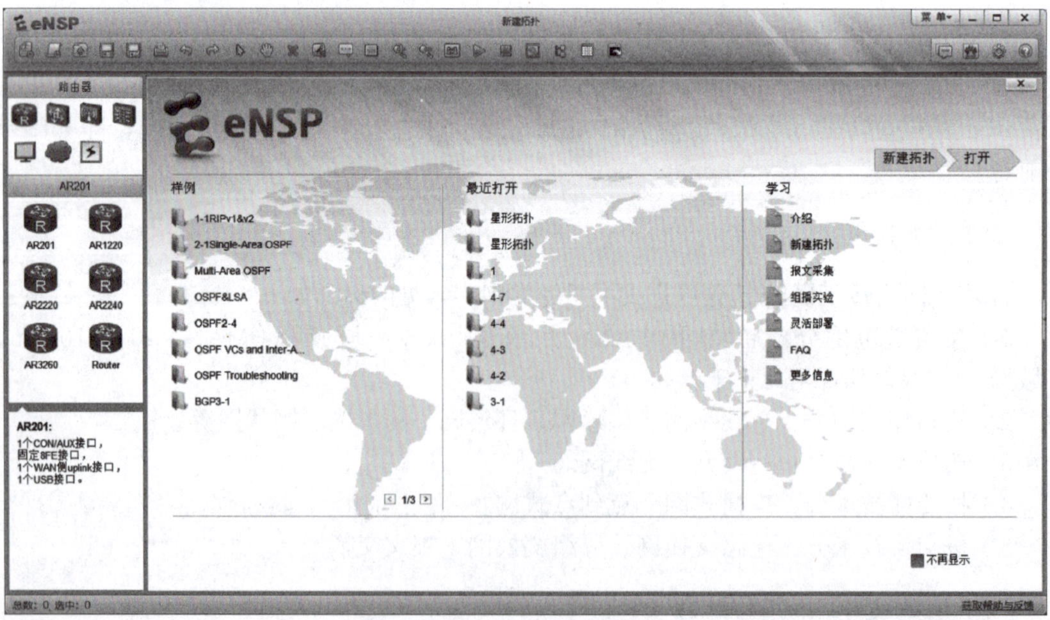

图 1-2　eNSP 仿真模拟软件界面

（2）选择设备

选择网络设备区中的交换机，在列表选择 S5700 类型交换机，如图 1-3 所示。

图 1-3　选择交换机

（3）放置设备

在软件工作区中单击放置交换机 LSW1（见图 1-4），再选择网络设备区中的终端，在列表中选择 PC。

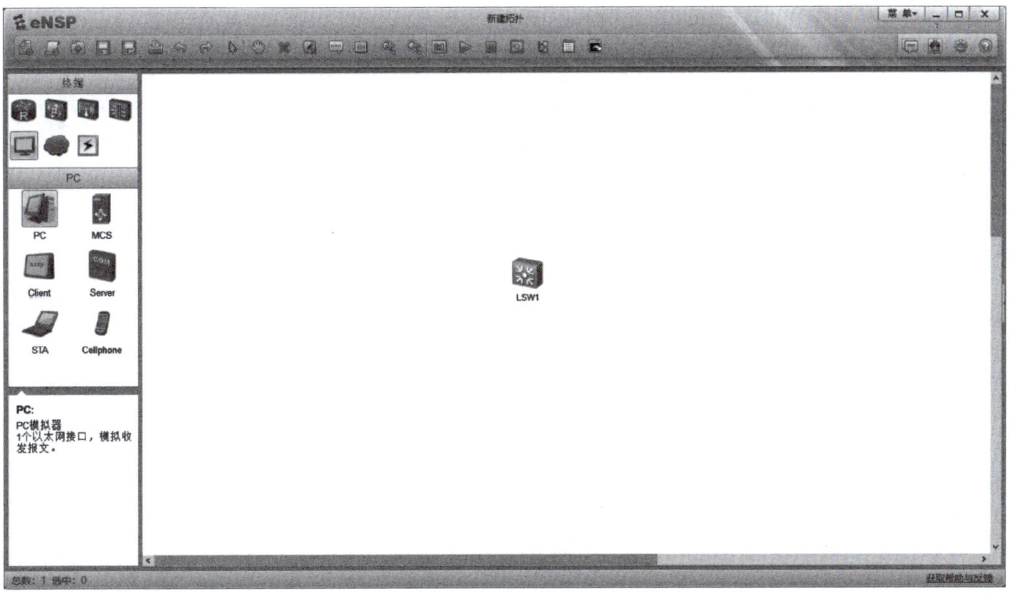

图 1-4　选择终端 PC

（4）放置终端

如图 1-5 所示，在交换机四周放置 4 台模拟 PC，其默认的名字分别是__________、__________、__________、__________。

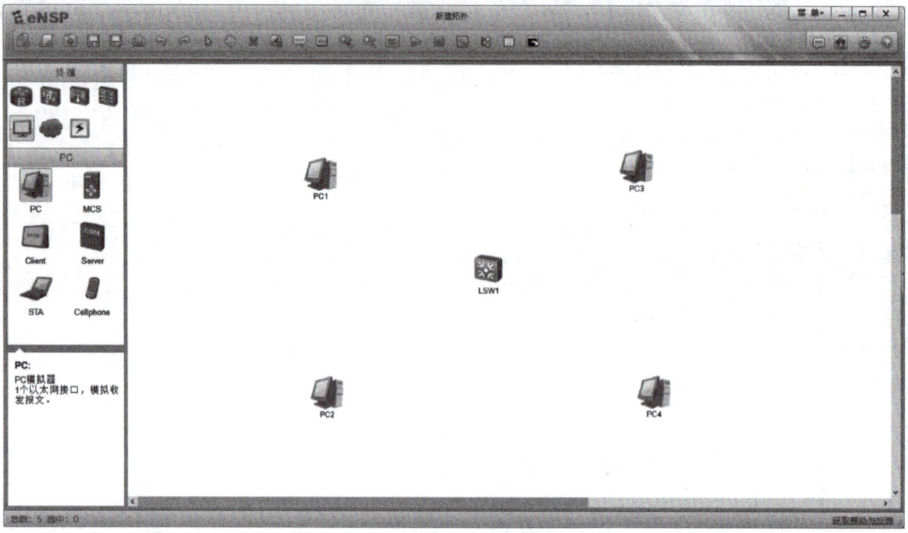

图 1-5　选择放置 PC

（5）连接设备

选择网络设备区中的设备连线，再选择 Copper 线将各台模拟 PC 与交换机连接，PC1 的 Ethernet0/0/1 接口与交换机 LSW1 GE 0/0/1 接口连接（见图 1-6），依次类推，保存为“D:\ 星形拓扑 .topo”，Copper 线是指__________。

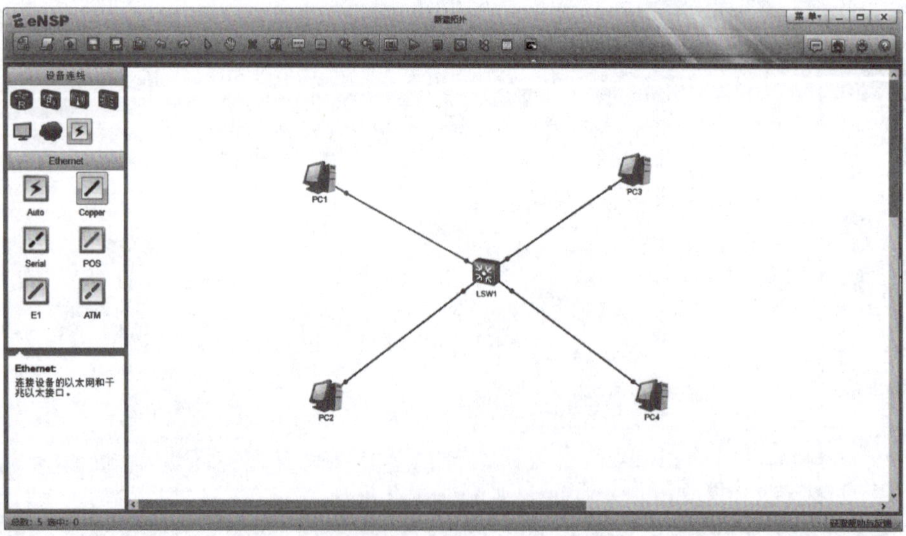

图 1-6　选择设备连线

4. 交付验收

由验收人填写拓扑结构图绘制验收单，见表 1-1。

表 1-1　拓扑结构图绘制验收单

标题：		姓名：	
eNSP 仿真模拟软件			
eNSP 安装	□能　□不能		
eNSP 使用	□能　□不能		
eNSP 设备选型	□能　□不能		
eNSP 连接线	□熟练　□不熟练		
星形拓扑图绘制	□完成　□未完成		
是否满足交付要求	□是　□否		
验收人		验收时间：　　年　　月　　日	

5. 反思与评价

填写反思评价表，见表 1-2。

表 1-2　反思评价表

项目名称：	
完成情况	□完成　□部分完成　□没做
目标实现情况	□实现　□部分实现　□大部分未实现
与老师、同学沟通情况	□好　□较好　□一般　□存在较大问题
与同学协作情况	□好　□较好　□一般　□存在较大问题
技术方法运用情况	□好　□较好　□一般　□存在较大问题
资料收集水平	□高　□较高　□一般　□差
做事态度	□认真　□较认真　□应付　□差
项目是否完成	□完成　□部分完成　□大部分未完成　□未做
总结反思	
自我评价	
整体效果	
主要不足	
改进措施	
自评等级	□优秀　□良好　□一般
时间	年　　月　　日

Chapter

项目 2 认识计算机网络体系结构

1. 知识点导入

要在计算机网络这样庞大且繁杂的系统中实现开放式通信，需要一定的标准来保证各系统之间的协作与协调，网络体系结构就是为网络硬件、软件、协议等提供标准的。1984 年，国际标准化组织（ISO）在已有的网络体系结构基础上制定了著名的开放式系统互联参考模型（Open System Interconnection Reference Model，OSI），现在 OSI 已成为国际标准的网络体系结构。

由于 OSI 参考模型的设计过于复杂，商用产品很难完全符合各层协议，TCP/IP 参考模型成为流行的网络体系结构，但学术研究中多以 OSI 参考模型为基准。

（1）OSI 参考模型

如图 2-1 所示，OSI 参考模型将网络通信划分为七层并定义了每层的功能、层与层之间的关系及对等层之间如何通信等。

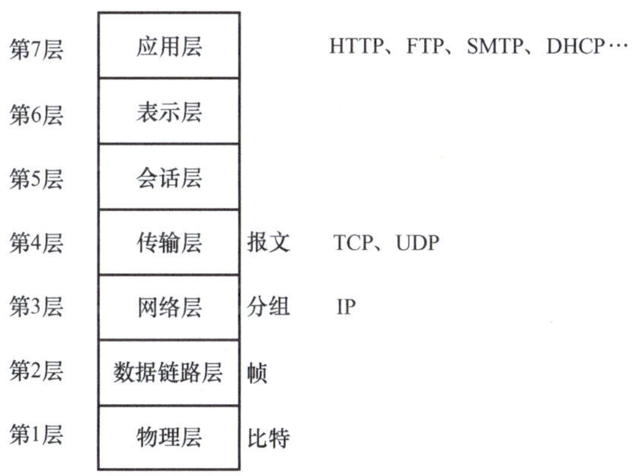

图 2-1　OSI 参考模型

OSI 参考模型中相邻的两层之间上层使用下层提供的服务，上三层与网络应用有关，下四层主要解决网络控制和数据传输问题，其中下四层每层传输的协议数据单元如图 2-1 所示。

物理层：定义了网络硬件接口的电气、机械、规程等特征，为通信提供物理链路，协议数据单元是比特。

数据链路层：进行链路管理、组帧和流量控制等功能，协议数据单元是帧。

网络层：为两个不同网络或网段之间建立通信，对整个网络中的计算机进行编址（IP地址），对路由进行智能选择。网络层协议数据单元是分组或包，著名的TCP/IP协议中的IP协议运行在此层。

传输层：为源主机和目的主机提供可靠的端到端通信，具有链接管理、差错校验等特征，协议数据单元是报文，著名的TCP/IP协议中的TCP协议运行在此层。

会话层：两个主机为交换信息而基于某种规则建立的一次暂时联系称为会话。会话层的任务是建立、管理和终止两个主机之间的会话。

表示层：提供数据语法转换、压缩等服务。

应用层：计算机与应用程序的接口，使应用程序能够向用户提供服务。

（2）TCP/IP参考模型

TCP/IP参考模型是对OSI参考模型的简化（见图2-2、图2-3），它只有应用层、运输层、网际层和网络接口层。TCP/IP模型被称为事实上的标准。

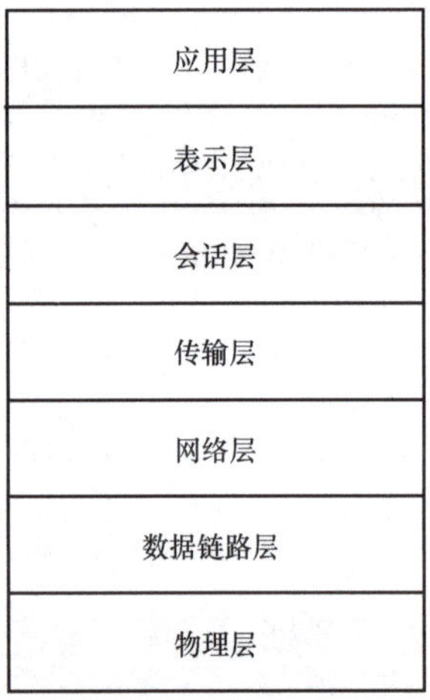

图2-2 OSI参考模型

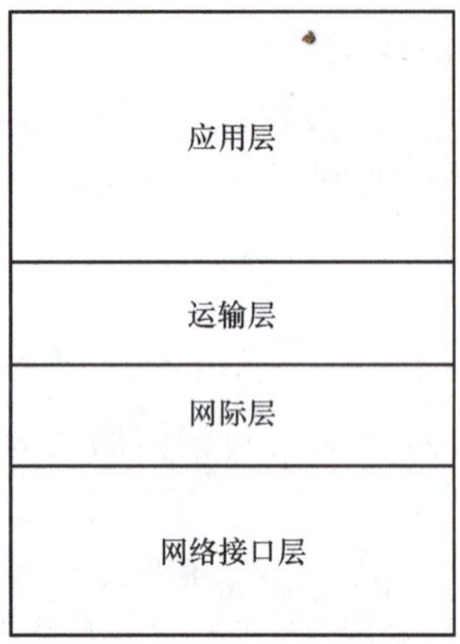

图2-3 TCP/IP参考模型

2. 工作情境

开放式系统互联参考模型（OSI）是一种概念模型，是一个试图使各种计算机在世界范围内互连为网络的标准框架，在计算机网络的体系架构中具有十分重要的地位。请根据OSI的分层原理，利用软件（如WPS文字）完成客户机请求服务器过程中，数据包在OSI模型中传输数据的过程。

3. 项目实施

本项目模拟HTTP原理完成客户机请求服务器过程中，数据包在OSI模型中传输数据的过程。假如您要关注一位认证博主，单击其信息栏的“关注”，下面我们看看这个操作是如何在 OSI 开放模型中进行的，如图 2-4 所示。

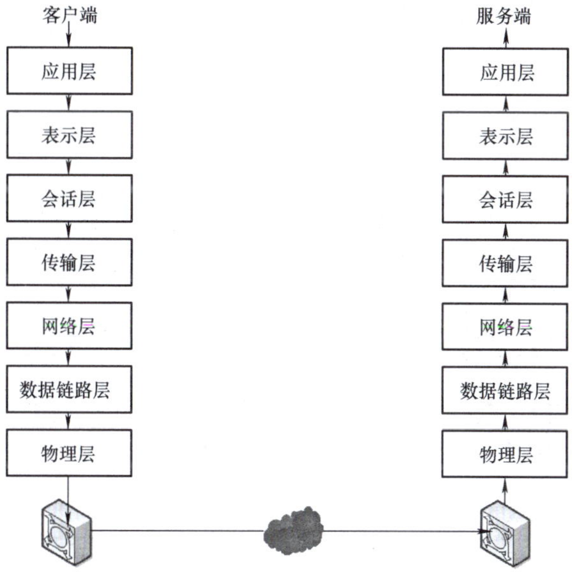

图 2-4　OSI 模拟 HTTP 请求响应过程

（1）应用层

如图 2-5 所示，浏览器数据发送到应用层后，应用层组织好数据封装本层报头，此时的数据形式为__________（□报文、□分组、□帧、□比特），本任务中应用层封装的报头采用的协议是__________（□ HTTP、□ HTTP2）。

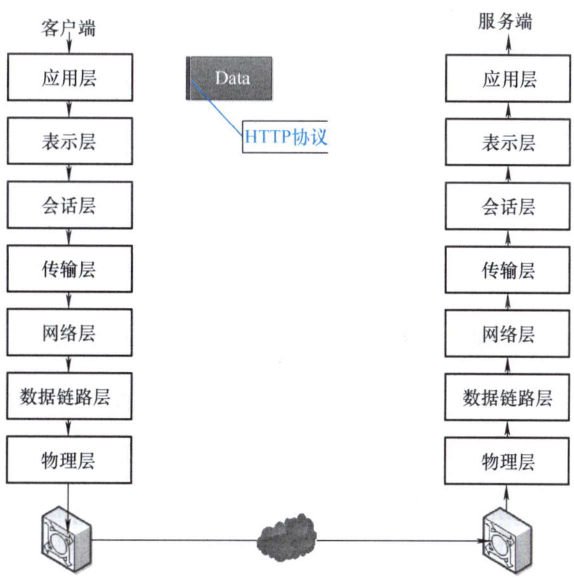

图 2-5　应用层

（2）表示层

如图 2-6 所示，数据（报文）发送到表示层后，表示层对其进行一定的文件格式和编码的规范，本层封装报头（协议为空），此时的数据形式为____________（□报文、□分组、□帧、□比特）。

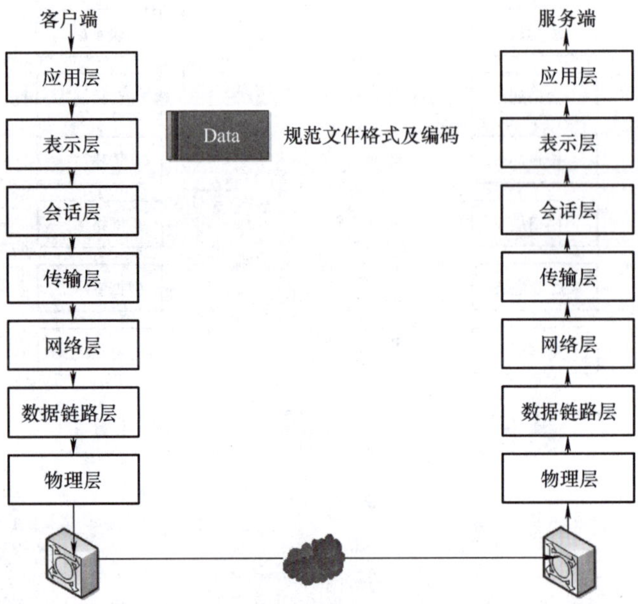

图 2-6　表示层

（3）会话层

如图 2-7 所示，数据（报文）发送到会话层后，封装本层报头（协议为空），此时的数据形式为____________（□报文、□分组、□帧、□比特）。

（4）传输层

如图 2-8 所示，数据（报文）发送到传输层后，封装本层报头，协议为____________（□ TCP、□ UDP），此时的数据形式为____________（□报文、□分组、□帧、□比特）。

（5）网络层

如图 2-9 所示，数据（报文）发送到网络层后，封装本层报头，协议为____________（□ IP、□ ARP），此时的数据形式为____________（□报文、□分组、□帧、□比特）。

（6）数据链路层

如图 2-10 所示，数据（报文）发送到数据链路层后，封装本层报头（协议为空），此时的数据形式为____________（□报文、□分组、□帧、□比特）。

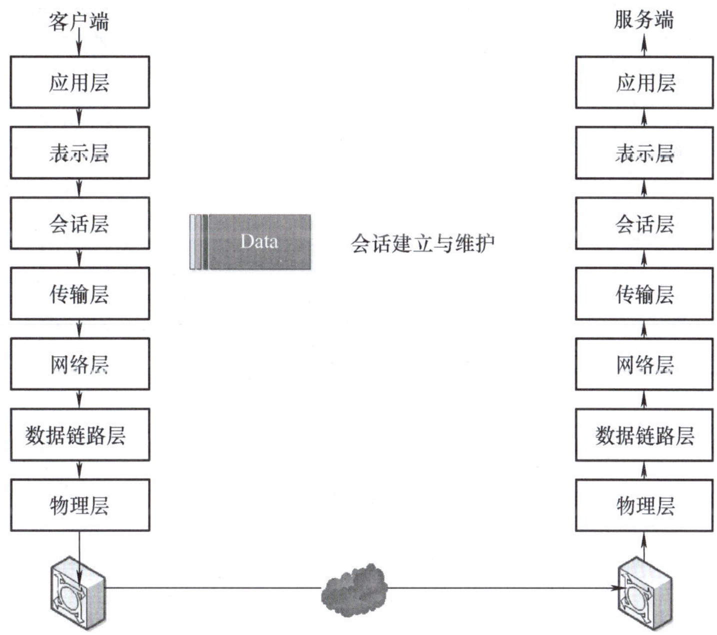

图 2-7　会话层

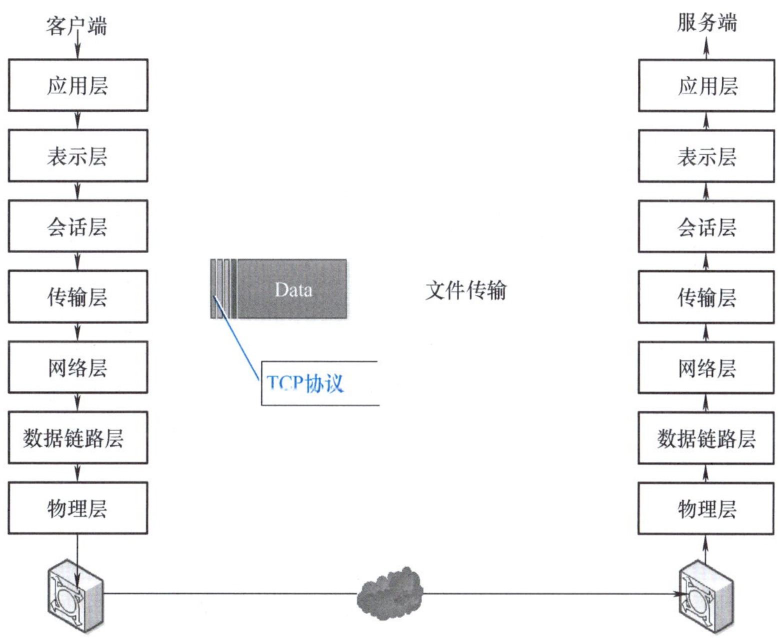

图 2-8　传输层

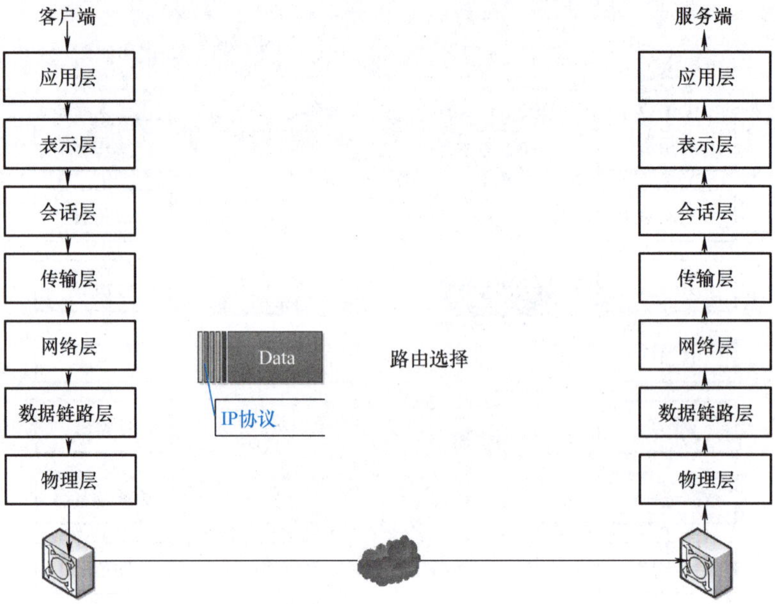

图 2-9　网络层

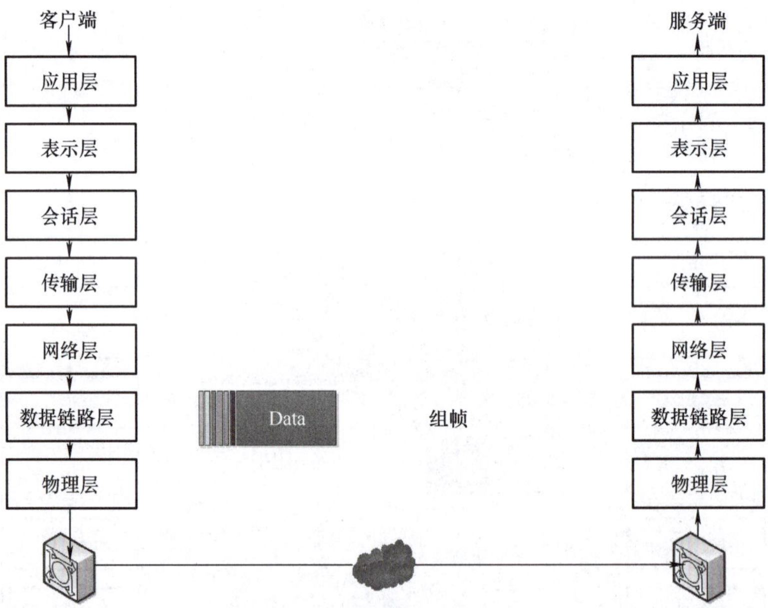

图 2-10　数据链路层

（7）物理层

如图 2-11 所示，数据（报文）发送到物理层后，此时的数据形式为____________（□报文、□分组、□帧、□比特），在数据链路上传播。

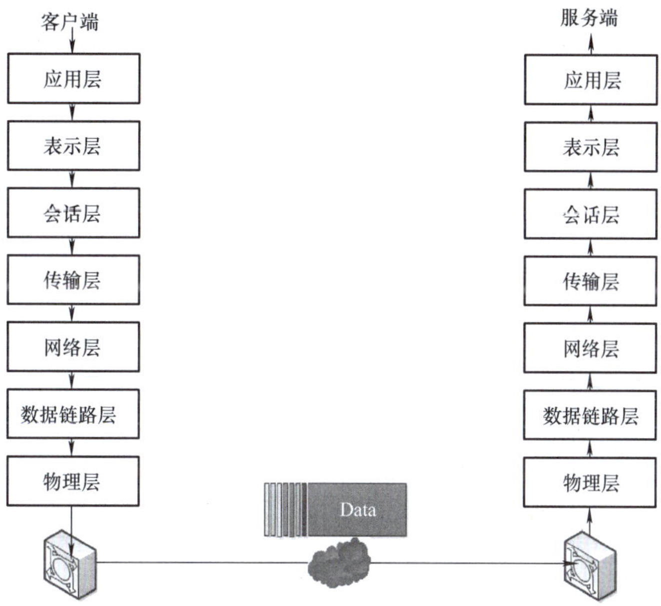

图 2-11　物理层

（8）封装与解封装

数据（报文）经过物理链路发送至服务器，之后经历与上述“封装”过程相反的操作过程，从低层接收数据传送到高层，此过程称为“解封装”。

4. 交付验收

由验收人填写 OSI 开放模型绘制验收单，见表 2-1。

表 2-1　OSI 开放模型绘制验收单

标题：		姓名：	
物理层	是否绘制 PDU（协议数据单元）□是　□否		
数据链路层	是否绘制 PDU（协议数据单元）□是　□否		
网络层	是否绘制 PDU（协议数据单元）□是　□否		
传输层	是否绘制 PDU（协议数据单元）□是　□否		
是否满足交付要求	□是　□否		
验收人		验收时间：　　年　　月　　日	

5. 反思与评价

填写反思评价表，见表 2-2。

表 2-2　反思评价表

项目名称：	
完成情况	□完成　□部分完成　□没做
目标实现情况	□实现　□部分实现　□大部分未实现
与老师、同学沟通情况	□好　□较好　□一般　□存在较大问题
与同学协作情况	□好　□较好　□一般　□存在较大问题
技术方法运用情况	□好　□较好　□一般　□存在较大问题
资料收集水平	□高　□较高　□一般　□差
做事态度	□认真　□较认真　□应付　□差
项目是否完成	□完成　□部分完成　□大部分未完成　□未做
总结反思	
自我评价	
整体效果	
主要不足	
改进措施	
自评等级	□优秀　□良好　□一般
时间	年　月　日

Chapter

项目 3 了解以太网

1. 知识点导入

按照范围来看，计算机网络分为局域网（LAN）、城域网（MAN）和广域网（WAN），局域网是我们最常用的网络类型。

（1）以太网的概念

以太网是应用最广泛的局域网技术规范。它使用有线传输介质，一般采用总线型或星形拓扑结构，采用随机争用的介质访问控制技术，它不是一种具体的网络，而是一种网络技术规范。

（2）标准以太网的工作原理

以太网实现了计算机网络上无线电系统多个节点发送信息的想法，每个节点必须获取电缆或者信道才能传送信息，有时也称为以太（Ether）。其核心技术是带有冲突检测的载波侦听多路访问（Carrier Sense Multiple Access/Collision Detection，CSMA/CD）机制，共享信道。

（3）MAC 地址

MAC 地址（Media Access Control Address，媒体存取控制位址），也称为物理地址。一个局域网中有多台计算机，这些计算机都有自己的 MAC 地址和 IP 地址。其中，IP 地址是可变的，而 MAC 地址一般是不可变的。为了准确地识别主机，用户可以获取计算机对应的 MAC 地址。

2. 工作情境

MAC 地址共 48 位，由 12 位十六进制数字组成，从左到右开始，1 ～ 24 位是标识厂商的代码，25 ～ 48 位由厂商自行分派，是各个厂商制造的所有网卡的唯一编号。Wireshark 是一个网络封包分析软件，其功能是截取网络封包，并尽可能显示出最为详细的网络封包资料。请您利用 Wireshark 软件进行抓包，掌握以太网中 MAC 地址的作用。

3. 项目实施

使用华为 eNSP 仿真模拟软件模拟星形拓扑网络，理解及掌握以太网中 MAC 地址的作用。

（1）绘制拓扑图

新建如图 3-1 所示的拓扑结构，单击工具栏中的启动按钮，开启设备，开启后连接线两端的红点颜色变为____________。

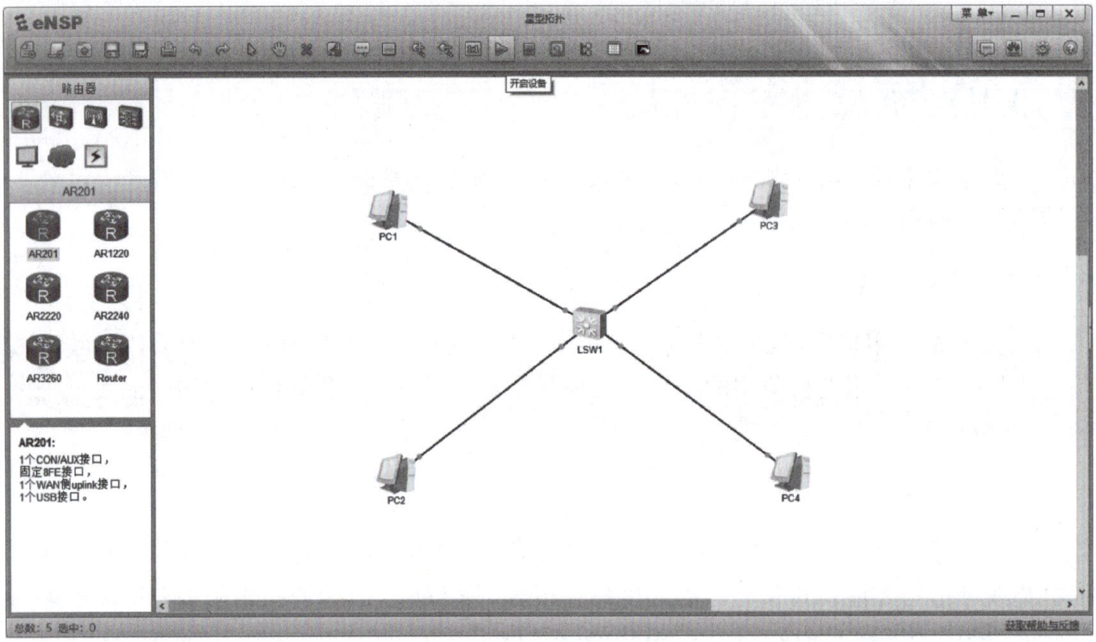

图 3-1　新建星形拓扑结构

（2）设置 IP 地址

双击 PC1，打开 PC1 的设置，选择“基础配置”标签（见图 3-2），并设置 PC1 的 IPv4 静态 IP 地址为“192.168.1.1”，单击“应用”按钮。PC2 设置为“192.168.1.2”，PC3 设置为“192.168.1.3”，PC4 设置为“192.168.1.4”。

（3）数据抓包

单击工具栏中的“数据抓包”按钮，启动采集数据报文功能，如图 3-3 所示，选择 PC2—Ethernet 0/0/1 接口，单击“开始抓包”按钮，启动 Wireshark 抓包工具，如图 3-4 所示。

图 3-2　设置 IP 地址

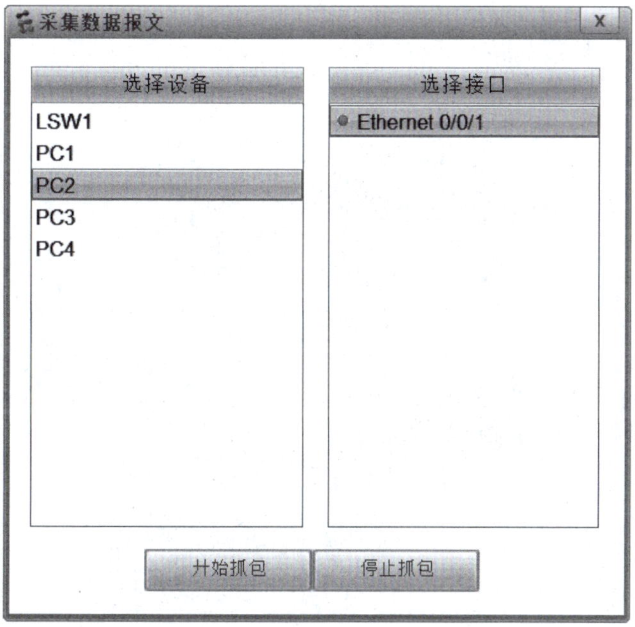

图 3-3　启动采集数据报文功能

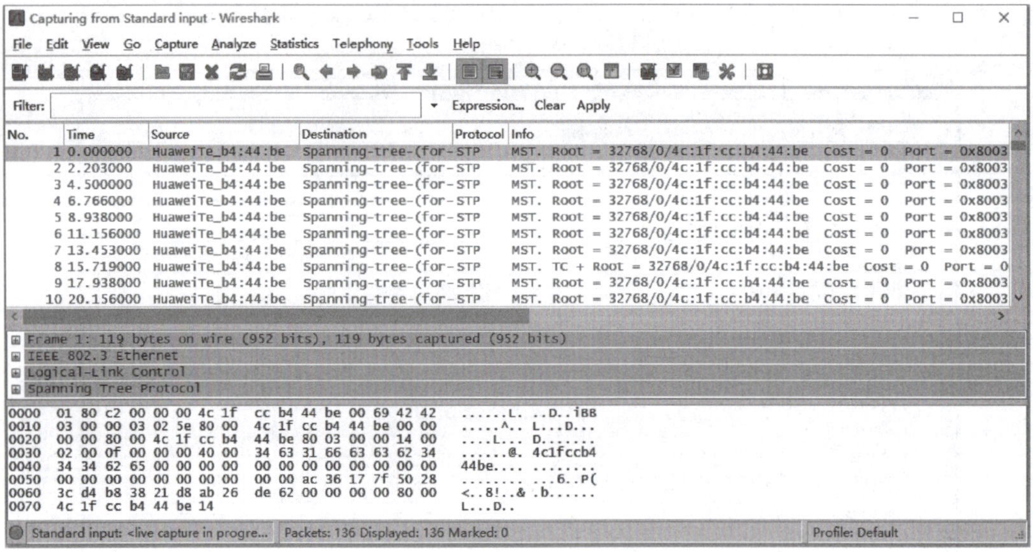

图 3-4　启动 Wireshark 抓包工具

（4）使用 Ping 命令

双击打开 PC1 设置，选择“命令行”标签，在命令行窗口中输入：ping 192.168.1.2，测试 PC1 与 PC2 之间的连通性，如图 3-5 所示，ping 命令运行期间丢包率为____________。

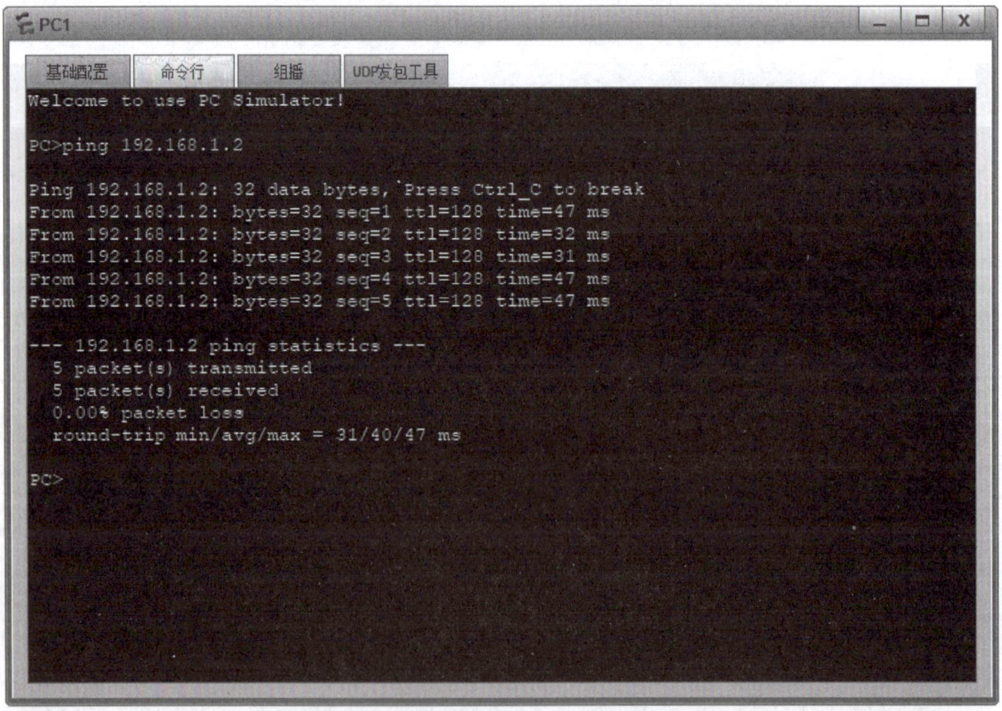

图 3-5　测试 PC1 与 PC2 之间的连通性

（5）测试 ICMP

打开 Wireshark，设置过滤条件（Filter 文本框）：icmp（控制报文协议，用于设备间传递控制消息），如图 3-6 所示。在抓取的数据中查找 PC1 所发送的 ICMP 数据帧，ICMP 是 OSI 开放模型中____________层的网络协议，如图 3-6 所示。

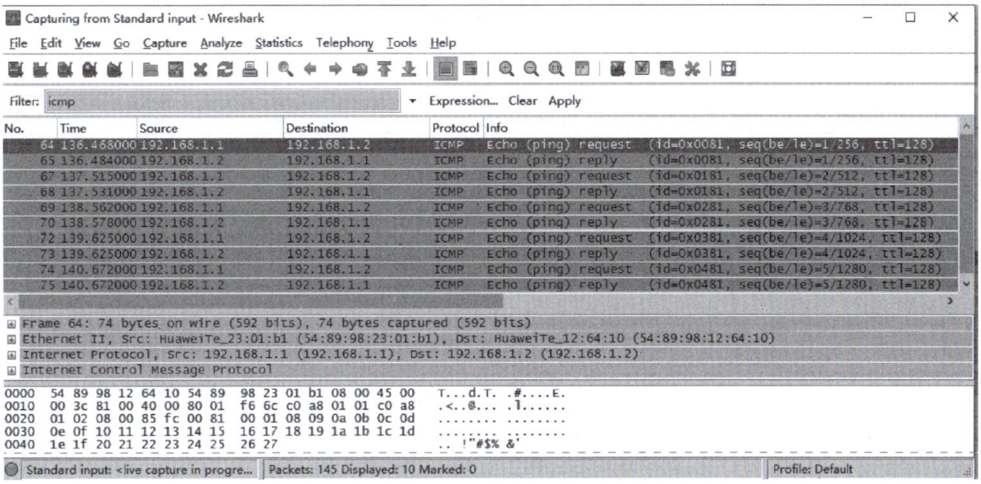

图 3-6　设置过滤条件

（6）分析实验结果

将 PC1 连通 PC2，发送默认 32B 数据包给 PC2（见图 3-7），PC2 答复（reply）返回 32B 数据包，目的（Dst）MAC 地址为________________________（PC1），源（Src）MAC 地址为________________________（PC2），则 PC2 本机 MAC 地址为“54-89-98-12-64-10”。

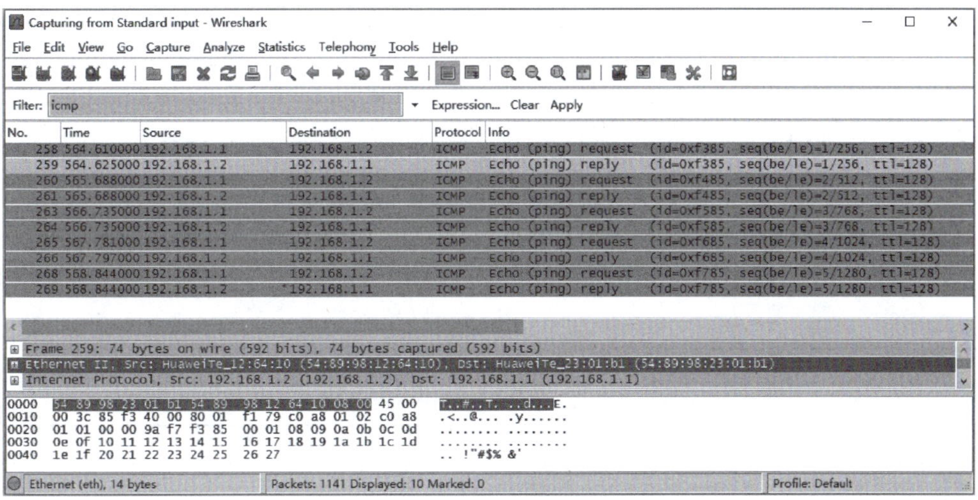

图 3-7　分析实验结果

4. 交付验收

由验收人填写掌握以太网中 MAC 地址作用验收单，见表 3-1。

表 3-1 掌握以太网中 MAC 地址作用验收单

标题：		姓名：	
PC1 连通 PC2，分析 PC2 在网络中的本机 MAC 地址、目的 MAC 地址、源 MAC 地址			
本机 MAC 地址			
目的 MAC 地址			
源 MAC 地址			
PC3 连通 PC4，分析 PC4 在网络中的本机 MAC 地址、目的 MAC 地址、源 MAC 地址			
本机 MAC 地址			
目的 MAC 地址			
源 MAC 地址			
MAC 地址的作用			
是否满足交付要求	□是 □否		
验收人		验收时间：	年 月 日

5. 反思与评价

填写反思评价表，见表 3-2。

表 3-2 反思评价表

项目名称：	
完成情况	□完成 □部分完成 □没做
目标实现情况	□实现 □部分实现 □大部分未实现
与老师、同学沟通情况	□好 □较好 □一般 □存在较大问题
与同学协作情况	□好 □较好 □一般 □存在较大问题
技术方法运用情况	□好 □较好 □一般 □存在较大问题
资料收集水平	□高 □较高 □一般 □差
做事态度	□认真 □较认真 □应付 □差
项目是否完成	□完成 □部分完成 □大部分未完成 □未做
总结反思	
自我评价	
整体效果	
主要不足	
改进措施	
自评等级	□优秀 □良好 □一般
时间	年 月 日

Chapter

项目 4

制作双绞线

1. 知识点导入

传输介质是数据信号在异地之间传输的真实媒介，是网络中连接收发双方的物理通路，也是通信中实际传送信息的载体。现在网络上广泛使用的传输介质分为有线传输介质和无线传输介质。有线传输介质有双绞线、同轴电缆、光纤等；无线传输介质有微波、激光、红外线、蓝牙等。

（1）双绞线

双绞线是将两根相互绝缘的导线按一定的规格相互缠绕起来，然后在外层套上一层保护套或屏蔽套，是短距离范围内最常用的传输介质。目前，双绞线可分为非屏蔽双绞线（UTP，见图 4-1）和屏蔽双绞线（STP，见图 4-2）。屏蔽双绞线的外层由铝箔包裹以减小辐射，网络工程中最常用的是 5 类双绞线。

图 4-1　非屏蔽双绞线

图 4-2　屏蔽双绞线

双绞线接法有两种标准：EIA/TIA568A 标准和 EIA/TIA568B 标准。EIA/TIA568A 标准的线序为白绿、绿、白橙、蓝、白蓝、橙、白棕、棕，如图 4-3 所示；EIA/TIA568B 标准的线序为白橙、橙、白绿、蓝、白蓝、绿、白棕、棕，如图 4-4 所示。

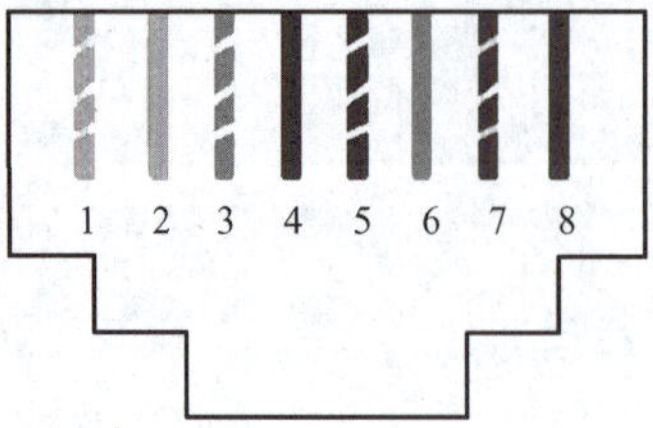

图 4-3　EIA/TIA568A 标准

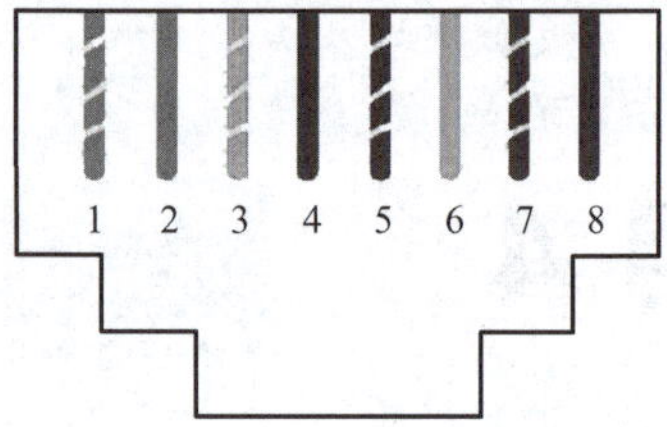

图 4-4　EIA/TIA568B 标准

如线的两端为相同线序，则为直连线，一般以 EIA/TIA568B 为标准，如图 4-5 所示。如一端为 EIA/TIA568A，另一端为 EIA/TIA568B，则是交叉线，如图 4-6 所示。

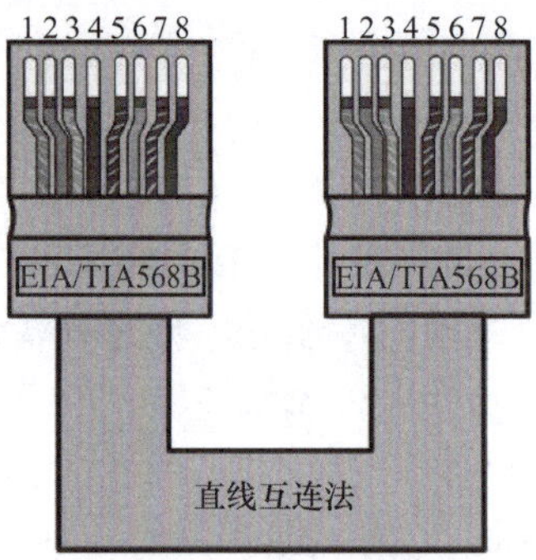

图 4-5　直连线线序

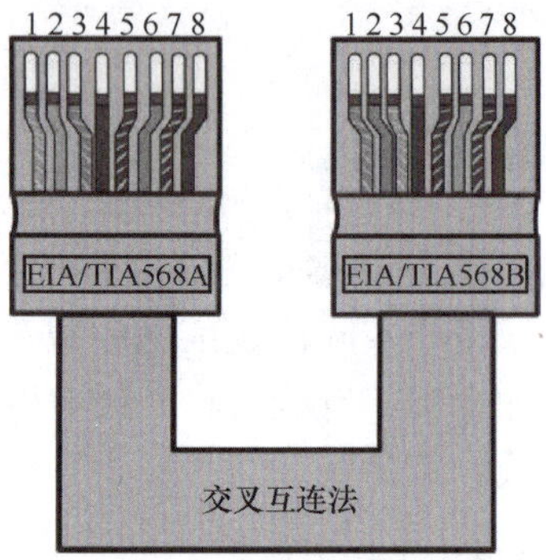

图 4-6　交叉线线序

（2）同轴电缆

同轴电缆由导体铜质芯线（单股实心线或多股绞合线）、绝缘层、外导体屏蔽层及塑料保护外套等构成，主要用于早期的网络布线和有线电视信号传输。

（3）光纤

光纤是由纤芯和包层构成的双层同心圆柱体，纤芯通常由非常透明的石英玻璃拉成细丝而成。光纤的核心就是其中间的玻璃纤维，它是光波的通道。光纤分为单模光纤（见图 4-7）和多模光纤（见图 4-8）。

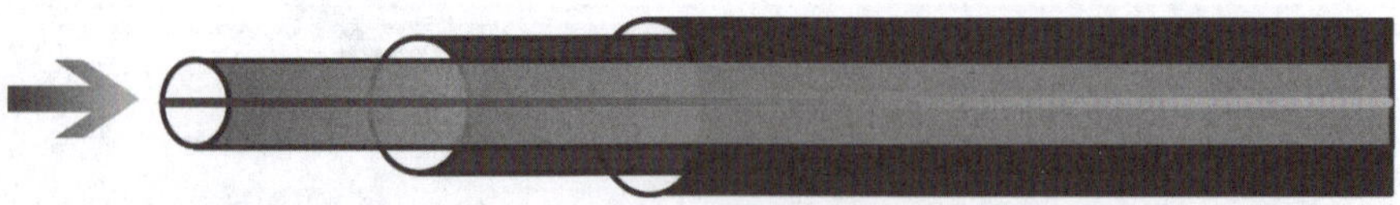

图 4-7　单模光纤

图 4-8　多模光纤

2. 工作情境

实验室新进了一批交换机，按照说明书上的提示，交换机之间的连接需要使用交叉线，而 PC 终端与交换机的连接需要使用直连线，请制作直连线和交叉线各一条供设备连接使用。

3. 项目实施

了解直连线和交叉线的特性与应用场合，掌握双绞线的制作方法。

（1）准备

准备工具：网线、水晶头、网线钳，如图 4-9 所示。

a)网线

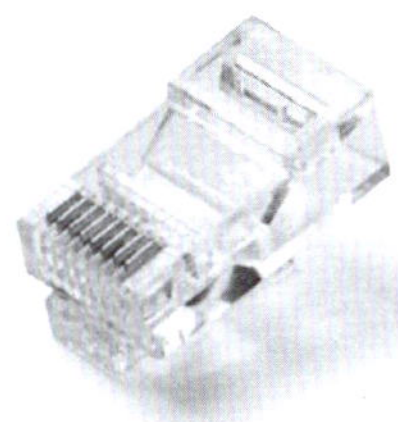

b)水晶头

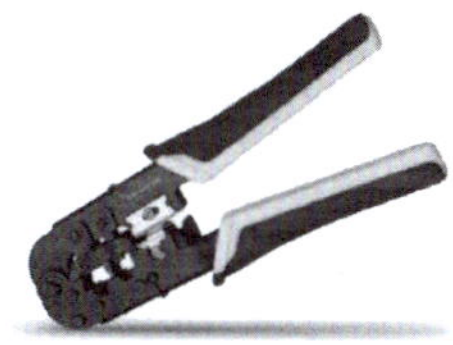

c)网线钳

图 4-9　网线、水晶头、网线钳

（2）去皮

使用网线钳或刀片将双绞线的外皮去除，如图 4-10 所示。

（3）观察

剪开外皮之后会看到四对共 8 条线，它们双双扭在一起，这四对线分别是＿＿＿＿＿＿、白蓝 / 蓝、＿＿＿＿＿＿、＿＿＿＿＿＿。

（4）排线序

直连线：按照 EIA/TIA568B 标准将 8 条线芯拉直并按序排好、剪齐，如图 4-11 所示。

图 4-10　用网线钳去皮

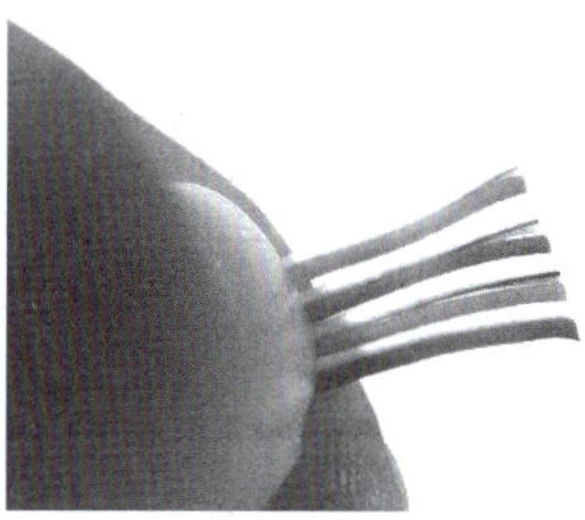

图 4-11　排线序

（5）将线置入水晶头

将线插入水晶头，按压到底，如图 4-12 所示。

（6）按压

将插有双绞线的水晶头插入网线钳的网口处，用力按压网线钳，使水晶头将里面的 8 根线芯固定，如图 4-13 所示。

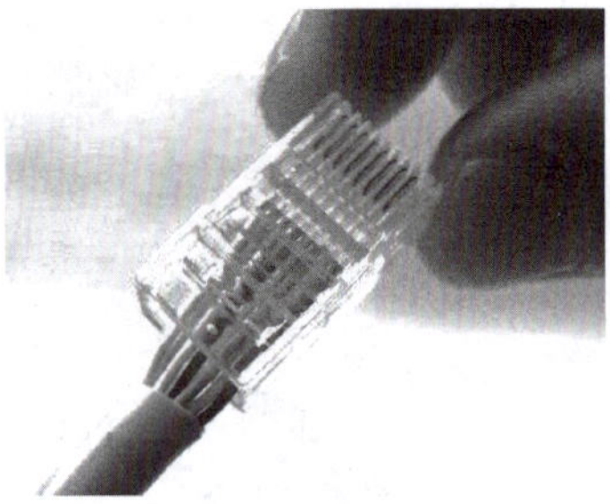

图 4-12　将线插入水晶头

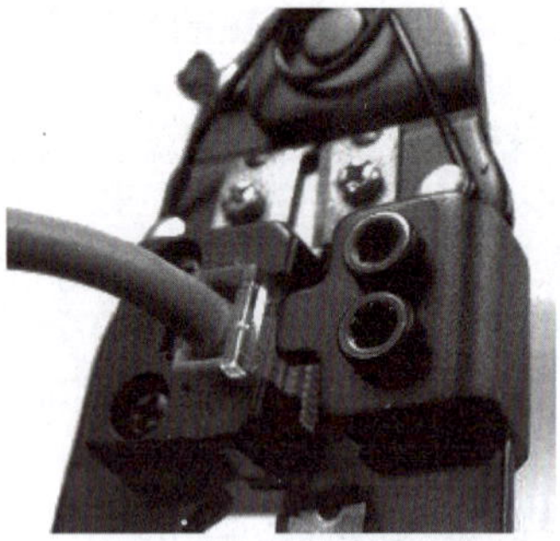

图 4-13　按压水晶头

（7）完成

直连线：用同样的方法制作另一端，制作完成。
交叉线：用同样的方法制作另一端（线序为 EIA/TIA568A 标准），制作完成。

（8）测试

使用测线仪测试，如果制作合格，则测线仪________________；否则，________________。

4. 交付验收

由验收人填写双绞线制作验收单，见表 4-1。

表 4-1　双绞线制作验收单

标题：			姓名：	
指标 1：	直连线			
线序标准	□ EIA/TIA568A　□ EIA/TIA568B			
指标 2：	交叉线			
线序标准（A 端）	□ EIA/TIA568A　□ EIA/TIA568B	线序标准（B 端）	□ EIA/TIA568A　□ EIA/TIA568B	
是否满足交付要求	□是　□否			
验收人			验收时间：	年　月　日

5. 反思与评价

填写反思评价表，见表 4-2。

表 4-2　反思评价表

项目名称：	
完成情况	□完成　□部分完成　□没做
目标实现情况	□实现　□部分实现　□大部分未实现
与老师、同学沟通情况	□好　□较好　□一般　□存在较大问题
与同学协作情况	□好　□较好　□一般　□存在较大问题
技术方法运用情况	□好　□较好　□一般　□存在较大问题
资料收集水平	□高　□较高　□一般　□差
做事态度	□认真　□较认真　□应付　□差
项目是否完成	□完成　□部分完成　□大部分未完成　□未做
总结反思	
自我评价	
整体效果	
主要不足	
改进措施	
自评等级	□优秀　□良好　□一般
时间	年　月　日

Chapter

项目 5 认识互联设备

1. 知识点导入

互联网可以向广大用户提供休闲娱乐的服务，如网络游戏、音视频节目等，实现这些服务所需的常见网络互联设备有路由器、交换机、集线器、网卡、中继器、服务器等。

（1）网卡

网卡又称为网络适配器，简称 NIC（Network Interface Card），它是计算机和网络线缆之间的物理接口。每块网卡都有唯一地址，称为 MAC 地址或物理地址，它保存在网卡的 ROM（只读存储器）中。随着技术的发展，有线网卡已集成在主板电路中，甚至部分高端主板也集成了无线网卡模块，网卡分为有线网卡（见图 5-1）和无线网卡（见图 5-2）。

图 5-1　有线网卡

图 5-2　无线网卡

（2）中继器

中继器（Repeater）是最简单的网络互联设备，它可以将局域网的一个网段和另一个网段连接起来。基带信号沿线路传播时会产生衰减，中继器能起到放大信号和延长信号传输距离的作用。

（3）集线器

集线器的英文为“Hub”，又称为“多端口中继器”，它的主要功能是连接设备，同时对接收到的信号进行再生、整形和放大，以扩大网络的传输距离。

（4）网桥

网桥是个“古老”的两端口网络设备，与集线器共享信道，不同的是其两个端口分别有独立的交换信道，因此网桥性能比集线器更好，可以隔离冲突域。随着技术的发展，网桥逐渐被端口更多的交换机取代。

（5）交换机

交换机（Switch）又称为“多端口网桥”（见图 5-3）。交换机在外形上和集线器相似，交换机接入网络后可以在短时间内学习掌握此网络的结构信息，并且可对接收到的数据进行过滤，而后将数据包送至与目的主机相连的接口。与集线器不同的是，交换机内部不是共享式信道，而是交换矩阵，因此交换机的数据交换效率大于集线器。

图 5-3　锐捷 24 口交换机

（6）路由器

路由器的英文为“Router”（见图 5-4），它是连接两个或多个网络的硬件设备，在网络中起网关的作用，是能进行路由选择的智能设备。路由器主要用于广域网或广域网与局域网的互联。

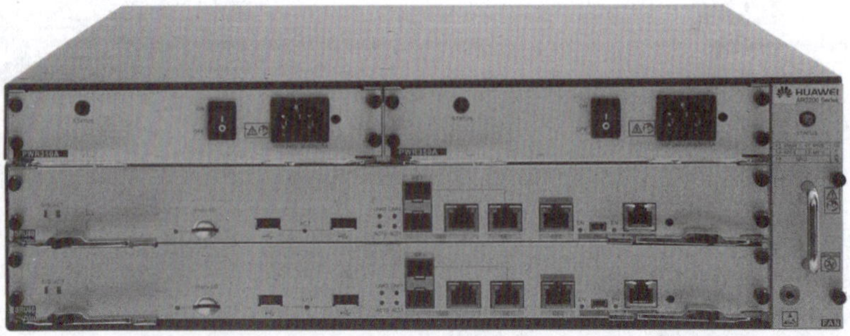

图 5-4　华为路由器

2. 工作情境

在局域网组建中，常用的设备有交换机、路由器、服务器等设备，这些设备通过传输介质连接组成网络，实现不同的功能。请利用 eNSP 将客户端 PC、交换机、路由器、服务器连接成网络。

3. 项目实施

（1）绘制拓扑结构

打开 eNSP，绘制如图 5-5 所示的拓扑结构，并在网络设备区中分别选择路由器（AR1）、服务器（Server1），并添加到工作区中。

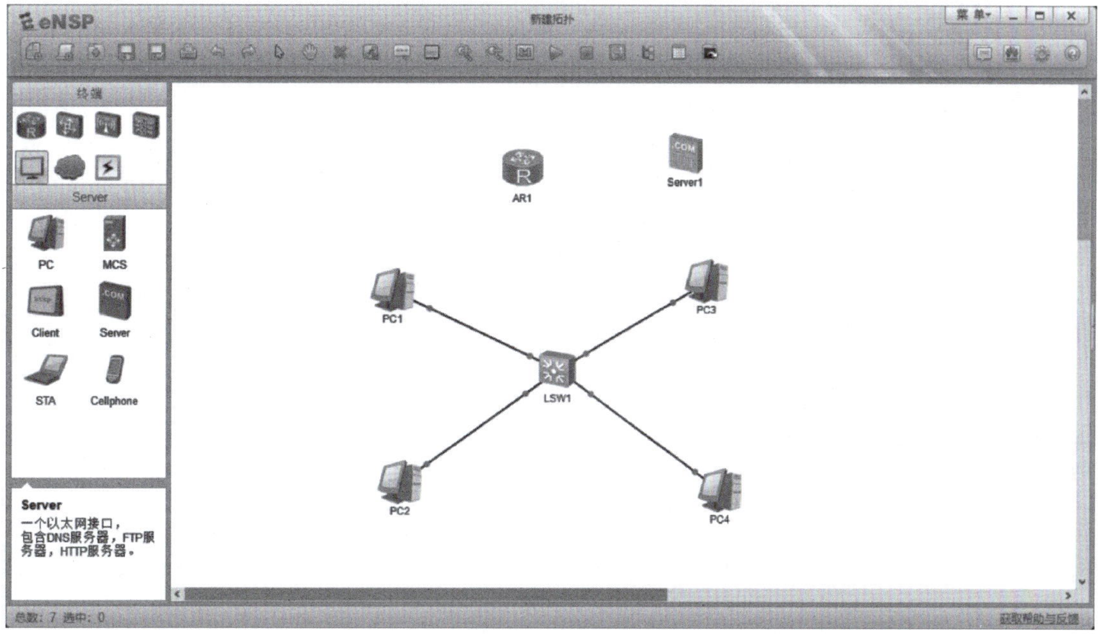

图 5-5 设备选择

（2）连接设备

选择网络设备区中的设备连线，再选择 Copper 线将各台网络设备连接起来，如图 5-6 所示。

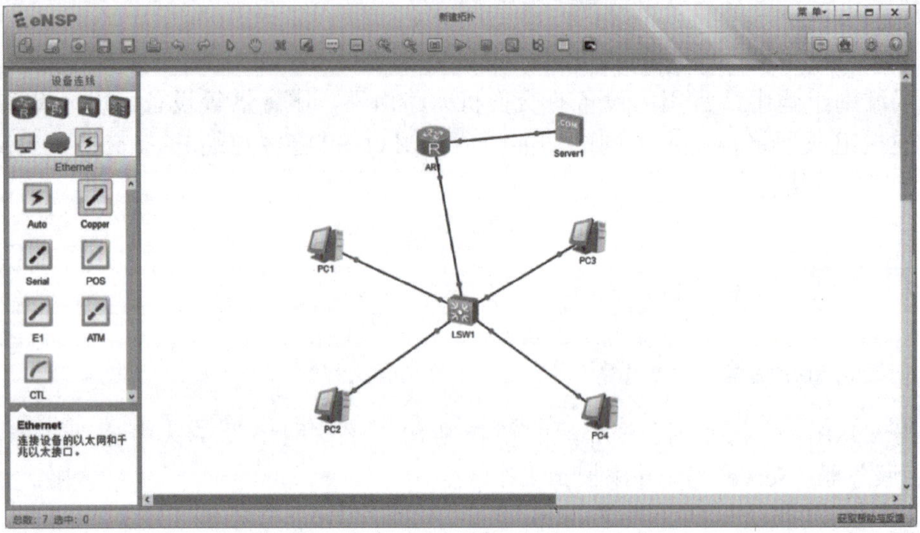

图 5-6 设备连接

（3）配置 IP

在图 5-6 中右击 PC1，弹出图 5-7 所示的对话框，在此对 PC1 进行设置，在“基础配置”选项卡中设置 PC1 的 IPv4 静态 IP 地址为“192.168.1 .1”，子网掩码为“255.255.255.0”，单击“应用”按钮，同样，对 PC2、PC3、PC4 进行如下设置：

PC2 设置为“192.168.1.2”，子网掩码为“255.255.255.0”；

PC3 设置为“192.168.1.3”，子网掩码为“255.255.255.0”；

PC4 设置为“192.168.1.4”，子网掩码为“255.255.255.0”。

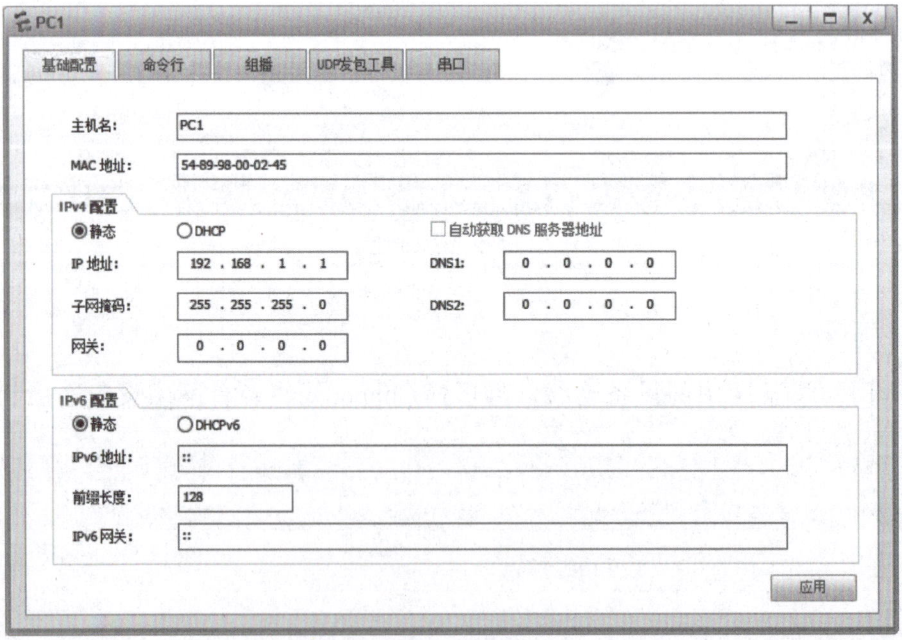

图 5-7 设置 IP 地址示意图

（4）开启设备

在工作区框选所有网络设备，并在工具栏中单击开启设备按钮，若所有线红点变绿，则证明所有设备处于开启状态，如图 5-8 所示。

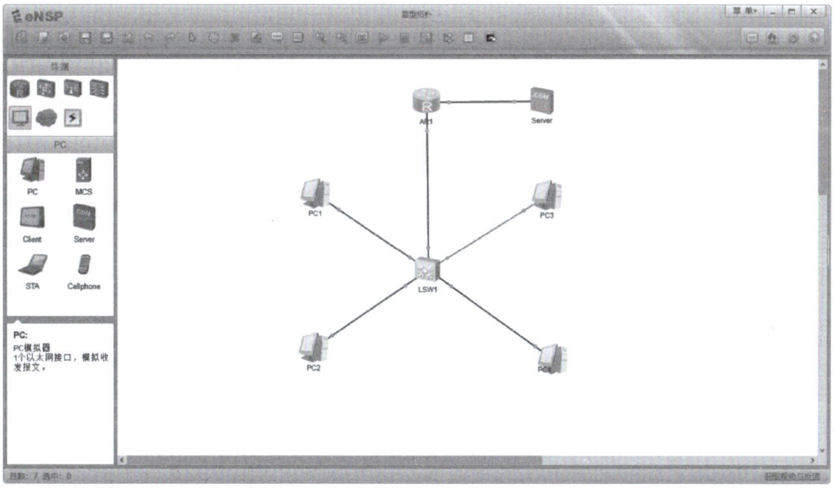

图 5-8　开启设备

（5）测试连通性

双击 PC1，打开设置对话框，选择命令行，在命令行窗口中输入：____________，测试 PC1 与 PC2 之间的连通性。如图 5-9 所示，PC1 发送____________个数据包，PC2 接收到____________个数据包。

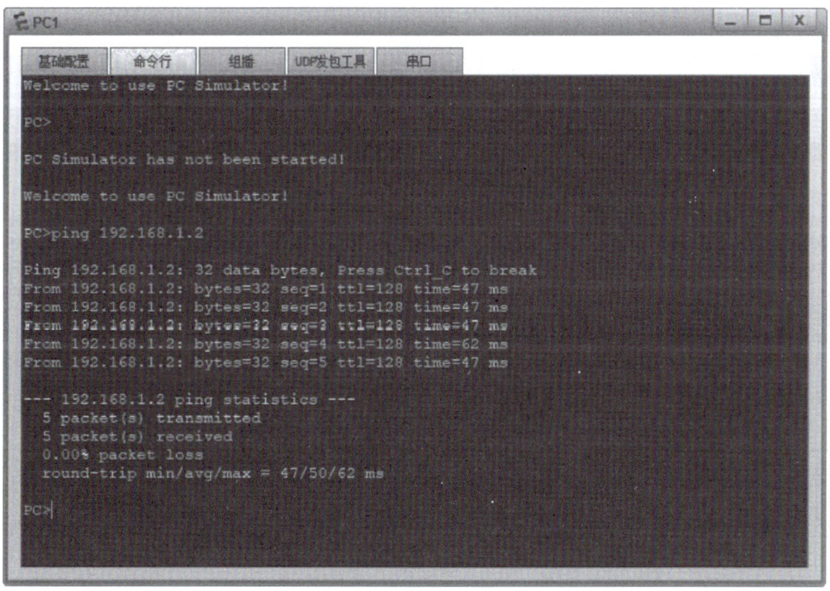

图 5-9　测试 PC1 与 PC2 之间的连通性

4. 交付验收

由验收人填写网络连接验收单，见表 5-1。

表 5-1 网络连接验收单

标题：			姓名：	
网络连通情况				
PC1 发送数据包数量		TTL		
PC2 接收数据包数量		TTL		
丢包率				
Round-trip min/avg/max				
是否满足交付要求	□是 □否			
验收人			验收时间：	年 月 日

5. 反思与评价

填写反思评价表，见表 5-2。

表 5-2 反思评价表

项目名称：	
完成情况	□完成 □部分完成 □没做
目标实现情况	□实现 □部分实现 □大部分未实现
与老师、同学沟通情况	□好 □较好 □一般 □存在较大问题
与同学协作情况	□好 □较好 □一般 □存在较大问题
技术方法运用情况	□好 □较好 □一般 □存在较大问题
资料收集水平	□高 □较高 □一般 □差
做事态度	□认真 □较认真 □应付 □差
项目是否完成	□完成 □部分完成 □大部分未完成 □未做
总结反思	
自我评价	
整体效果	
主要不足	
改进措施	
自评等级	□优秀 □良好 □一般
时间	年 月 日

Chapter

项目 6 认识企业网络分层

1. 知识点导入

在互联网协议的设计中，常采用分层的思想进行网络互联的结构设计，其基本原理就是在每一网络层选用适合的设备，集中实现特定的功能，并采用模块化方式进行设计。遵循层次设计的思想，通常将网络设计为核心层、汇聚层和接入层，如图 6-1 所示。

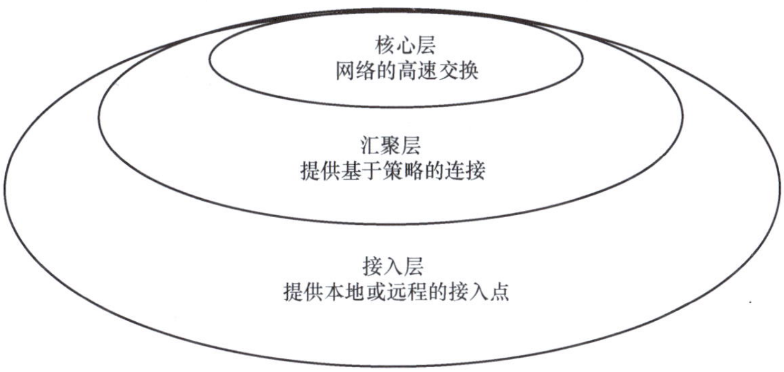

图 6-1　三层网络模型

（1）接入层

接入层是直接与用户相连的设备，要求接入的交换机具有高密度端口，良好的可扩展性，方便扩容，易于管理和维护。接入层的建设特点是最小化设备的成本，因此多以二层交换机为主，这类设备接口密度大、成本低廉、传输速度较低。

（2）汇聚层

汇聚层是网络接入层和核心层的中介，其主要功能有数据包的处理、过滤、VLAN 间路由选择、安全策略等。汇聚层的建设特点是高速处理传输数据，多采用部门级的三层交换机，这类设备端口比二层交换机少，但传输速率较高。

（3）核心层

核心层是企业网络的骨干和枢纽部分，需要能提供快速的数据交换和极高的永续性，应选用交换性能和可靠性极高的高端路由交换设备。在设计核心网络时，将着重考虑高可靠性、路由策略。核心层设备以企业级三层交换机和路由器为主。

（4）网络设备的性能指标

1）路由器的性能指标。路由器常用于企业核心层，是连接不同网段的网络设备，具备路由寻址功能。

① CPU 性能：是路由器的性能指标之一，CPU 性能高的路由器的运算能力也强，相应的数据转发能力也高。

② 协议与服务支持：在企业网络中经常会有一些特定的服务器需求，实现这些服务需要路由器支持相关的协议，因此协议与服务支持也是挑选路由器的重要依据。

2）交换机的性能指标。

① 数据吞吐量：交换机端口在单位时间内可传输的最大数据量，单位是 Mbit/s。

② 包转发率：交换机端口在单位时间内可传输的最大包数量，单位是 Mp/s，其与数据吞吐量类似。

③ 背板带宽：交换机接口处理器或接口卡和数据总线间能吞吐的最大数据量，背板是交换机端口间通信的核心，其关系各端口间的数据交换速度。

④ 可扩展性：可以通过更换模块类型实现功能升级或扩展，一般针对汇聚层和核心层交换机。

⑤ 管理功能：指的是集成在交换机内部用于网络管理的软件系统。

⑥ 系统冗余：为保证网络稳定而采取的冗余措施，通常用于核心层交换机，保证网络不因部件损坏而受影响，类似汽车备胎的作用。

2. 工作情境

实验室新进一批设备（终端主机 100 台，分为 4 个小组），实验室需要按照三层企业网络进行设备选型，请参照表 6-1 所示清单选择设备。

表 6-1　网络基础实验室设备选型表

设备	数量
接入层 RG-S2600G-I 交换机	5
汇聚层 RG-S5750-H 交换机	2
核心层 RG-S7800C 交换机	1

3. 项目实施

（1）访问在线设备 URL

打开 http://www.ruijie.com.cn/cp/jh-selector/，选择交换机选择器。

（2）选择交换机

在图 6-2 所示交换机选择界面，请根据项目要求挑选交换机，并填写主要参数。

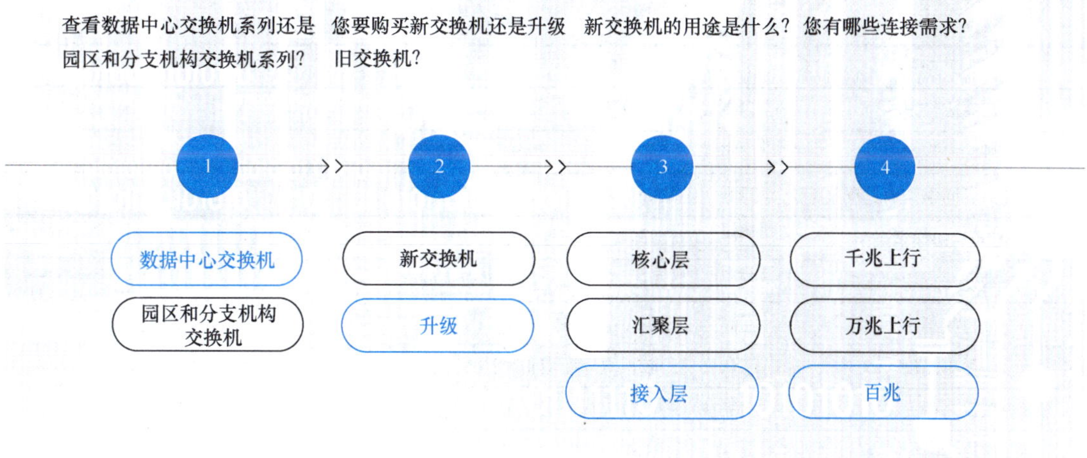

图 6-2　锐捷交换机选择

4. 交付验收

由验收人填写设备选型交付验收单，见表 6-2。

表 6-2　设备选型交付验收单

标题：		姓名：	
接入层交换机			
产品型号		产品描述	
主机位数		安全特性	
汇聚层交换机			
产品型号		产品描述	
包转发率		安全特性	
核心层交换机（路由器）			
产品型号		产品描述	
包转发率		安全特性	
是否满足交付要求	□是　□否		
验收人		验收时间：　年　月　日	

5. 反思与评价

填写反思评价表，见表6-3。

表6-3　反思评价表

项目名称:	
完成情况	□完成　□部分完成　□没做
目标实现情况	□实现　□部分实现　□大部分未实现
与老师、同学沟通情况	□好　□较好　□一般　□存在较大问题
与同学协作情况	□好　□较好　□一般　□存在较大问题
技术方法运用情况	□好　□较好　□一般　□存在较大问题
资料收集水平	□高　□较高　□一般　□差
做事态度	□认真　□较认真　□应付　□差
项目是否完成	□完成　□部分完成　□大部分未完成　□未做
总结反思	
自我评价	
整体效果	
主要不足	
改进措施	
自评等级	□优秀　□良好　□一般
时间	年　月　日

Chapter

项目 7

分析需求

1. 知识点导入

需求分析是网络工程项目规划与设计的关键环节，需要设计者能够掌握甲方（建设方）的组织结构，与干系人（相关人员）建立联系，分析企业网络项目的各类需求。网络工程需求包括业务需求、用户需求、应用需求及网络需求等，网络工程的需求分析就是在以上需求的基础上形成的，是整个工程的基础。

（1）项目的生命周期

项目的生命周期是指项目从启动到收尾所经历的一系列阶段，通常包括启动、准备、实施、收尾等阶段。

（2）业务需求

业务需求通常涉及企业自身的需求、面临的问题和未来的发展规划等。网络工程设计者只有全面掌握企业的业务需求，才能设计出适合其商业模式的网络。收集业务需求的方法有集中访谈、个人采访、视频会议等方式。

（3）用户需求

业务需求通常涉及企业用户的需求，是企业业务需求的细化。收集用户需求的过程会因为用户的非技术性表达而变得复杂。收集用户需求的方法有文件调查、集中访谈、个人采访等方式。

（4）应用需求

应用需求是应用软件对网络服务的需求，如流量定向、负载均衡、空间使用、访问频率、权限控制等都属于应用需求的范畴。根据业务的不同应用需求的指标也不同。

（5）网络需求

网络需求是企业网络环境及网络管理的需求，如网络的性能、响应时间、有效性、可恢复性、管理模式、安全性及连接等方面的需求。

2. 工作情境

实验室因扩大规模拟新建一个能容纳 50 人的网络实验室，假如您的小组负责这项工程的需求分析，请完成信息的收集。

3. 项目实施

（1）收集业务需求（见表 7-1 和表 7-2）

表 7-1 实验室可靠性和有效性需求表

序号	业务活动	可靠性和有效性需求

表 7-2 实验室安全性需求表

序号	业务活动	安全性需求	
		访问控制	角色控制

（2）收集用户需求（见表 7-3）

表 7-3 用户需求表

序号	需求	需求描述
1	位置	
2	网络带宽	
3	服务响应时间	

（续）

序号	需求	需求描述
4	软件需求表	
5	可升级性	
6	安全性	
7	其他	

（3）收集应用需求（见表 7-4）

表 7-4　应用需求表

序号	应用程序名称	需求描述				
		网络需求	空间需求	使用频率	版本需求	是否实时
1						
2						
3						
4						
5						

（4）收集网络需求（见表 7-5 ～表 7-7）

表 7-5　局域网功能需求表

服务类型	网段	优先级	措施
文件服务			
打印服务			
云服务			
Web 服务			
多媒体课堂服务			
维护			
可靠性			
安全性			
管理			
性能			
容错			
备份容量			

表 7-6　软硬件实体网络管理需求信息表

序号	软硬件实体	配置管理	性能管理	安全管理

表 7-7　局域网成本计算表

序号	费用项目	一次性投入	反复投入	额外投入（升级、服务包）
	操作系统			
	PC			
	交换机			
	路由器			
	UPS			
	网络存储			
	应用程序			
	设施			
	线路			
	诊断设备			
	管理员培训			
	维护			
	网络安装人员			

4. 交付验收

由验收人填写网络工程需求分析验收单，见表 7-8。

表 7-8　网络工程需求分析验收单

<table>
<tr><td>标题：</td><td colspan="2"></td><td>姓名：</td><td></td></tr>
<tr><td colspan="5">需求收集</td></tr>
<tr><td>实验室可靠性</td><td></td><td colspan="2">实验室有效性</td><td></td></tr>
<tr><td>实验室安全性</td><td colspan="4"></td></tr>
<tr><td>用户需求</td><td colspan="4"></td></tr>
<tr><td>应用需求</td><td colspan="4"></td></tr>
<tr><td>局域网功能需求</td><td colspan="4"></td></tr>
<tr><td>软硬件实体网络管理需求</td><td></td><td colspan="2">局域网成本需求</td><td></td></tr>
<tr><td>是否满足交付要求</td><td colspan="4">□是　□否</td></tr>
<tr><td>验收人</td><td colspan="2"></td><td colspan="2">验收时间：　　年　　月　　日</td></tr>
</table>

5. 反思与评价

填写反思评价表，见表 7-9。

表 7-9　反思评价表

<table>
<tr><td>项目名称：</td><td></td></tr>
<tr><td>完成情况</td><td>□完成　□部分完成　□没做</td></tr>
<tr><td>目标实现情况</td><td>□实现　□部分实现　□大部分未实现</td></tr>
<tr><td>与老师、同学沟通情况</td><td>□好　□较好　□一般　□存在较大问题</td></tr>
<tr><td>与同学协作情况</td><td>□好　□较好　□一般　□存在较大问题</td></tr>
<tr><td>技术方法运用情况</td><td>□好　□较好　□一般　□存在较大问题</td></tr>
<tr><td>资料收集水平</td><td>□高　□较高　□一般　□差</td></tr>
<tr><td>做事态度</td><td>□认真　□较认真　□应付　□差</td></tr>
<tr><td>项目是否完成</td><td>□完成　□部分完成　□大部分未完成　□未做</td></tr>
<tr><td>总结反思</td><td></td></tr>
<tr><td colspan="2">自我评价</td></tr>
<tr><td>整体效果</td><td></td></tr>
<tr><td>主要不足</td><td></td></tr>
<tr><td>改进措施</td><td></td></tr>
<tr><td>自评等级</td><td>□优秀　□良好　□一般</td></tr>
<tr><td>时间</td><td>年　　月　　日</td></tr>
</table>

Chapter 项目 8

规划 IP 地址

1. 知识点导入

设备若要加入因特网均需要分配一个合法的 IP 地址。IP 地址是软件地址而非硬件地址（网卡的物理地址就是硬件地址），IP 地址让不同网络中的主机进行通信。

（1）IP 术语

① 比特：计算机中的 1 位（1 或 0）称为 1 比特（bit），是计算机中的最小单位。

② 字节：1 个字节（B）由 8 位（bit）组成，字节是计算机的常用单位。

③ 网络地址：也称为网络号。在路由选择中，使用网络地址将分组发送到目的网络，网络地址一般分配给网络设备，从根本上说是特殊的 IP 地址。

④ 主机地址：分配给网络中的主机的地址，也称为主机号。

⑤ 广播地址：应用程序或主机用于将信息发送给网络中所有节点的地址，有个显著特征是其主机地址位全为 1。

（2）IP 编址方案

IP 地址由 4 字节共 32 位（bit）组成，每个字节之间使用点号（.）隔开，经常使用下面两种方法描述 IP 地址：

① 二进制，如 10000000.00000000.00000000.00000001。

② 十进制，如 127.0.0.1。

IP 地址被分成网络地址和主机地址两部分，但网络地址和主机地址的字节数并不固定，因此随着它们的变化就出现了下面常用的三类 IP 地址。

如图 8-1 所示，A 类 IP 地址首字节是网络地址，并且首位必须是 0。

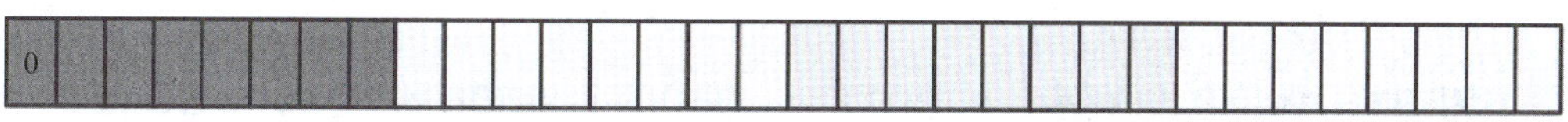

图 8-1　A 类 IP 地址示意图

如图 8-2 所示，B 类 IP 地址前两个字节是网络地址，并且首字节的前两位必须是 10。

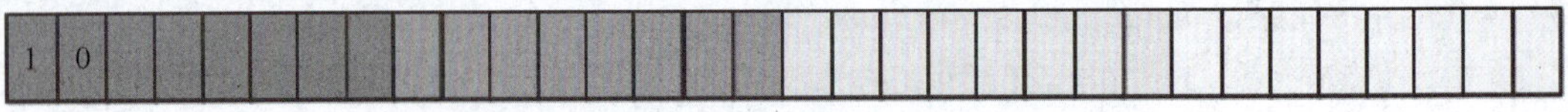

图 8-2　B 类 IP 地址示意图

如图 8-3 所示，C 类 IP 地址前三个字节是网络地址，并且首字节的前三位必须是 110。

图 8-3　C 类 IP 地址示意图

（3）保留的 IP 地址（见表 8-1）

表 8-1　保留的 IP 地址

地址	功能
127.0.0.1	保留地址用于环回测试，表示当前节点
主机地址全为 0	表示网络地址
主机地址全为 1	表示广播地址

（4）私有 IP 地址

私有 IP 地址通常应用于公司、组织和个人网络，它们没有置入因特网。IPv4 的私有网络地址范围如下：

1）A 类：10.0.0.0 ～ 10.255.255.255。

2）B 类：172.16.0.0 ～ 172.31.255.255。

3）C 类：192.168.0.0 ～ 192.168.255.255。

（5）IPv6

随着因特网的扩张，IPv4 已经耗尽（IPv4 提供的地址只有 43 亿左右，但并非每一个 IP 都可供使用），于是 IPv6 编址方案被提出。IPv6 地址长度为 128 位，可提供海量地址（3.4×10^{38}）。

因为 IPv6 比较长，因此使用二进制表示过于烦琐，十六进制成为表示 IPv6 的常用进制。4 位二进制可以用一位十六进制表示（$2^4=16$），因此 128 位的 IPv6 可以使用 32 位十六进制表示，它们被分为 8 组，每组 2 字节，如图 8-4 所示。

2001：0db8：3c4d ：0012 ：0000 ：0000：1234 ：56ab

图 8-4　IPv6 地址示意图

2. 工作情境

实验室需要规划“10.0.0.0”“123.16.0.0”“202.193.182.0”三个 IP 地址，请完成以上规划。

3. 项目实施

（1）A 类 IP 地址规划

以网络地址“10.0.0.0”为例进行 IP 地址规划。选定的 IP 地址的二进制格式是＿＿＿＿＿＿.＿＿＿＿＿＿.＿＿＿＿＿＿.＿＿＿＿＿＿。因为＿＿＿＿＿＿，因此，它是□ A □ B □ C 类 IP 地址，其网络地址位数为＿＿＿＿＿＿位，主机地址位数为＿＿＿＿＿＿位，可以产生＿＿＿＿＿＿个网络，每个网络中有＿＿＿＿＿＿台可用的主机。

（2）B 类 IP 地址规划

以网络地址“133.16.0.0”为例进行 IP 地址规划。选定的 IP 地址的二进制格式是＿＿＿＿＿＿.＿＿＿＿＿＿.＿＿＿＿＿＿.＿＿＿＿＿＿。因为＿＿＿＿＿＿，因此，它是□ A □ B □ C 类 IP 地址，其网络地址位数为＿＿＿＿＿＿位，主机地址位数为＿＿＿＿＿＿位，可以产生＿＿＿＿＿＿个网络，每个网络中有＿＿＿＿＿＿台可用的主机。

（3）C 类 IP 地址规划

以网络地址“202.193.182.0”为例进行 IP 地址规划。选定的 IP 地址的二进制格式是＿＿＿＿＿＿.＿＿＿＿＿＿.＿＿＿＿＿＿.＿＿＿＿＿＿。因为＿＿＿＿＿＿，因此，它是□ A □ B □ C 类 IP 地址，其网络地址位数为＿＿＿＿＿＿位，主机地址位数为＿＿＿＿＿＿位，可以产生＿＿＿＿＿＿个网络，每个网络中有＿＿＿＿＿＿台可用的主机。

4. 交付验收

由验收人填写规划 IP 验收单，见表 8-2。

表 8-2　规划 IP 验收单

标题：		姓名：	
规划 IP 地址 10.0.0.0 的相关信息			
网络位数		可产生网络总数	
主机位数		可产生主机总数	
规划 IP 地址 123.16.0.0 的相关信息			
网络位数		可产生网络总数	
主机位数		可产生主机总数	

（续）

标题：			姓名：	
规划 IP 地址 202.193.182.0 的相关信息				
网络位数		可产生网络总数		
主机位数		可产生主机总数		
是否满足交付要求	□是 □否			
验收人			验收时间：	年 月 日

5. 反思与评价

填写反思评价表，见表 8-3。

表 8-3 反思评价表

项目名称：	
完成情况	□完成 □部分完成 □没做
目标实现情况	□实现 □部分实现 □大部分未实现
与老师、同学沟通情况	□好 □较好 □一般 □存在较大问题
与同学协作情况	□好 □较好 □一般 □存在较大问题
技术方法运用情况	□好 □较好 □一般 □存在较大问题
资料收集水平	□高 □较高 □一般 □差
做事态度	□认真 □较认真 □应付 □差
项目是否完成	□完成 □部分完成 □大部分未完成 □未做
总结反思	
自我评价	
整体效果	
主要不足	
改进措施	
自评等级	□优秀 □良好 □一般
时间	年 月 日

Chapter

项目 9 划分子网

1. 知识点导入

因特网上的设备均有一个合法的 IP 地址，这些 IP 地址被分为 A 类、B 类和 C 类。前面已经学习了如何去定义一个网络，可实际应用中为了提高 IP 地址的利用率，经常需要对网络进行划分，即子网划分。

(1) 子网划分的好处

1) 减少网络流量：大型网络划分为一系列小网络后（每一个小网络中会部署路由器），只有前往其他网络的流量会通过路由器。

2) 优化网络性能：网络流量的减少使网络变得通畅，同时也使网络性能得到了提升。

3) 简化管理：划分子网后，在一系列小型网络中处理和解决问题变得更容易。

(2) 子网掩码

子网掩码用于识别网络中机器的主机部分的子网地址。更进一步讲，子网掩码有助于识别网络中机器的网络地址，以便网络传输。未进行子网划分前，默认的子网掩码总是将机器的 IP 地址网络位置 1、主机位置 0，如 C 类 IP 的默认子网掩码是“255.255.255.0”，而 B 类 IP 的默认子网掩码是“255.255.0.0”。

(3) 子网划分五步骤

1) 选定的子网掩码将创建多少个子网。

2) 每个子网包含多少台主机。

3) 有哪些合法的子网。

4) 每个子网的广播地址是什么。

5) 每个子网包含哪些主机地址。

(4) 理解 2 的幂

在进行子网划分时，需要熟练记住 2 的幂。表 9-1 列出了常用的 2 的幂，请熟记于心。

表 9-1　2 的幂

$2^1=2$	$2^6=64$
$2^2=4$	$2^7=128$
$2^3=8$	$2^8=256$
$2^4=16$	$2^9=512$
$2^5=32$	$2^{10}=1024$

在 C 类 IP 地址中，主机 ID 只有 8 位，而子网位总是从左到右不间断延伸，这意味着 C 类子网只有如下的子网掩码，见表 9-2。

表 9-2　C 类子网掩码

二进制	十进制	网络 ID 位数
00000000	0	24
10000000	128	25
11000000	192	26
11100000	224	27
11110000	240	28
11111000	248	29
11111100	252	30

2. 工作情境

实验室负责两个网络的建设，作为运维助理的您需要完成以下两个子网的划分：

1）“192.168.10.0”的子网掩码“255.255.255.128”。

2）“172.16.0.0”的子网掩码“255.255.128.0”。

3. 项目实施

任务 1：C 类 IP 地址子网划分

以网络地址“192.168.10.0”的子网掩码“255.255.255.128”为例进行子网划分。

（1）选定的子网掩码将创建多少个子网

选定的子网掩码为“255.255.255.128”，其二进制格式如图 9-1 所示，128 为 2^7，相当于从主机位左侧借用一位加入网络 ID，那么，对应的网络 ID 位数为____________位，主机 ID 位数为____________位。因此，选定的子网掩码将创建________________________个子网。

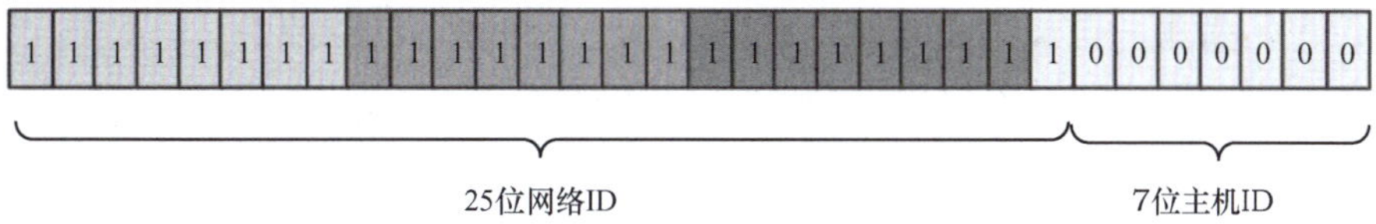

图 9-1 子网掩码二进制示意图

（2）每个子网包含多少台主机

每个子网的主机数由主机 ID 的位数决定，由图 9-1 所示主机 C 类网络主机 ID 位数默认为 8，被借走 1 位加入网络 ID 后，主机 ID 位数还有__________位，因此每个子网包含的有效的主机数是____________________台。

（3）有哪些合法的子网

每个子网内主机数量为 256– 子网掩码 =______________台，即子网掩码为“255.255.255.128”时，每个子网包含______________台计算机。从 0 开始不断地加 128，直至子网掩码值，则所得的数就是子网号，此处的子网号是____。

（4）每个子网的广播地址是什么

广播地址总是下一个子网网络前的一个数，如子网“192.168.10.0”的广播地址是下一个子网“192.168.10.128”之前的地址，即____________________；而最后一个子网的广播地址总是 255。

（5）每个子网包含哪些合法的主机地址

合法的主机地址位于两个子网之间，全为 0 和全为 1 的地址用作网络地址和广播地址，请将子网“192.168.10.0”“192.168.10.128”合法的主机地址填入表 9-3。

表 9-3 合法的主机地址

子网	合法的主机地址
192.168.10.0	______________~______________
192.168.10.128	______________~______________

任务 2：B 类 IP 地址子网划分

以网络地址“172.16.0.0”的子网掩码“255.255.128.0”为例进行子网划分。

（1）选定的子网掩码将创建多少个子网

选定的子网掩码为“255.255.128.0”，其二进制格式如图 9-2 所示，128 为 2^7，相当于从主机位左侧借用一位加入网络 ID，那么，对应的网络 ID 位数为__________位，主机 ID 位数为__________位。因此，选定的子网掩码将创建____________________个子网。

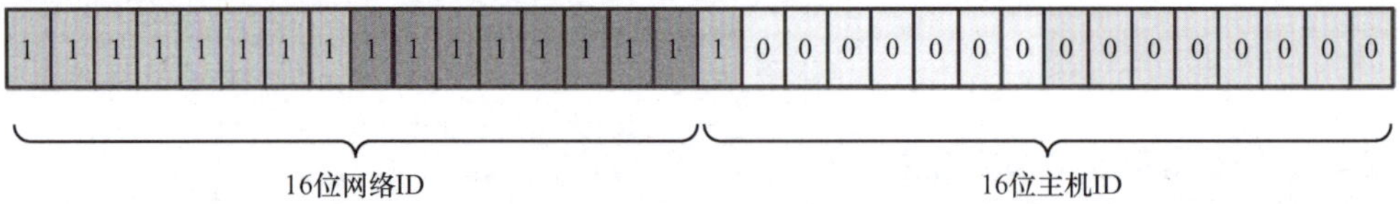

图 9-2　子网掩码二进制示意图

（2）每个子网包含多少台主机

每个子网的主机数由主机 ID 的位数决定，由图 9-2 所示主机 B 类网络主机 ID 位数默认为 16，被借走 1 位加入网络 ID 后，主机 ID 位数还有__________位，因此每个子网包含的有效的主机数是____________________台。

（3）有哪些合法的子网

每个子网内主机数量为 256– 子网掩码 =__________台，即子网掩码为“255.255.128.0”时，每个子网包含__________台计算机。从 0 开始不断地加 128，直至子网掩码值，则所得的数就是子网号，此处的子网号是____________________。

（4）每个子网的广播地址是什么

广播地址总是下一个子网网络前的一个数，如子网“172.16.0.0”的广播地址是下一个子网“172.16.128.0”之前的地址，即____________________。

（5）每个子网包含哪些合法的主机地址

合法的主机地址位于两个子网之间，全为 0 和全为 1 的地址用作网络地址和广播地址，请将子网“172.16.0.0”“172.16.128.0”合法的主机地址填入表 9-4。

表 9-4　合法的主机地址

子网	合法的主机地址
172.16.0.0	______________～______________
172.16.128.0	______________～______________

4. 交付验收

由验收人填写子网划分验收单，见表 9-5。

表 9-5　子网划分验收单

标题：		姓名：	
C 类 IP 地址子网划分			
主机数量			
网络号数量			
有效 IP 地址数量			
广播地址			
B 类 IP 地址子网划分			
主机数量			
网络号数量			
有效 IP 地址数量			
广播地址			
是否满足交付要求	□是　□否		
验收人		验收时间：　年　月　日	

5. 反思与评价

填写反思评价表，见表 9-6。

表 9-6　反思评价表

项目名称：	
完成情况	□完成　□部分完成　□没做
目标实现情况	□实现　□部分实现　□大部分未实现
与老师、同学沟通情况	□好　□较好　□一般　□存在较大问题
与同学协作情况	□好　□较好　□一般　□存在较大问题
技术方法运用情况	□好　□较好　□一般　□存在较大问题
资料收集水平	□高　□较高　□一般　□差
做事态度	□认真　□较认真　□应付　□差
项目是否完成	□完成　□部分完成　□大部分未完成　□未做
总结反思	
自我评价	
整体效果	
主要不足	
改进措施	
自评等级	□优秀　□良好　□一般
时间	年　月　日

Chapter

项目 10

配置二层交换机

1. 知识点导入

交换机由英文“Switch”翻译而来，是组建网络的重要设备，按照工作协议分为二层交换机和三层交换机。目前市场上交换机的生产商有华为、H3C、锐捷、中兴等。

（1）交换机的分类

根据覆盖范围分为广域网交换机和局域网交换机；根据使用网络技术分为以太网交换机、ATM 交换机、FDDI 交换机和令牌环交换机；根据应用网络大小分为企业级交换机、校园网交换机、部门级交换机和工作组交换机。

（2）交换机的功能

1）过滤功能，通过划分 VLAN、隔离冲突域等方式过滤广播信息。

2）学习功能，以太网交换机了解每一端口相连设备的 MAC 地址，并将地址同相应的端口映射起来存放在交换机的 MAC 地址表中。

3）转发功能，当一个数据帧的目的地址在 MAC 地址表中有映射时，它被转发到连接目的节点的端口而不是所有端口（如该数据帧为广播 / 组播帧，则转发至所有端口）。

（3）冲突域

在以太网中，同一介质上的多个节点共享链路的带宽，争用链路的使用权，这样就会发生冲突，这种连接在同一传输介质上的所有节点的集合就是一个冲突域。交换机工作在 OSI 数据链路层，其根据 MAC 地址传输帧，交换机的每个端口就是一个冲突域。

（4）二层交换机与三层交换机

二层交换机中的二层指的是开放式互联系统参考模型（OSI）的数据链路层。二层交换机一般部署在企业分层网络的接入层。三层交换机中的三层指的是 OSI 的网络层，是具有路由功能的交换机，三层交换机既可以工作在 OSI 的数据链路层也可以工作在网络层，一般部署在企业分层网络的汇聚层、核心层。

（5）MAC 地址表

交换机内部维护一个 MAC 地址表，用于记录局域网中设备的所属 VLAN、MAC 地址、端口等信息，交换机通过学习更新 MAC 地址表。

2. 工作情境

情境 1：交换机是组网的核心设备，其主要作用在于数据的高速交换，设备购入后，需要对其进行扩展、配置等操作，请使用 eNSP 完成对交换机的连接和配置。

情境 2：利用 eNSP 完成交换机视图模式的跳转及各视图模式下的基础命令。

3. 项目实施

任务 1：交换机的初始配置

（1）新建拓扑

如图 10-1 所示，在 eNSP 中新建一拓扑。该界面包括____________、____________、网络设备区和工作区。

图 10-1 eNSP 用户界面

（2）选择设备

选定设备为交换机后（见图 10-2），弹出设备型号（见图 10-3），选中 S3700 并将其拖入工作区，如图 10-4 所示。

图 10-2　网络设备种类

图 10-3　设备型号

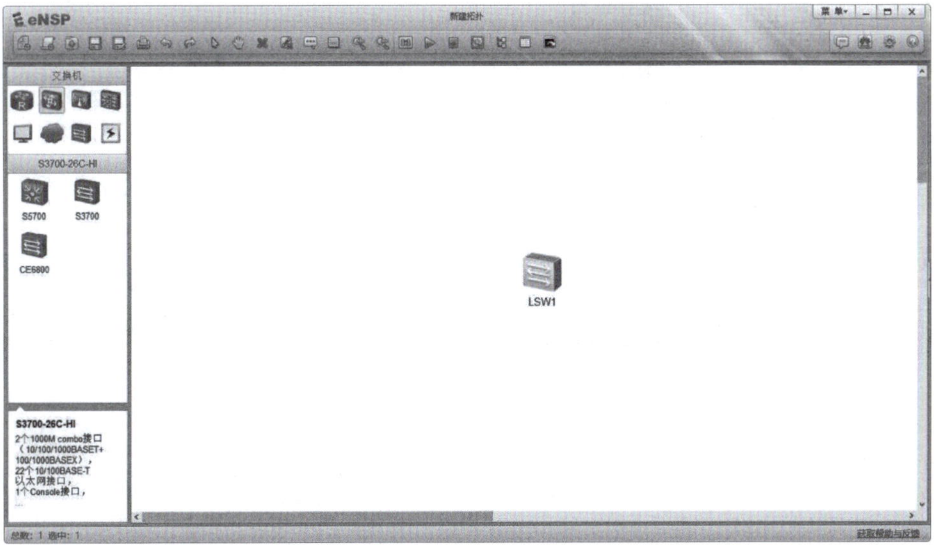

图 10-4　放置交换机

(3) 选择终端

选定设备为终端，弹出终端设备（见图 10-5），将 PC 拖入工作区，如图 10-6 所示。

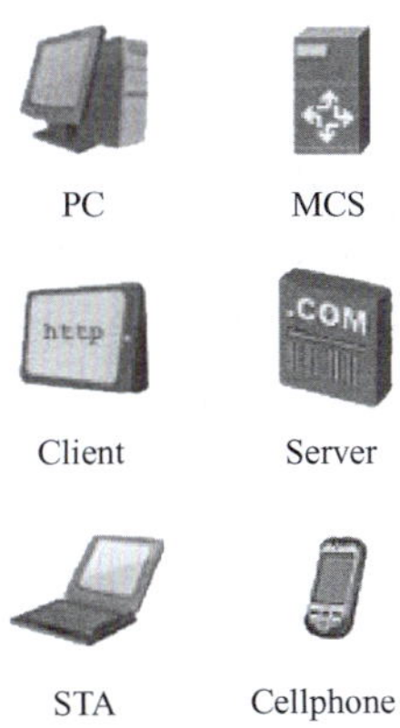

图 10-5　终端设备种类

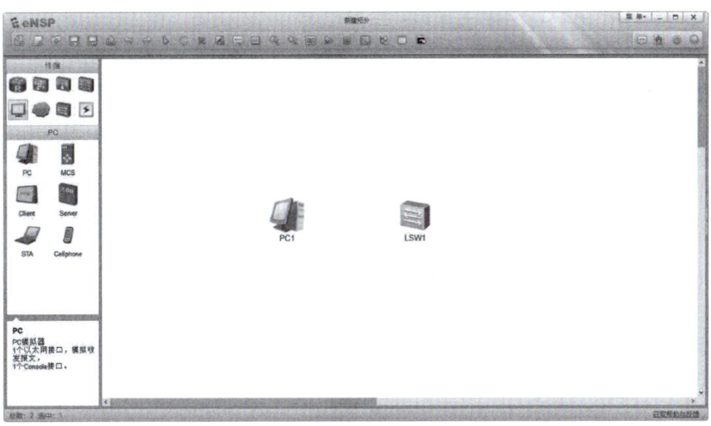

图 10-6　放置终端

（4）连接设备

单击“连接”图标，会显示所有线缆种类（见图 10-7），初次配置设备应该选择 CTL 线来连接 PC 设备和 LSW1 的 console 口，如图 10-8 所示。

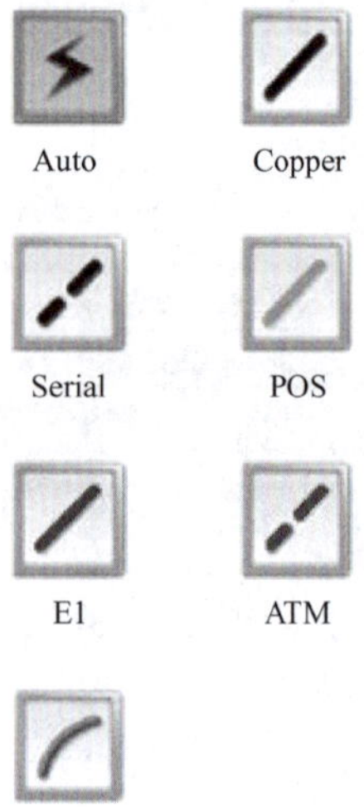

图 10-7　线缆种类

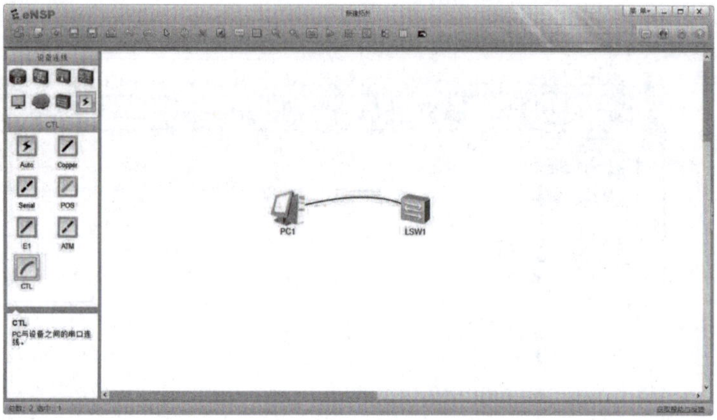

图 10-8　连接设备 console 口

（5）启动设备

网络拓扑搭建好后，右击已放置好的设备，在弹出的快捷菜单（见图 10-9）中选择“启动”命令，设备启动进度条，如图 10-10 所示（注：启动 PC 设备不会出现进度条）。

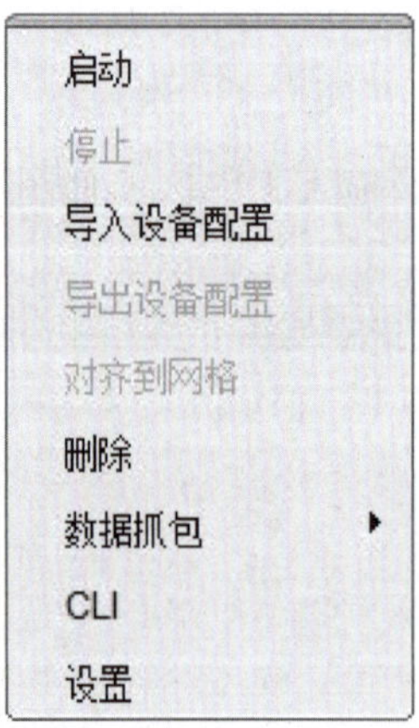

图 10-9　快捷菜单

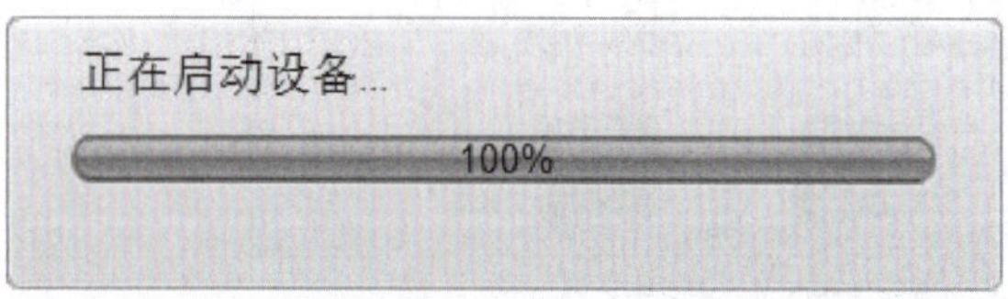

图 10-10　启动进度条

（6）认识设备

在图 10-9 所示的快捷菜单中选择“设置”命令，可以观察设备的面板、电源、console 口、端口、模块等信息，如图 10-11 所示。

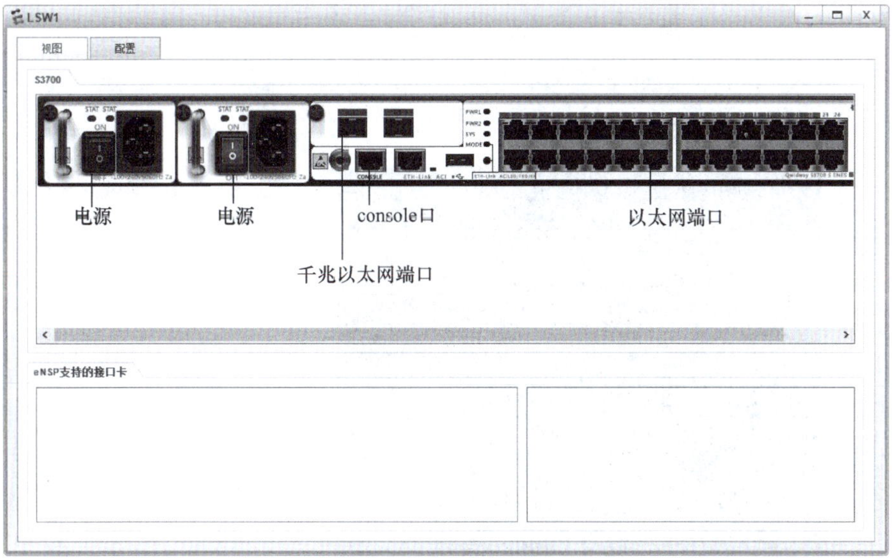

图 10-11　设备面板

（7）设置设备

双击 PC 设备，进入配置界面（见图 10-12）。界面包含__________、__________、组播、UDP 发包工具及__________等配置标签。

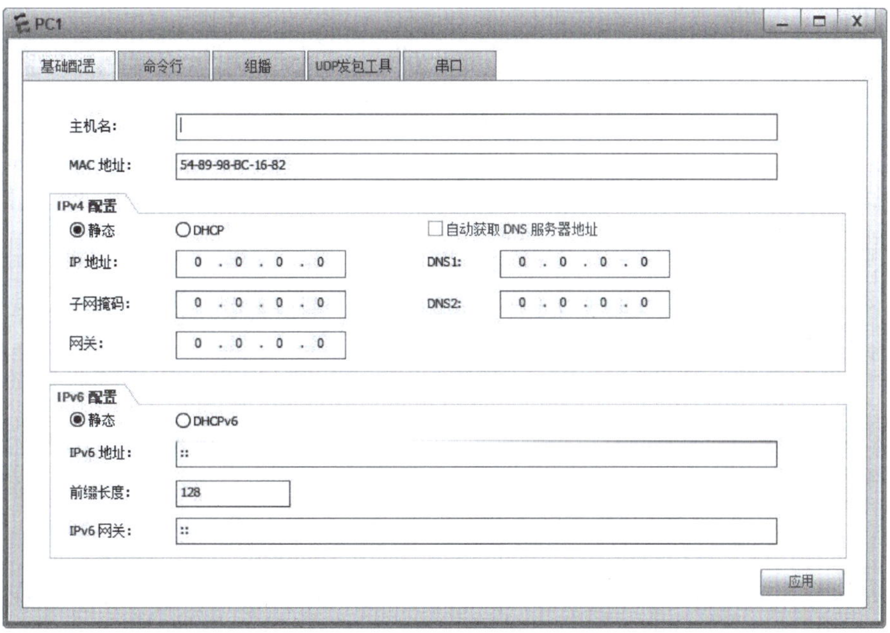

图 10-12　PC 配置界面

单击“串口”标签，进行交换机连接，可以看到界面显示默认的参数（见图 10-13）：波特率为__________，数据位为__________，奇偶位为__________，停止位为

________，流控（流量控制）为________，单击“连接”按钮即可访问交换机。

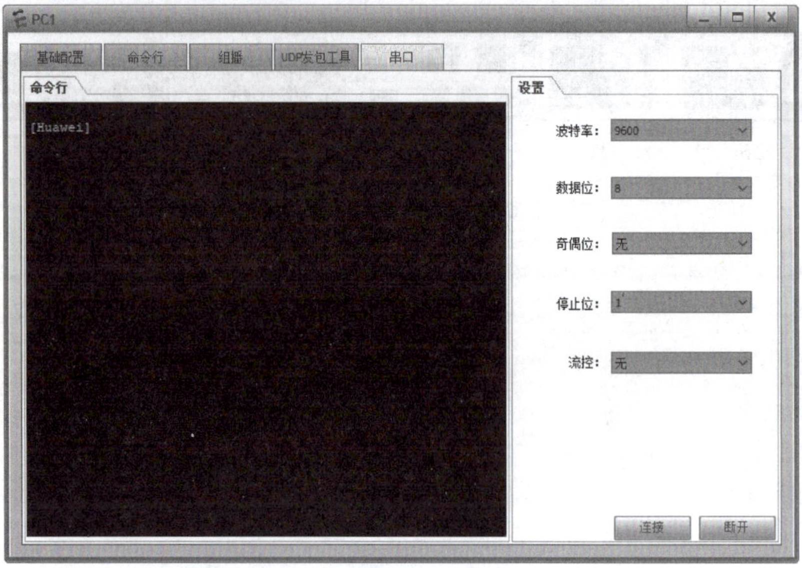

图 10-13　超级终端参数界面

任务 2：交换机视图模式

（1）选择交换机

如图 10-14 所示，选定两台 S5700 交换机并拖入工作区，默认名称分别为________、________，选择________线来连接 LSW1 的以太网口________和 LSW2 的以太网口________。设备连接好后，启动所有设备。启动过程中，如果出现连续不断的“#”（见图 10-15），表示设备正在启动中，需要等待一段时间。当设备启动后，线缆上的指示灯会变成绿色且设备会自动进入用户视图，同时会显示端口的基本信息。

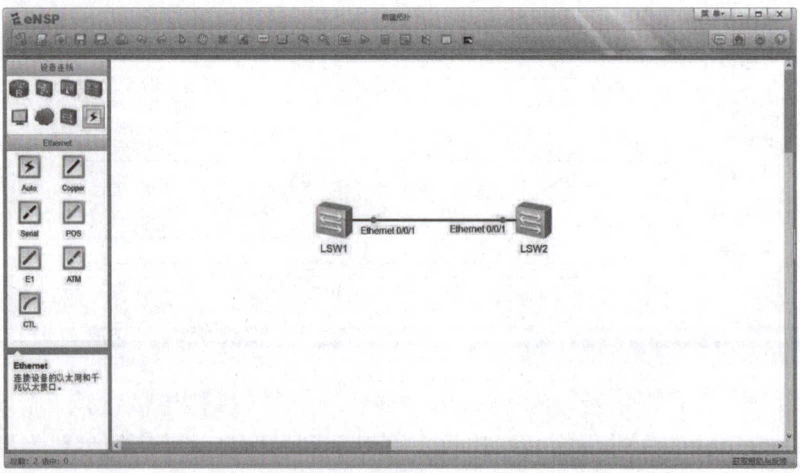

图 10-14　连接设备

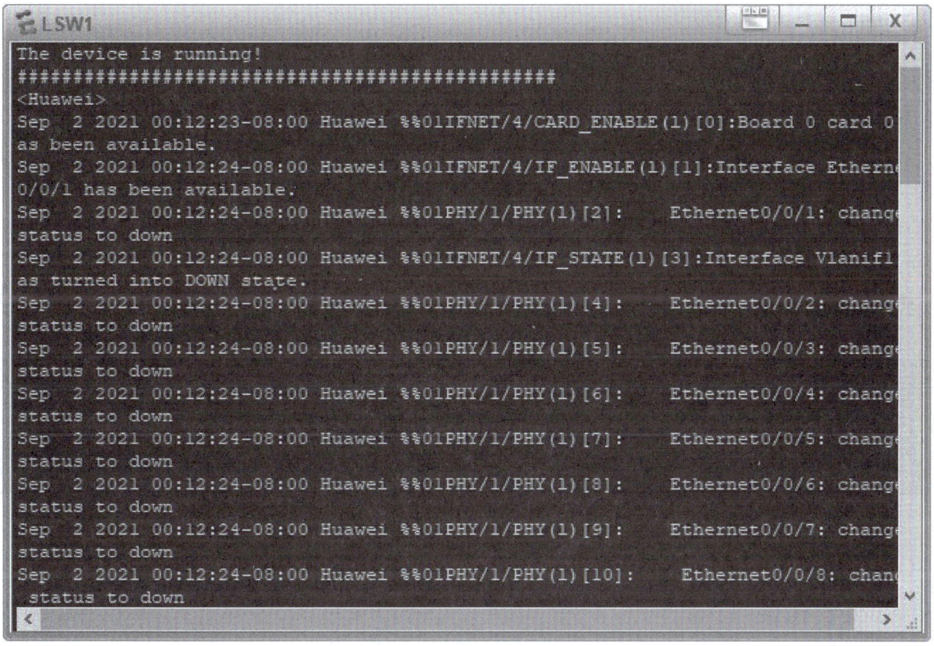

```
LSW1
The device is running!
################################################
<Huawei>
Sep  2 2021 00:12:23-08:00 Huawei %%01IFNET/4/CARD_ENABLE(1)[0]:Board 0 card 0
as been available.
Sep  2 2021 00:12:24-08:00 Huawei %%01IFNET/4/IF_ENABLE(1)[1]:Interface Etherne
0/0/1 has been available.
Sep  2 2021 00:12:24-08:00 Huawei %%01PHY/1/PHY(1)[2]:    Ethernet0/0/1: change
status to down
Sep  2 2021 00:12:24-08:00 Huawei %%01IFNET/4/IF_STATE(1)[3]:Interface Vlanifl
as turned into DOWN state.
Sep  2 2021 00:12:24-08:00 Huawei %%01PHY/1/PHY(1)[4]:    Ethernet0/0/2: change
status to down
Sep  2 2021 00:12:24-08:00 Huawei %%01PHY/1/PHY(1)[5]:    Ethernet0/0/3: change
status to down
Sep  2 2021 00:12:24-08:00 Huawei %%01PHY/1/PHY(1)[6]:    Ethernet0/0/4: change
status to down
Sep  2 2021 00:12:24-08:00 Huawei %%01PHY/1/PHY(1)[7]:    Ethernet0/0/5: change
status to down
Sep  2 2021 00:12:24-08:00 Huawei %%01PHY/1/PHY(1)[8]:    Ethernet0/0/6: change
status to down
Sep  2 2021 00:12:24-08:00 Huawei %%01PHY/1/PHY(1)[9]:    Ethernet0/0/7: change
status to down
Sep  2 2021 00:12:24-08:00 Huawei %%01PHY/1/PHY(1)[10]:    Ethernet0/0/8: chan
 status to down
```

图 10-15　启动设备

（2）用户视图

用户视图是权限最低的命令视图，在该视图中只能查询和修改一些设备的状态（见图 10-16），用户视图的命令提示符为____________。

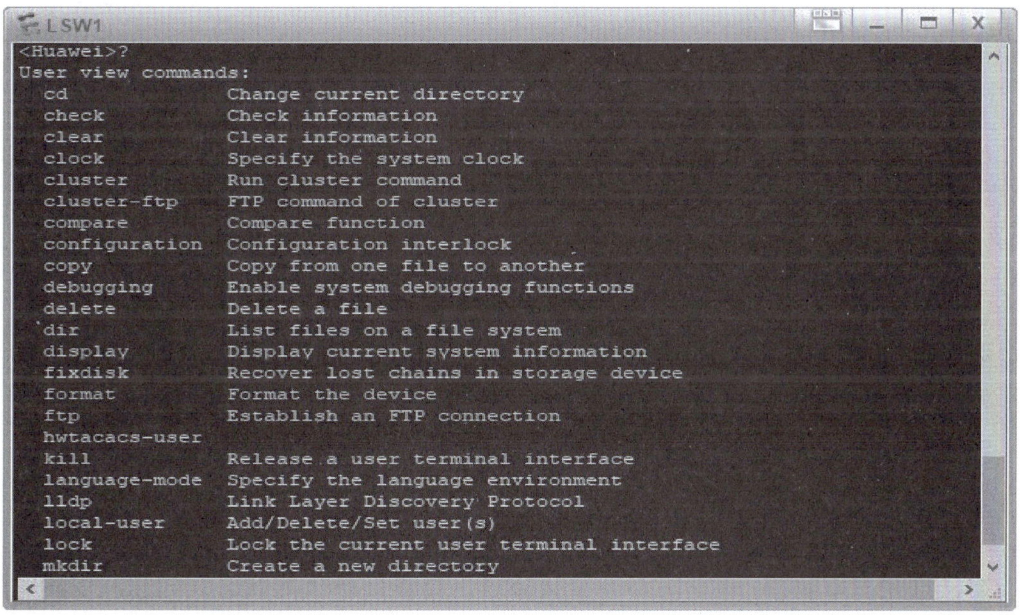

```
LSW1
<Huawei>?
User view commands:
  cd              Change current directory
  check           Check information
  clear           Clear information
  clock           Specify the system clock
  cluster         Run cluster command
  cluster-ftp     FTP command of cluster
  compare         Compare function
  configuration   Configuration interlock
  copy            Copy from one file to another
  debugging       Enable system debugging functions
  delete          Delete a file
  dir             List files on a file system
  display         Display current system information
  fixdisk         Recover lost chains in storage device
  format          Format the device
  ftp             Establish an FTP connection
  hwtacacs-user
  kill            Release a user terminal interface
  language-mode   Specify the language environment
  lldp            Link Layer Discovery Protocol
  local-user      Add/Delete/Set user(s)
  lock            Lock the current user terminal interface
  mkdir           Create a new directory
```

图 10-16　命令列表

（3）系统视图

在用户视图中执行____________命令进入系统视图（见图 10-17），系统视图的命令提示符为____________。在系统视图中可配置接口、协议等。可以使用____________命令切换回用户视图，或者使用____________命令从除用户视图外的其他视图退回到用户视图。

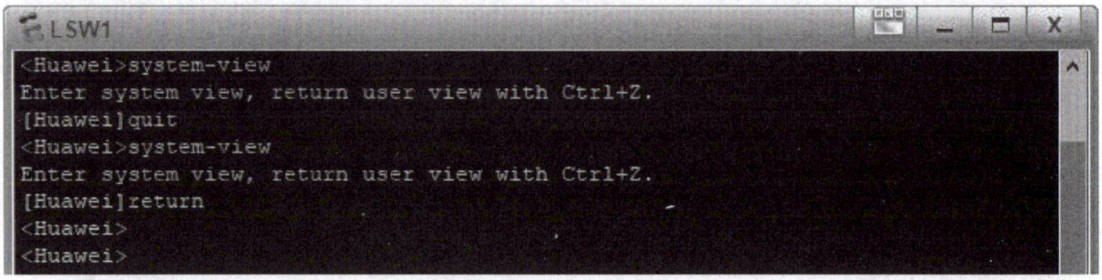

图 10-17　交换机视图切换

（4）重命名设备

如图 10-18 所示，在系统视图中可以通过____________来给设备进行命名。设备初始名为____________。重命名后，系统视图的命令提示符变成____________。

图 10-18　修改设备命名

（5）接口配置

如图 10-19 所示，在系统视图中，通过____________命令进入接口视图，“GigabitEthernet”表示接口类型为千兆以太网接口，“0/0/1”表示第 0 台设备、第 0 板卡、第 1 端口。接口视图标识符为____________，在该接口视图下，可以对该接口进行相应的配置。

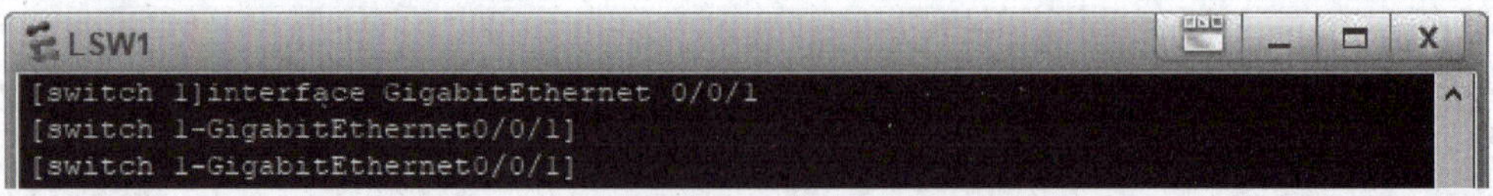

图 10-19　接口视图

（6）接口状态

在任意视图下执行________________命令，检查接口当前状态及信息，如图 10-20 所示。

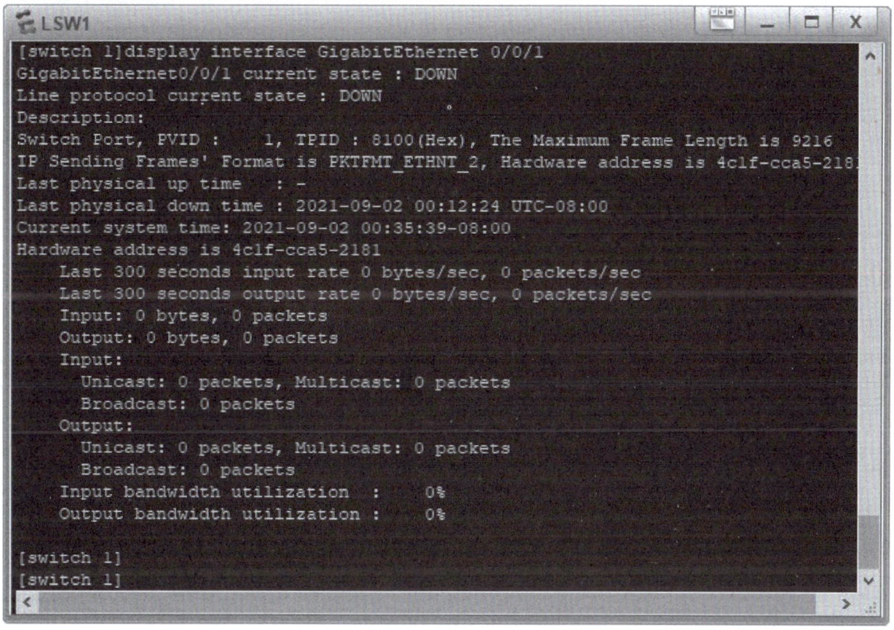

图 10-20　查看接口信息

4. 交付验收

由验收人填写交付验收单，见表 10-1。

表 10-1　交付验收单

标题：		姓名：	
交换机初始配置			
是否正确添加设备	□是　□否		
是否对设备进行了物理连接	□是　□否		
是否通过终端连接到设备并进入配置界面	□是　□否		
是否满足交付要求	□是　□否		
交换机视图模式			
是否正确添加设备	□是　□否		
是否对设备进行了物理连接	□是　□否		
是否启动设备	□是　□否		
是否在用户视图、系统视图及其他视图之间进行切换	□是　□否		
是否为设备命名	□是　□否		
是否显示接口状态	□是　□否		
是否退出当前视图	□是　□否		
是否满足交付要求	□是　□否		
验收人		验收时间：　年　月　日	

5. 反思与评价

填写反思评价表，见表 10-2。

表 10-2 反思评价表

项目名称：	
完成情况	□完成 □部分完成 □没做
目标实现情况	□实现 □部分实现 □大部分未实现
与老师、同学沟通情况	□好 □较好 □一般 □存在较大问题
与同学协作情况	□好 □较好 □一般 □存在较大问题
技术方法运用情况	□好 □较好 □一般 □存在较大问题
资料收集水平	□高 □较高 □一般 □差
做事态度	□认真 □较认真 □应付 □差
项目是否完成	□完成 □部分完成 □大部分未完成 □未做
总结反思	
自我评价	
整体效果	
主要不足	
改进措施	
自评等级	□优秀 □良好 □一般
时间	年 月 日

Chapter

项目 11 划分虚拟局域网

1. 知识点导入

（1）虚拟局域网概述

局域网中充斥着大量广播帧，它们不仅占有带宽，影响网络性能，而且消耗网络资源。广播帧能够到达的网络区域称为一个广播域。虚拟局域网可以减少广播帧对网络的影响，也是解决网络拥堵的常用手段。

虚拟局域网又称为 VLAN（Virtual Local Area Network），是一种网络管理技术。划分 VLAN 实际上是将局域网划分成若干个广播域，从而使广播帧只能在 VLAN 内部传播，因此，VLAN 有分割广播域的作用。

（2）虚拟局域网的端口类型

根据端口连接对象以及对收发数据帧处理的不同，以太网交换机的端口分为以下三种：

1）Access 端口：属于特定的 VLAN，只转发此 VLAN 中的数据帧，一般用于连接终端设备。

2）Trunk 端口：可以转发多个 VLAN 的数据帧，一般用于 VLAN 内数据的跨交换机传输。

3）Hybrid 端口：可以转发多个 VLAN 的数据帧，可以连接交换机和终端，可以为多个 VLAN 的端口的数据帧打上指定的标签或者去除某些标签。Hybrid 端口是华为和华三设备特有，其他设备多数情况下只有 Access 和 Trunk 端口。

（3）打标签与脱标签

如果 s11 端口上的主机要给 s17 端口上的主机发送报文（见图 11-1），s11 端口（Access）在转发数据帧前会先为其进行“打标签”操作（标识 s11 端口上的主机所属 VLAN）；s17 端口上的主机接收到此数据帧后会检查“标签”，若两台主机同属一个 VLAN，则 s17 端口会解除数据帧上的“标签”，并将数据帧转发给 s17 端口上的主机，这步操作称为“脱标签”。

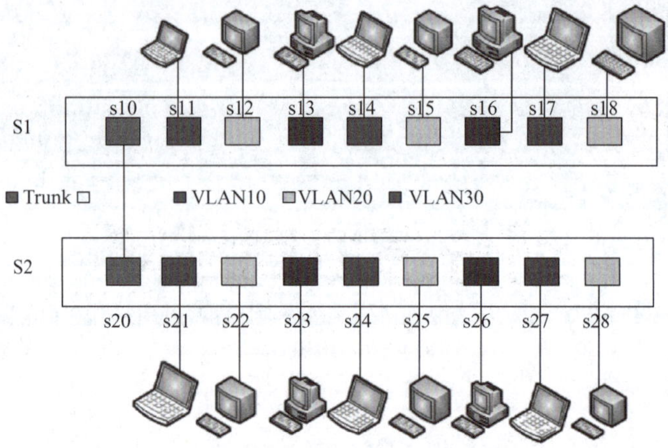

图 11-1　Access 端口和 Trunk 端口

（4）VLAN 划分方式

VLAN 可以基于接口划分、基于 MAC 地址划分、基于子网划分、基于网络层协议划分以及基于匹配策略方式划分。

2. 工作情境

情境 1：某写字楼内有多家公司，为了降低成本，多家公司共用网络资源，各公司分别连接到一台二层交换机的不同接口（见图 11-2）。为了保证各公司业务的独立和安全，可将每个公司所连接的接口划分到不同的 VLAN，实现公司间业务数据的完全隔离。

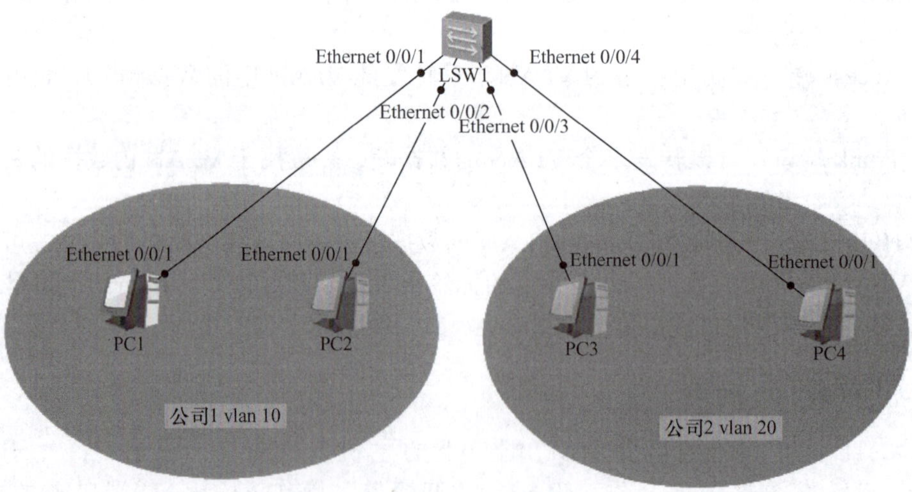

图 11-2　单交换机 VLAN 划分

情境 2：实验室网络部的交换机连接有很多用户（见图 11-3），且相同业务用户通过不同的设备接入网络。为了通信的安全性，同时为了避免广播风暴，网络部希望业务相同用户之间可以互相访问，业务不同用户之间不能直接访问。

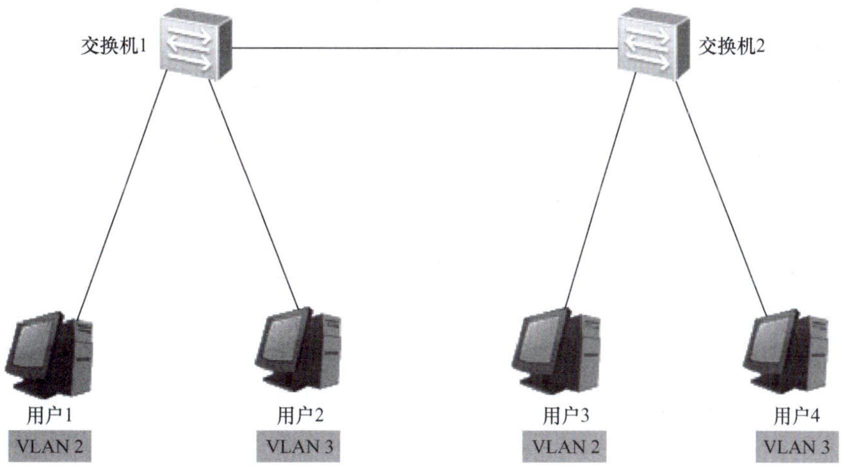

图 11-3　跨交换机 VLAN 划分

3. 项目实施

任务 1：单交换机 VLAN 划分配置

（1）设备信息

表 11-1、表 11-2 是本项目情境 1 的设备及端口信息。请在进行规划设计时参考表中数据进行配置。

表 11-1　实验编址

设备	接口	IP 地址	子网掩码	网关
PC1	Ethernet 0/0/1	192.168.1.1	255.255.255.0	/
PC2	Ethernet 0/0/1	192.168.1.2	255.255.255.0	/
PC3	Ethernet 0/0/1	192.168.1.3	255.255.255.0	/
PC4	Ethernet 0/0/1	192.168.1.4	255.255.255.0	/

表 11-2　实验设备接口类型及所属 VLAN

设备	接口	接口类型	所属 VLAN
LSW1	Ethernet 0/0/1	Access	10
	Ethernet 0/0/2	Access	10
	Ethernet 0/0/3	Access	20
	Ethernet 0/0/4	Access	20

（2）搭建拓扑结构

启动 eNSP，新建如图 11-4 所示网络拓扑并启动设备。

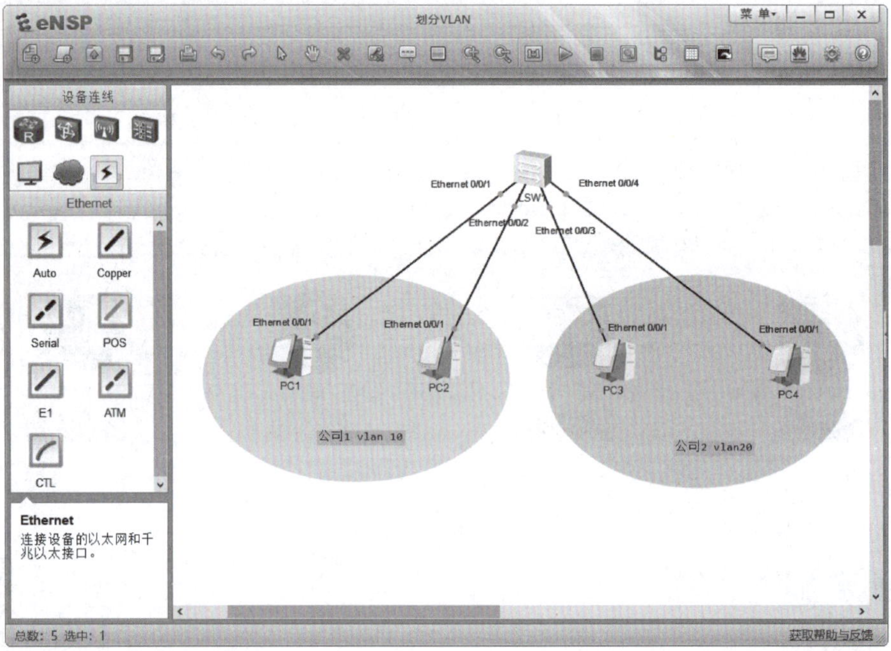

图 11-4 单交换机 VLAN 划分网络拓扑图

（3）配置 PC1 ～ PC4

参考表 11-1 为 PC1 ～ PC4 配置 IP 地址。双击 PC1，在“基础配置”选项卡配置静态 IPv4 地址为“192.168.1.1”，子网掩码为“255.255.255.0”，如图 11-5 所示。使用同样的方法为 PC2、PC3、PC4 输入 IP 地址与子网掩码。

（4）测试主机之间的连通性

分配好所有主机 IP 地址后，进入 PC1，在“命令行”选项卡中通过__________命令来启动 PC1 与其他主机之间的通信过程，如图 11-6 所示。可以看出，此时所有主机之间能够正常访问。

（5）配置 LSW1

进入 LSW1 配置界面，执行__________命令进入系统视图，如图 11-7 所示。

如图 11-8 所示，在系统视图中执行__________，创建 VLAN 并进入 VLAN 视图。如果 VLAN 已经创建，则直接进入 VLAN 视图，共创建了__________、__________两个 VLAN。

图 11-5　主机配置 IP 地址

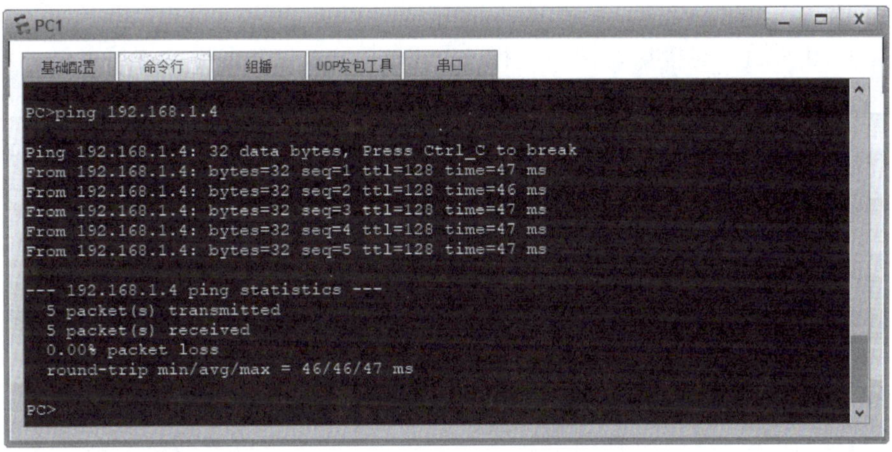

图 11-6　PC-1 与 PC-4 通信过程

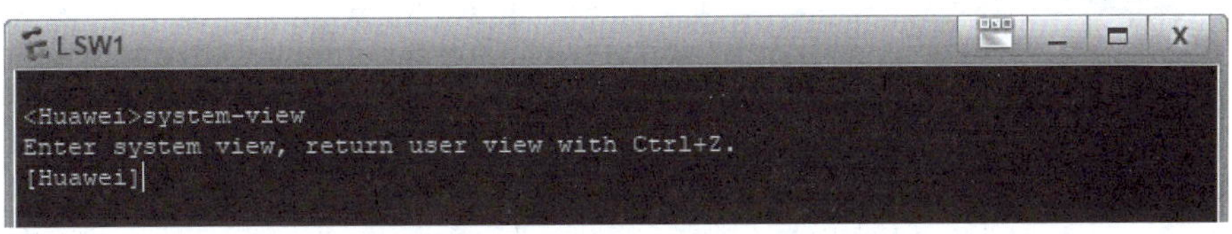

图 11-7　二层交换机 LSW1 系统视图

```
LSW1
[Huawei]vlan 10
[Huawei-vlan10]quit
[Huawei]vlan 20
[Huawei-vlan20]
Oct  6 2021 09:17:42-08:00 Huawei DS/4/DATASYNC_CFGCHANGE:OID 1.3.6.1.4.1.2011.5
.25.191.3.1 configurations have been changed. The current change number is 5, th
e change loop count is 0, and the maximum number of records is 4095.
Oct  6 2021 09:17:51-08:00 Huawei %%01PHY/1/PHY(l)[2]:    Ethernet0/0/4: change
status to down
Oct  6 2021 09:17:52-08:00 Huawei %%01PHY/1/PHY(l)[3]:    Ethernet0/0/4: change
status to up
```

图 11-8　创建 VLAN

如图 11-9 所示，在系统视图中通过执行__________命令来进入指定的接口或子接口视图，此处进入 Ethernet0/0/1 接口视图。

```
LSW1
[Huawei]interface Ethernet 0/0/1
Oct  6 2021 09:21:09-08:00 Huawei %%01PHY/1/PHY(l)[6]:    Ethernet0/0/3: change
status to down
Oct  6 2021 09:21:10-08:00 Huawei %%01PHY/1/PHY(l)[7]:    Ethernet0/0/3: change
status to up
[Huawei-Ethernet0/0/1]
```

图 11-9　进入接口视图

如图 11-10 所示，在接口视图中执行 port link-type 命令来配置接口的链路类型。利用__________命令将__________接口配置为 Access 类型。

```
LSW1
[Huawei-Ethernet0/0/1]port link-type access
[Huawei-Ethernet0/0/1]
Oct  6 2021 09:22:43-08:00 Huawei DS/4/DATASYNC_CFGCHANGE:OID 1.3.6.1.4.1.2011.5
.25.191.3.1 configurations have been changed. The current change number is 6, th
e change loop count is 0, and the maximum number of records is 4095.
```

图 11-10　配置接口类型为 Access

如图 11-11 所示，在接口视图中执行__________命令配置接口的默认 VLAN 并同时加入这个 VLAN。将 Ethernet0/0/1 接口的默认 VLAN 配置为__________并同时加入这个 VLAN，注意接口必须为 Access 类型才能配置该命令。

```
LSW1
[Huawei-Ethernet0/0/1]port default vlan 10
[Huawei-Ethernet0/0/1]
Oct  6 2021 09:25:03-08:00 Huawei DS/4/DATASYNC_CFGCHANGE:OID 1.3.6.1.4.1.2011.5
.25.191.3.1 configurations have been changed. The current change number is 7, th
e change loop count is 0, and the maximum number of records is 4095.
```

图 11-11　配置接口默认 VLAN

重复上述步骤，将 LSW1 的 Ethernet0/0/2 ～ Ethernet0/0/4 接口配置为__________接口类型并加入到相应 VLAN。通过__________命令查看 VLAN 配置情况（见图 11-12），可以看出，已经在设备 LSW1 中创建了__________和__________。编号为__________的 VLAN 是默认 VLAN，在不进行任何配置的情况下，所有接口都属于__________。同时已经将 Ethernet0/0/1 ～ Ethernet0/0/4 接口添加到相应的 VLAN 中。

```
[Huawei-Ethernet0/0/4]display vlan
The total number of vlans is : 3
--------------------------------------------------------------------------------
U: Up;         D: Down;         TG: Tagged;         UT: Untagged;
MP: Vlan-mapping;               ST: Vlan-stacking;
#: ProtocolTransparent-vlan;    *: Management-vlan;
--------------------------------------------------------------------------------

VID  Type    Ports
--------------------------------------------------------------------------------
1    common  UT:Eth0/0/5(D)     Eth0/0/6(D)     Eth0/0/7(D)     Eth0/0/8(D)
                Eth0/0/9(D)     Eth0/0/10(D)    Eth0/0/11(D)    Eth0/0/12(D)
                Eth0/0/13(D)    Eth0/0/14(D)    Eth0/0/15(D)    Eth0/0/16(D)
                Eth0/0/17(D)    Eth0/0/18(D)    Eth0/0/19(D)    Eth0/0/20(D)
                Eth0/0/21(D)    Eth0/0/22(D)    GE0/0/1(U)      GE0/0/2(D)

10   common  UT:Eth0/0/1(U)     Eth0/0/2(U)
20   common  UT:Eth0/0/3(U)     Eth0/0/4(U)

VID  Status  Property      MAC-LRN Statistics Description
--------------------------------------------------------------------------------
1    enable  default       enable  disable    VLAN 0001
10   enable  default       enable  disable    VLAN 0010
20   enable  default       enable  disable    VLAN 0020
[Huawei-Ethernet0/0/4]
```

图 11-12　查看 VLAN 配置情况

（6）再次测试主机之间的连通性

再次在 PC1 中通过 ping 命令来启动与其他主机之间的通信过程，如图 11-13 所示。可以看出，PC1 与 PC2（□互通、□不通），PC1 与 PC3（□互通、□不通）。

```
PC>ping 192.168.1.3

Ping 192.168.1.3: 32 data bytes, Press Ctrl_C to break
From 192.168.1.1: Destination host unreachable
From 192.168.1.1: Destination host unreachable
From 192.168.1.1: Destination host unreachable
From 192.168.1.1: Destination host unreachable
From 192.168.1.1: Destination host unreachable

--- 192.168.1.3 ping statistics ---
  5 packet(s) transmitted
  0 packet(s) received
  100.00% packet loss

PC>ping 192.168.1.2

Ping 192.168.1.2: 32 data bytes, Press Ctrl_C to break
From 192.168.1.2: bytes=32 seq=1 ttl=128 time=63 ms
From 192.168.1.2: bytes=32 seq=2 ttl=128 time=46 ms
From 192.168.1.2: bytes=32 seq=3 ttl=128 time=31 ms
From 192.168.1.2: bytes=32 seq=4 ttl=128 time=31 ms
From 192.168.1.2: bytes=32 seq=5 ttl=128 time=31 ms

--- 192.168.1.2 ping statistics ---
  5 packet(s) transmitted
  5 packet(s) received
  0.00% packet loss
  round-trip min/avg/max = 31/40/63 ms
```

图 11-13　PC1 与 PC2、PC3 主机通信过程

任务 2：跨交换机 VLAN 划分配置

（1）网络拓扑及设备信息

表 11-3、表 11-4 所示是本项目情境 2 的设备及端口信息。请在进行规划设计时参考表中数据进行配置。

表 11-3　主机编址

设备	接口	IP 地址	子网掩码	网关
PC1	Ethernet 0/0/1	192.168.1.1	255.255.255.0	/
PC2	Ethernet 0/0/1	192.168.1.2	255.255.255.0	/
PC3	Ethernet 0/0/1	192.168.1.3	255.255.255.0	/
PC4	Ethernet 0/0/1	192.168.1.4	255.255.255.0	/

表 11-4　实验设备接口类型及所属 VLAN

设备	接口	接口类型	所属 VLAN
LSW1	Ethernet 0/0/1	Access	10
	Ethernet 0/0/2	Access	20
	GE 0/0/1	Trunk	10、20
LSW2	Ethernet 0/0/1	Access	10
	Ethernet 0/0/2	Access	20
	GE 0/0/1	Trunk	10、20

（2）配置设备信息

启动 eNSP，创建如图 11-14 所示的网络拓扑并启动设备。

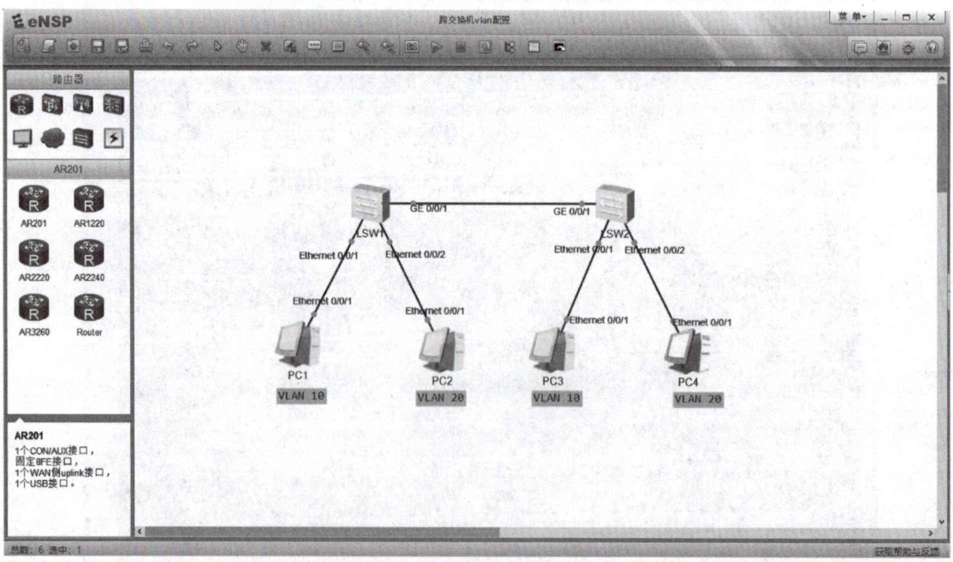

图 11-14　网络拓扑图

参考表 11-3 为 PC1 ～ PC4 配置 IP 地址。双击 PC1，在“基础配置”选项卡配置静态 IPv4 地址为“192.168.1.1”，子网掩码为“255.255.255.0”。使用同样的方法为 PC2、PC3、PC4 输入 IP 地址与子网掩码。

（3）测试设备连通性

双击 PC1，在“命令行”选项卡中通过____________命令来启动与其他主机之间的通信过程（见图 11-15），此时主机之间丢包率为____________，通信（□正常、□不正常）。

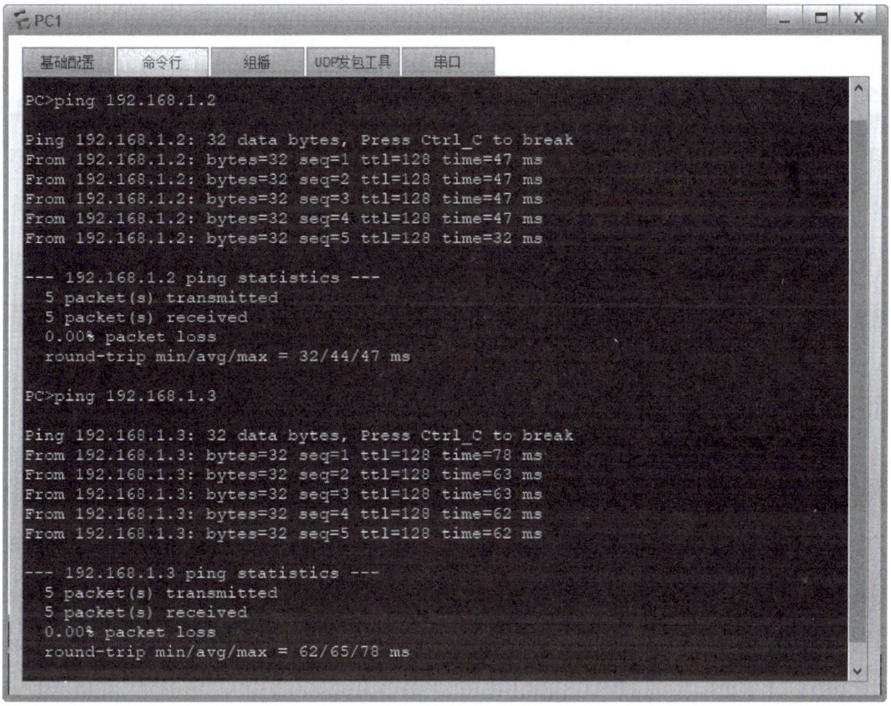

图 11-15　PC-1 与 PC-2、PC-3 通信过程

（4）配置 LSW1

双击 LSW1 进入配置界面，执行__________命令进入系统视图，如图 11-16 所示。

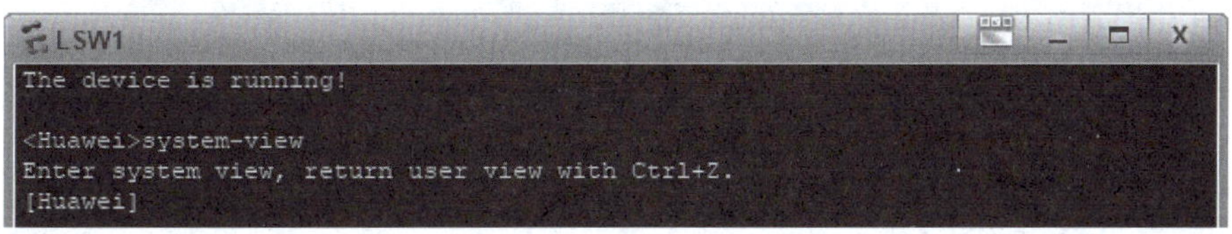

图 11-16　LSW1 系统视图

在系统视图中执行____________命令同时创建 VLAN10 和 VLAN20，如图 11-17 所示。

```
LSW1
[Huawei]vlan batch 10 20
Info: This operation may take a few seconds. Please wait for a moment...done.
[Huawei]
Oct  6 2021 10:06:59-08:00 Huawei DS/4/DATASYNC_CFGCHANGE:OID 1.3.6.1.4.1.2011.5
.25.191.3.1 configurations have been changed. The current change number is 4, th
e change loop count is 0, and the maximum number of records is 4095.
[Huawei]
```

图 11-17　创建 VLAN10 和 VLAN20

在系统视图中通过执行 interface 命令进入指定的接口视图，如图 11-18 所示，进入__________接口视图。

```
LSW1
[Huawei]interface Ethernet 0/0/1
[Huawei-Ethernet0/0/1]
```

图 11-18　接口视图

如图 11-19 所示，在接口视图中执行__________命令将 Ethernet0/0/1 接口配置为__________类型。执行__________命令将 Ethernet0/0/1 接口的默认路由配置为 VLAN10 并同时加入 VLAN 10。

```
LSW1
[Huawei-Ethernet0/0/1]port link-type access
[Huawei-Ethernet0/0/1]port default vlan 10
Oct  6 2021 10:12:40-08:00 Huawei DS/4/DATASYNC_CFGCHANGE:OID 1.3.6.1.4.1.2011.5
.25.191.3.1 configurations have been changed. The current change number is 5, th
e change loop count is 0, and the maximum number of records is 4095.
[Huawei-Ethernet0/0/1]
```

图 11-19　配置接口类型并加入 VLAN

如图 11-20 所示，LSW1 的 GE0/0/1 接口需要配置 Trunk 接口，负责转发带有 VLAN10 与 VLAN20 标签的报文。进入 GE0/0/1 接口视图，执行__________命令来配置接口的链路类型为 trunk，将 Ethernet0/0/1 接口配置为 Trunk 类型。

```
LSW1
[Huawei]interface GigabitEthernet 0/0/1
[Huawei-GigabitEthernet0/0/1]port link-type trunk
[Huawei-GigabitEthernet0/0/1]
Oct  6 2021 10:15:00-08:00 Huawei DS/4/DATASYNC_CFGCHANGE:OID 1.3.6.1.4.1.2011.5
.25.191.3.1 configurations have been changed. The current change number is 7, th
e change loop count is 0, and the maximum number of records is 4095.
```

图 11-20　配置接口类型为 Trunk 接口

如图 11-21 所示，在 GE0/0/1 接口视图中，执行__________命令来配置 Trunk 类型接口加入的 VLAN，将 GE0/0/1 加入__________和 VLAN20。

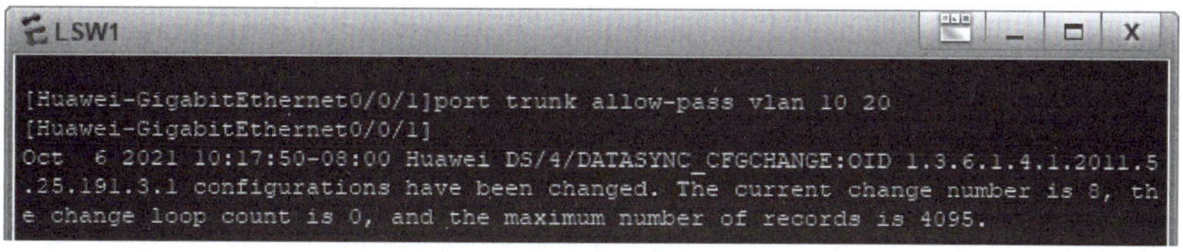

图 11-21　配置 Trunk 类型接口的默认 VLAN

（5）配置 LSW2

重复上述步骤，配置 LSW2。

（6）测试设备连通性

配置完成后，在 PC1 中通过 ping 命令来检测与 PC2 ～ PC4 的连通性，如图 11-22 所示。可以看出，PC1 与 PC3 在同一 VLAN10 下可以互访，但不能与 VLAN20 下的 PC2 或 PC4 互访。

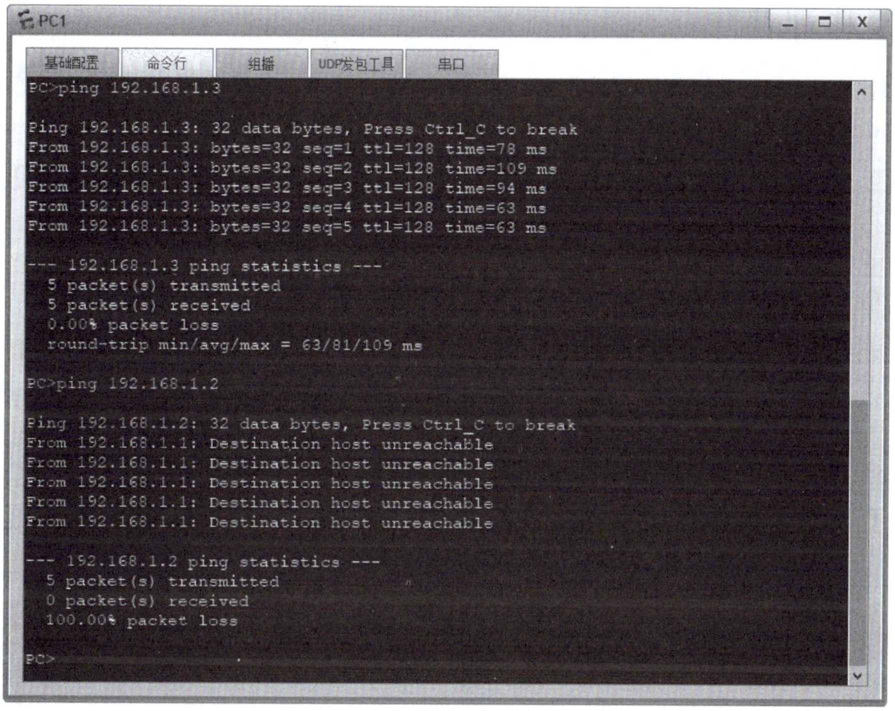

图 11-22　PC1 与其他主机通信过程

4. 交付验收

由验收人填写交换机划分 VLAN 验收单，见表 11-5。

表 11-5　交换机划分 VLAN 验收单

标题：		姓名：	
单交换机划分 VLAN			
是否绘制了网络拓扑图	□是　□否	是否配置了终端 IP 地址	□是　□否
是否配置了 Ethernet 0/0/1	□是　□否	是否配置了 Ethernet 0/0/2	□是　□否
是否配置了 Ethernet 0/0/3	□是　□否	是否配置了 Ethernet 0/0/4	□是　□否
跨交换机划分 VLAN			
是否绘制了网络拓扑图	□是　□否	是否配置了终端 IP 地址	□是　□否
是否配置了 Ethernet 0/0/1	□是　□否	是否配置了 Ethernet 0/0/2	□是　□否
是否配置了 Ethernet 0/0/3	□是　□否	是否配置了 Ethernet 0/0/4	□是　□否
是否满足交付要求	□是　□否		
验收人		验收时间：	年　月　日

5. 反思与评价

填写反思评价表，见表 11-6。

表 11-6　反思评价表

项目名称：	
完成情况	□完成　□部分完成　□没做
目标实现情况	□实现　□部分实现　□大部分未实现
与老师、同学沟通情况	□好　□较好　□一般　□存在较大问题
与同学协作情况	□好　□较好　□一般　□存在较大问题
技术方法运用情况	□好　□较好　□一般　□存在较大问题
资料收集水平	□高　□较高　□一般　□差
做事态度	□认真　□较认真　□应付　□差
项目是否完成	□完成　□部分完成　□大部分未完成　□未做
总结反思	
自我评价	
整体效果	
主要不足	
改进措施	
自评等级	□优秀　□良好　□一般
时间	年　月　日

Chapter

项目 12 配置三层交换机

1. 知识点导入

（1）三层交换机的转发原理

三层交换机一般是通过划分 VLAN 实现二层交换，同时能够实现不同 VLAN 间的三层互访。

（2）VLAN 间互访

由于广播帧只在同 VLAN 内转发，不同 VLAN 的用户间不能互访，这样能起到隔离广播的作用。但实际应用中，不同 VLAN 的用户又常有互访的需求。同 VLAN 内互访一样，VLAN 间互访也会经过用户主机的报文转发、交换机内部的以太网交换、设备之间交互时 VLAN 标签的添加和剥离三个环节，需要借助三层路由技术或 VLAN 转换技术才能实现互访。

（3）VLAN 间互访技术

华为提供了多种技术实现 VLAN 间互访，常采用以下两种技术。

1）VLANIF 接口：VLANIF 接口是一种三层的逻辑接口，可以实现 VLAN 间的三层互通。

2）Dot1q：配置简单，是实现 VLAN 间互访最常用的一种技术。但每个 VLAN 需要配置一个 VLANIF，并在接口上指定一个 IP 子网网段。

2. 工作情境

情境 1：企业的不同部门拥有相同的业务，且位于不同的网段，相同部门所属的 VLAN 相同，为了实现不同 VLAN 的相互通信，需要引入三层交换机（或路由器）划分 VLAN，以满足业务需求，如图 12-1 所示。

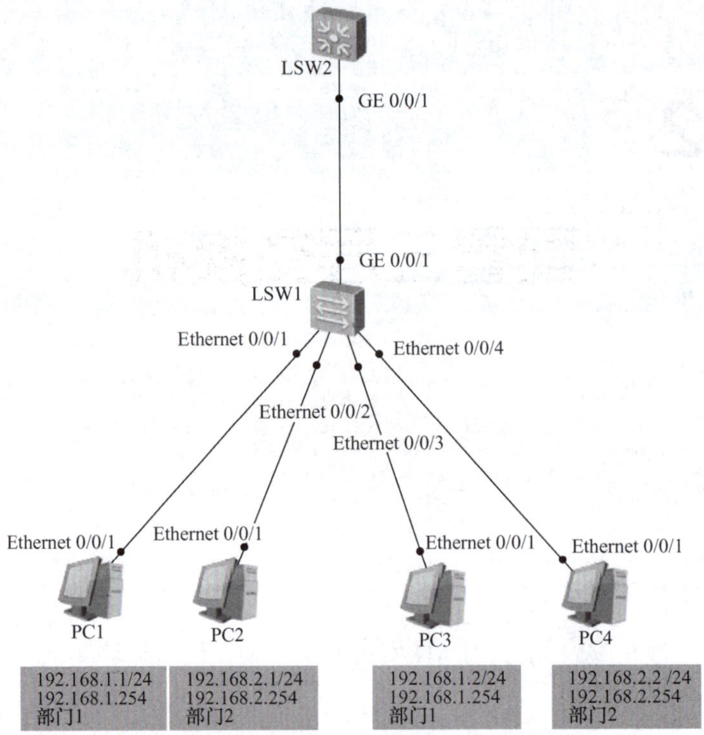

图 12-1　三层交换机实现同设备 VLAN 间通信

情境 2：企业的相同部门位于不同的地理位置（跨设备进行通信，见图 12-2），请对交换机进行配置，满足不同 VLAN 间终端跨设备通信的业务需求。

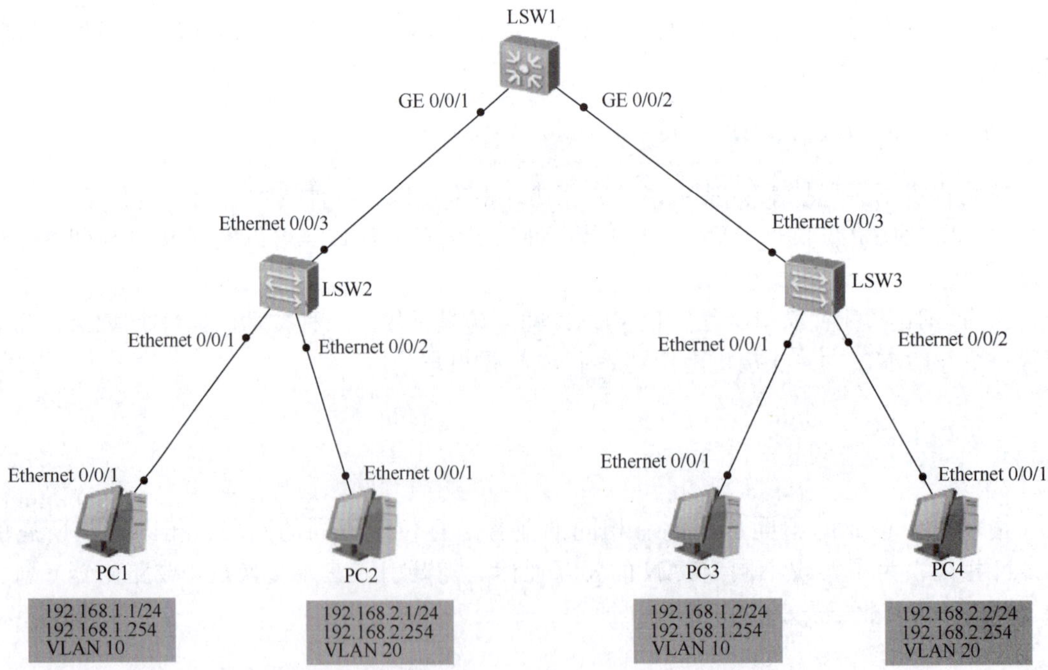

图 12-2　三层交换机实现跨设备 VLAN 间通信

3. 项目实施

任务 1：三层交换机实现同设备 VLAN 间通信

（1）网络拓扑与设备信息

表 12-1、表 12-2 是本项目情境 1 的设备及端口信息。请在进行规划设计时参考表中数据进行配置。

表 12-1　设备信息表

设备	接口	IP 地址	子网掩码	网关
PC1	Ethernet 0/0/1	192.168.1.1	255.255.255.0	192.168.1.254
PC2	Ethernet 0/0/2	192.168.2.1	255.255.255.0	192.168.2.254
PC3	Ethernet 0/0/3	192.168.1.2	255.255.255.0	192.168.1.254
PC4	Ethernet 0/0/4	192.168.2.2	255.255.255.0	192.168.2.254
LSW2	VLANIF 2	192.168.1.254	255.255.255.0	/
	VLANIF 3	192.168.2.254	255.255.255.0	/

表 12-2　设备接口类型及所属 VLAN

设备	接口	接口类型	所属 VLAN
LSW1	Ethernet 0/0/1	Access	2
	Ethernet 0/0/2	Access	3
	Ethernet 0/0/3	Access	2
	Ethernet 0/0/4	Access	3
	GigabitEthernet0/0/1	Trunk	/
LSW2	GigabitEthernet0/0/1	Trunk	/
	GigabitEthernet0/0/1	Trunk	/

（2）基本信息配置

启动 eNSP，根据图 12-3 绘制拓扑结构并启动设备。

按照表 12-1 为 PC1 ～ PC4 配置 IP 地址。双击 PC1，选择“基础配置”标签，在 IP 地址文本框中输入“192.168.1.1”，子网掩码文本框输入“255.255.255.0”，网关为____________；同理，为 PC2 ～ PC4 配置 IP 地址、子网掩码和网关，如图 12-4 所示。

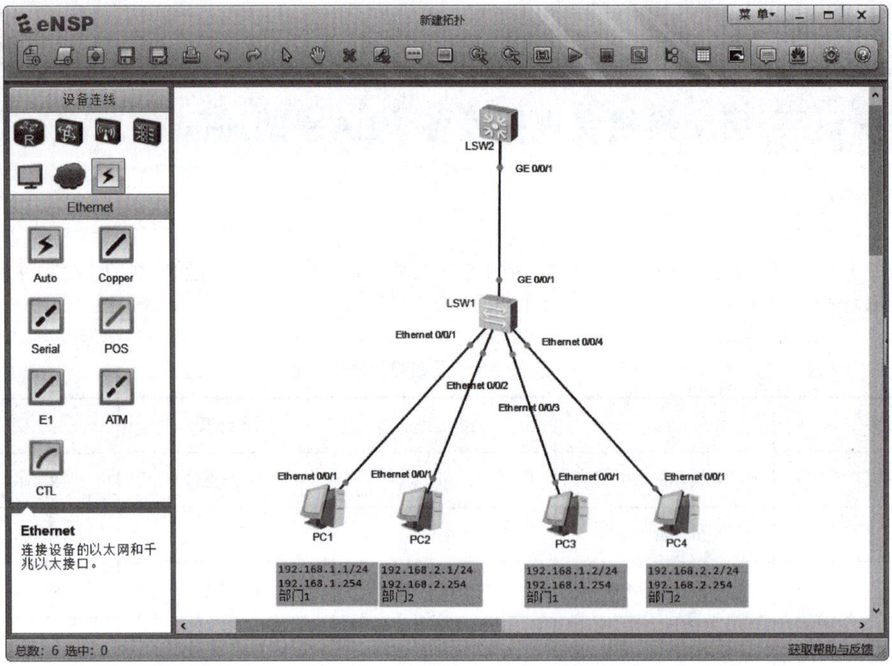

图 12-3　VLAN 间路由网络拓扑

图 12-4　主机配置 IP 地址

（3）测试 PC1 与 PC2 连通性

进入 PC1，在“命令行”选项卡中通过 ping 命令来启动与 PC2 之间的通信过程，如图 12-5 所示，所示丢包率____________，意为 PC1 和 PC2____________（□不通、□连通），原因是____________________________________；同理，PC3 与 PC4 也是如此。

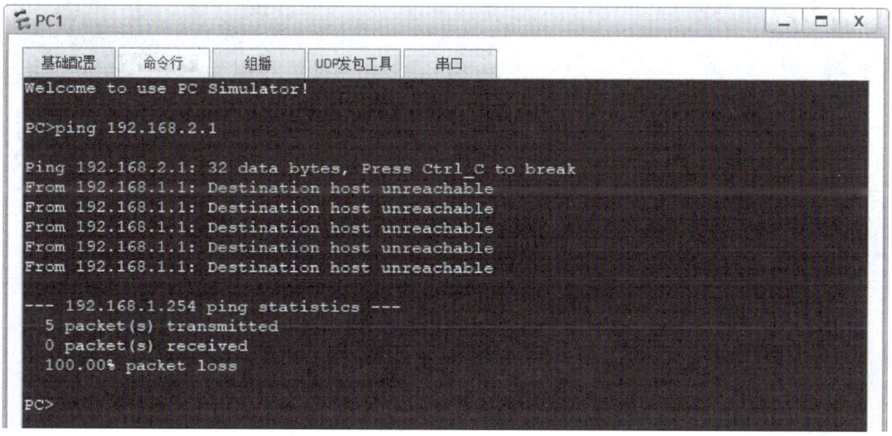

图 12-5 PC1 与 PC2 通信过程

（4）配置 LSW1

如图 12-6 所示，进入 LSW1 配置界面，执行____________命令进入系统视图。

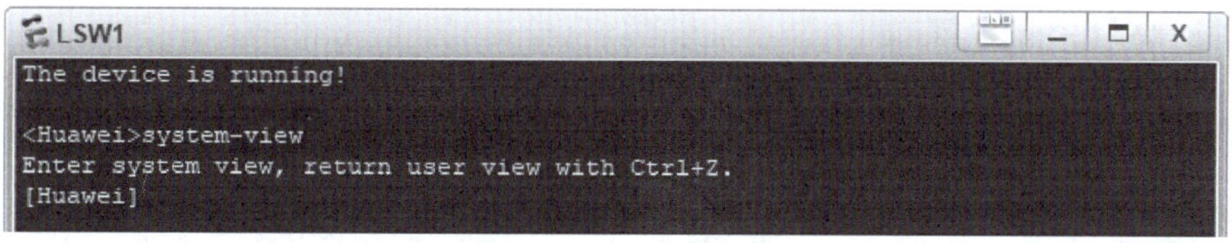

图 12-6 LSW1 系统视图

如图 12-7 所示，在系统视图中执行____________命令创建 VLAN2 和 VLAN3。

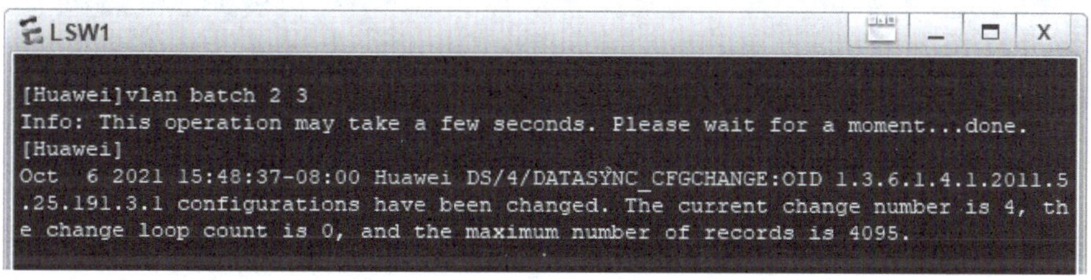

图 12-7 创建 VLAN2、VLAN3

在系统视图中通过执行____________命令进入 Ethernet0/0/1 接口视图，如图 12-8 所示。执行____________命令将 Ethernet0/0/1 接口配置为 Access 类型。在接口视图中，执行____________命令将 Ethernet0/0/1 接口的默认路由配置为 VLAN2 并同时加入这个 VLAN。同理，Ethernet0/0/2 ～ 0/0/4 配置如图 12-8 所示。

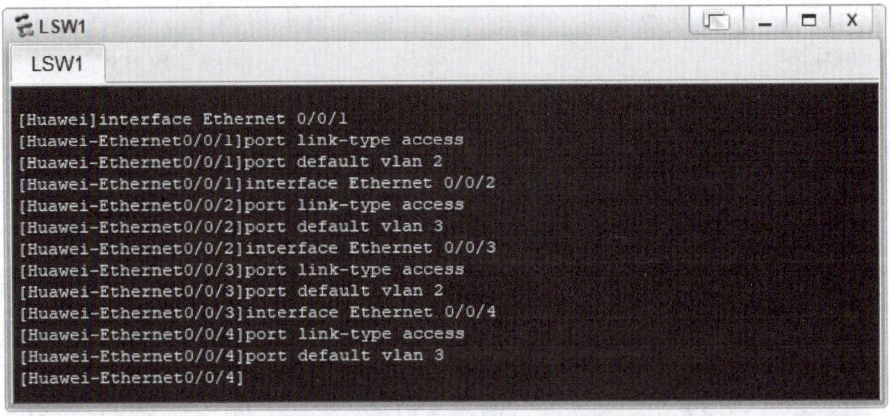

图 12-8　配置接口类型及所属 VLAN

（5）配置 LSW2

如图 12-9 所示，在 LSW2 上执行____________命令创建 VLAN2 和 VLAN3 接口，通过____________命令进入 Vlanif 2 接口视图，在此视图下通过____________命令配置接口 IP 地址为“192.168.1.254/24”；同理，进入 Vlanif 3 接口，利用____________命令将 Vlanif3 接口的 IP 地址配置为“192.168.2.254/24”。

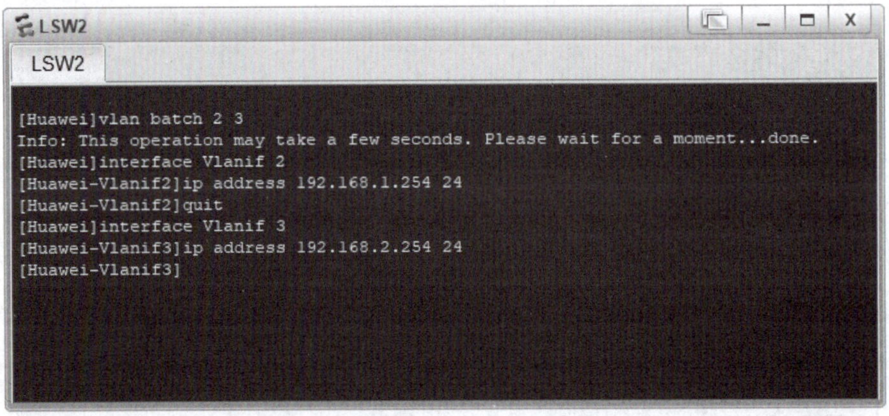

图 12-9　创建 Vlanif 接口并配置 IP 地址

如图 12-10 所示，配置完成后通过____________命令查看接口状态，可以看到 Vlanif2 和 Vlanif3 接口配置了正确的 IP 地址。

（6）配置 Trunk 链路

由表 12-2 得知，LSW1 的____________端口和 LSW2 的____________、____________端口需要配置为 Trunk 端口。

如图 12-11 所示，进入 LSW1 的 GigabitEthernet0/0/1 端口，利用____________命令将其配置为 Trunk 端口，同时输入____________命令让其允许 VLAN2 和 VLAN3 通过。

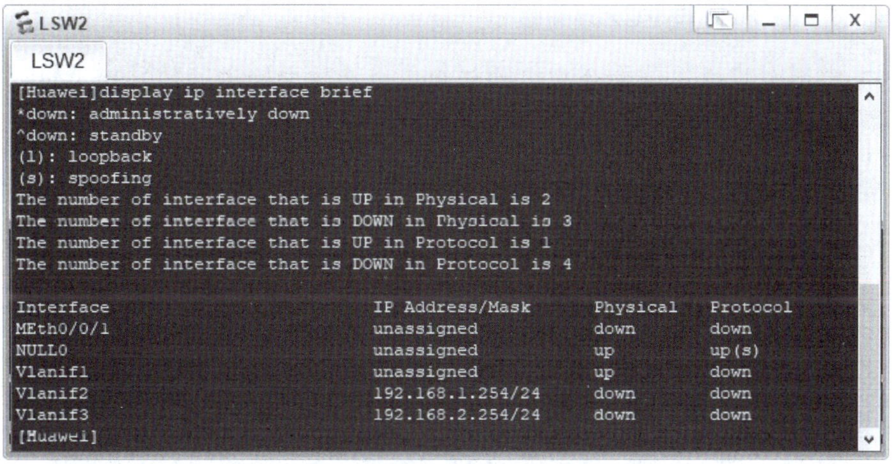

图 12-10　查看接口状态

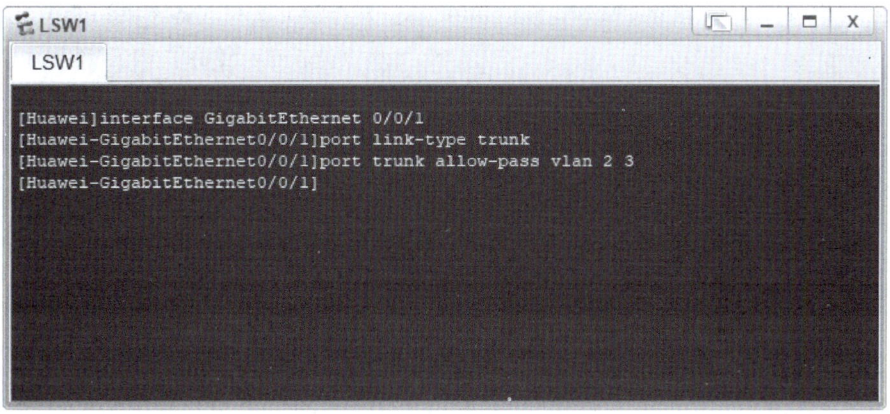

图 12-11　LSW1 Trunk 端口配置

如图 12-12 所示，进入 LSW2 的 GigabitEthernet0/0/1 端口，利用____________命令将其配置为 Trunk 端口，同时输入____________命令让其允许 VLAN2 和 VLAN3 通过。

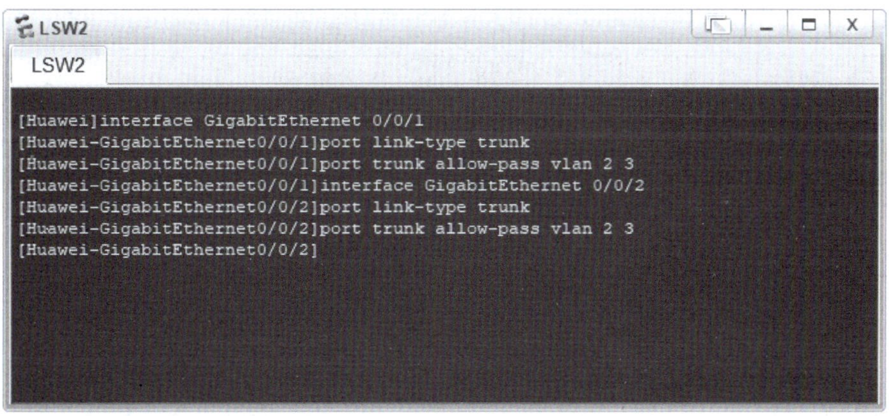

图 12-12　LSW2 Trunk 端口配置

（7）再次测试 PC1 与 PC2 连通性

在 PC1 中再次通过 ping 命令来启动与 PC2 ～ PC4 之间的通信过程，如图 12-13 所示，可以看出，PC1 与 PC2 ～ PC4 间能够进行互访。

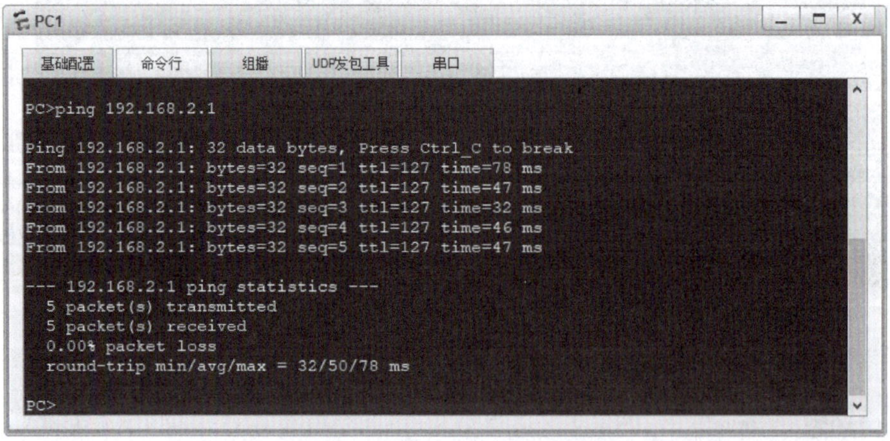

图 12-13　PC-1 ping PC-2 过程

任务 2：三层交换机实现不同 VLAN 跨设备通信

（1）网络拓扑

表 12-3 ～表 12-5 所示是本项目情境 2 的设备及端口信息。请在进行规划设计时参考表中数据进行配置。其中，LSW2 和 LSW3 是二层交换机，LSW1 是三层交换机（请理解二层和三层的含义）

（2）主机编址（表 12-3 ～表 12-5）

表 12-3　设备信息表

设备	接口	IP 地址	子网掩码	网关
PC1	Ethernet 0/0/1	192.168.1.1	255.255.255.0	192.168.1.254
PC2	Ethernet 0/0/2	192.168.2.1	255.255.255.0	192.168.2.254
PC3	Ethernet 0/0/1	192.168.1.2	255.255.255.0	192.168.1.254
PC4	Ethernet 0/0/2	192.168.2.2	255.255.255.0	192.168.2.254

表 12-4　设备接口信息表

设备	接口	接口类型	所属 VLAN
LSW2	Ethernet 0/0/1	Access	10
	Ethernet 0/0/2	Access	20
	Ethernet 0/0/3	Trunk	/

（续）

设备	接口	接口类型	所属 VLAN
LSW3	Ethernet 0/0/1	Access	10
	Ethernet 0/0/2	Access	20
	Ethernet 0/0/3	Trunk	/

表 12-5　LSW1 接口信息表

设备	接口	IP 地址	所属 VLAN
LSW1	VLANIF10	192.168.1.254	10
	VLANIF20	192.168.2.254	20

（3）创建拓扑结构，并配置 PC1 ～ PC4

创建如图 12-14 所示拓扑结构，并按照表 12-3 所列设备信息配置 PC1 ～ PC4。

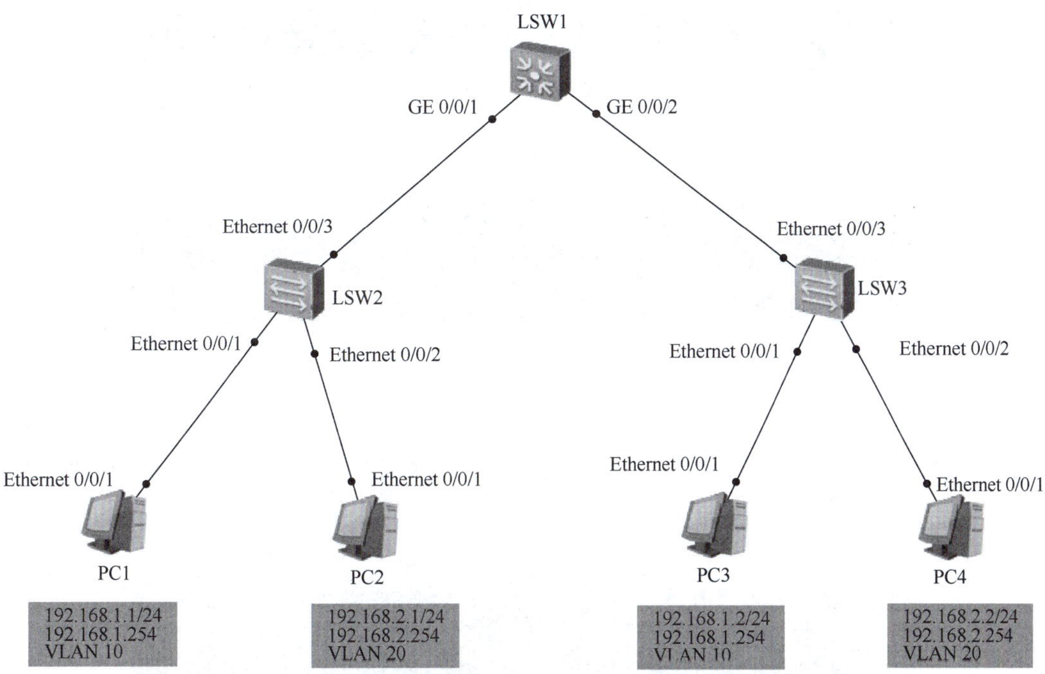

图 12-14　三层交换机实现不同 VLAN 跨设备通信拓扑

（4）配置二层交换机（LSW2、LSW3）

1）LSW2 配置。

步骤 1：在 LSW2 的系统视图中执行＿＿＿＿＿＿＿＿命令禁用消息中心；通过＿＿＿＿＿＿、＿＿＿＿＿＿命令创建 VLAN10 和 VLAN20，如图 12-15 所示。

```
LSW2
<Huawei>system-view
Enter system view, return user view with Ctrl+Z.
[Huawei]undo info-center enable
Info: Information center is disabled.
[Huawei]vlan 10
[Huawei-vlan10]vlan 20
[Huawei-vlan20]quit
[Huawei]
```

图 12-15　创建 VLAN

步骤 2：在系统视图下通过____________命令进入 Ethernet0/0/1 端口，通过____________命令将其配置为 Access 端口，通过____________命令将此端口划分到 VLAN10 中，如图 12-16 所示；参考上述操作，将 Ethernet0/0/2 设置为 Access 端口，并且划分到 VLAN20 中，如图 12-17 所示。

```
LSW2
[Huawei]interface Ethernet 0/0/1
[Huawei-Ethernet0/0/1]port link-type access
[Huawei-Ethernet0/0/1]port default vlan 10
[Huawei-Ethernet0/0/1]
```

图 12-16　设置 Ethernet0/0/1

```
LSW2
[Huawei]interface Ethernet 0/0/2
[Huawei-Ethernet0/0/2]port link-type access
[Huawei-Ethernet0/0/2]port default vlan 20
[Huawei-Ethernet0/0/2]
```

图 12-17　设置 Ethernet0/0/2

步骤 3：在系统视图下进入 Ethernet0/0/3 端口配置模式，利用____________命令将其设置为____________端口；利用____________命令配置此端口，允许 VLAN10 和 VLAN20 通过，如图 12-18 所示。

```
LSW2
[Huawei]interface Ethernet 0/0/3
[Huawei-Ethernet0/0/3]port link-type trunk
[Huawei-Ethernet0/0/3]port trunk allow-pass vlan 10 20
[Huawei-Ethernet0/0/3]
```

图 12-18　设置 Ethernet0/0/3

2）LSW3 配置。重复上述步骤 1～步骤 3，完成 LSW3 的配置。

（5）配置三层交换机

步骤 1：在 LSW1 中利用____________命令禁用消息中心，利用____________、____________命令完成 VLAN 10 和 VLAN20 的创建，如图 12-19 所示。

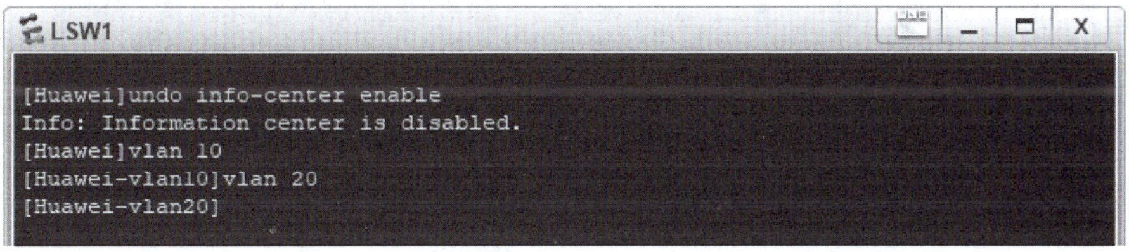

图 12-19　创建 VLAN

步骤 2：在系统视图下利用____________命令进入 Vlanif10 视图，利用____________命令将其 IP 地址配置为____________；利用____________命令进入 Vlanif20 视图，利用____________将其 IP 地址配置为“192.168.2.254”，如图 12-20 所示。

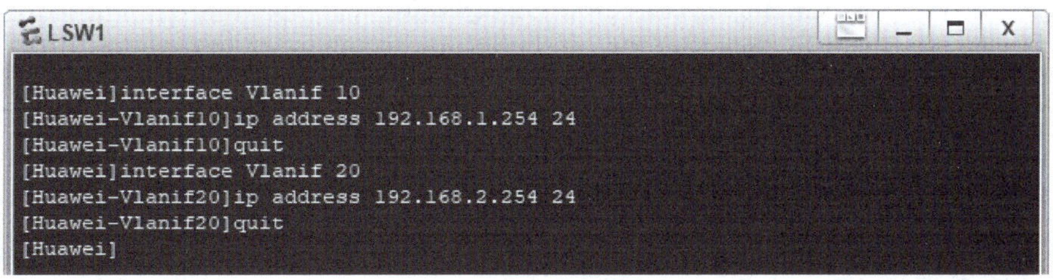

图 12-20　配置 Vlanif

步骤 3：在系统视图下利用____________命令进入 GE 0/0/1 视图，利用____________命令将其端口类型配置为____________；利用____________命令设置此端口允许 VLAN10 和 VLAN20 通过；用同样的方式配置 GE 0/0/2，如图 12-21 所示。

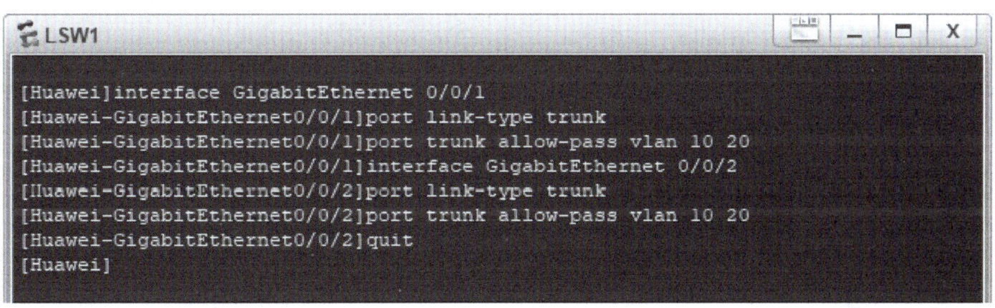

图 12-21　配置 Trunk 链路

（6）测试配置结果

打开 PC1“命令行”选项卡，使用____________命令测试 PC1 和 PC4 的连通性，如图 12-22 所示，丢包率为____________。

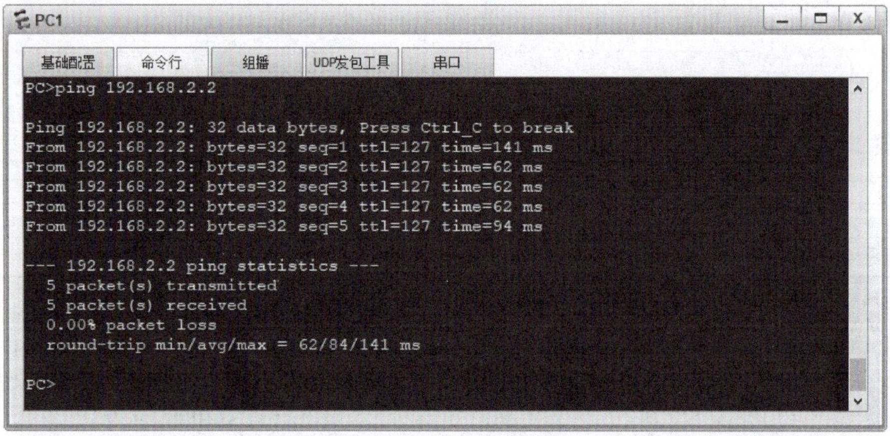

图 12-22 测试 PC1 和 PC4 的连通性

4. 交付验收

由验收人填写三层交换机配置验收单，见表 12-6。

表 12-6 三层交换机配置验收单

标题：		姓名：	
三层交换机实现同设备 VLAN 间通信			
是否绘制了网络拓扑图	□是 □否	是否配置了终端 IP 地址	□是 □否
是否配置了 GE0/0/1	□是 □否	是否配置了 GE0/0/2	□是 □否
是否配置了 VLANIF 2	□是 □否	是否配置了 VLANIF 3	□是 □否
ping 测试	□是 □否		
是否满足交付要求	□是 □否		
三层交换机实现不同 VLAN 跨设备通信			
是否绘制了网络拓扑图	□是 □否	是否配置了终端 IP 地址	□是 □否
是否配置了 LSW2	□是 □否	是否配置了 LSW3	□是 □否
是否配置了 LSW1	□是 □否		
ping 测试	□是 □否		
是否满足交付要求	□是 □否		
验收人		验收时间：	年 月 日

5. 反思与评价

填写反思评价表，见表 12-7。

表 12-7　反思评价表

项目名称：	
完成情况	□完成　□部分完成　□没做
目标实现情况	□实现　□部分实现　□大部分未实现
与老师、同学沟通情况	□好　□较好　□一般　□存在较大问题
与同学协作情况	□好　□较好　□一般　□存在较大问题
技术方法运用情况	□好　□较好　□一般　□存在较大问题
资料收集水平	□高　□较高　□一般　□差
做事态度	□认真　□较认真　□应付　□差
项目是否完成	□完成　□部分完成　□大部分未完成　□未做
总结反思	
自我评价	
整体效果	
主要不足	
改进措施	
自评等级	□优秀　□良好　□一般
时间	年　月　日

Chapter

项目 13 配置路由器

1. 知识点导入

（1）路由器

路由器是开放式系统互联（OSI）参考模型网络层的设备，是连接多个网络的互联设备，能够在不同的网络间选择最佳路径传送数据。与交换机不同，路由器必须经过配置才能使用。

（2）路由表

路由表是一张存储着若干路由条目的 IP 地址信息表，路由器通过查找路由表实现路由选择和数据转发。路由表中的路由条目可以由网络管理人员手动配置（静态路由），也可以由路由器根据路由协议自动收集（动态路由）。

（3）路由选择

路由器的主要工作是为经过路由器的每个数据分组寻找一条最佳传输路径，并将该数据有效地传送到目的站点，这一过程称为路由选择。路由器使数据分组到达其目的地的下一跳，而不是到目的地的完整路径。

（4）路由转发

路由器实现数据转发的原理如下：

1）当路由器从端口接收到某数据时，首先检查其数据链路层头部的目标 MAC 地址，若目标 MAC 地址是路由器某端口的 MAC 地址（或广播地址），则去掉封装，继续检查网络层头部的目的 IP 地址；如果目的 IP 地址是路由器某端口的 IP 地址（或广播地址），则继续检查数据的协议字段，并根据协议发送数据。

2）如果数据的目的 IP 地址不是路由器某端口的 IP 地址（或广播地址），则路由器查找路由表中是否存在与目的 IP 地址完全匹配的路由条目。若存在，则使用此路由；若不存在，则重新查找路由表中是否存在与目的 IP 地址网络号匹配的条目。若存在，则使用此条目的路径，如果有多于一项的匹配条目，则继续匹配子网位，直到实现最佳匹配。

3）若查找失败，路由器会重新查找路由表中是否存在默认路由。若存在，则按照默认路由转发数据；若不存在，则丢弃此数据，同时向源主机发送传输失败的信息。

（5）静态 IP 与动态 IP

静态 IP 地址是手动为设备配置的 IP 地址，动态 IP 地址是设备依赖协议从地址池（pool）自动获取的 IP 地址，前者适用于设备较少的场合；设备众多时，后者能够解决手动配置工作量大的问题。

（6）DHCP 协议

DHCP（Dynamic Host Configuration Protocol，动态主机配置协议）是一个局域网的网络协议，指的是由服务器控制一段 IP 地址范围（地址池），客户机可以自动获得服务器分配的 IP 地址、子网掩码、网关等信息。日常生活中手机的 WLAN 上网就是 DHCP 典型应用场景之一。

2. 工作情境

情境 1：实验室新进两台路由器，型号分别是 AR1220 和 AR2220。AR1220 可应用于中小型办公室或中小型企业分支的多业务路由器。AR2220 支持开放业务平台（OSP），可应用于中型企业总部、大中型企业分支。出于项目需要，AR1220 需要扩充 1GEC 和 2FE，AR2220 需要扩充 8FE1GE，请根据实际需要对新进的设备进行初始化配置，密码设置为“bhzyxydxx”。

情境 2：某新建实验室内有客户端若干台，拓扑结构如图 13-1 所示。鉴于设备数量众多，采用 DHCP 动态主机控制协议是一个不错的选择，请配置 AR1 实现客户端 IPv4 地址的自动获取。

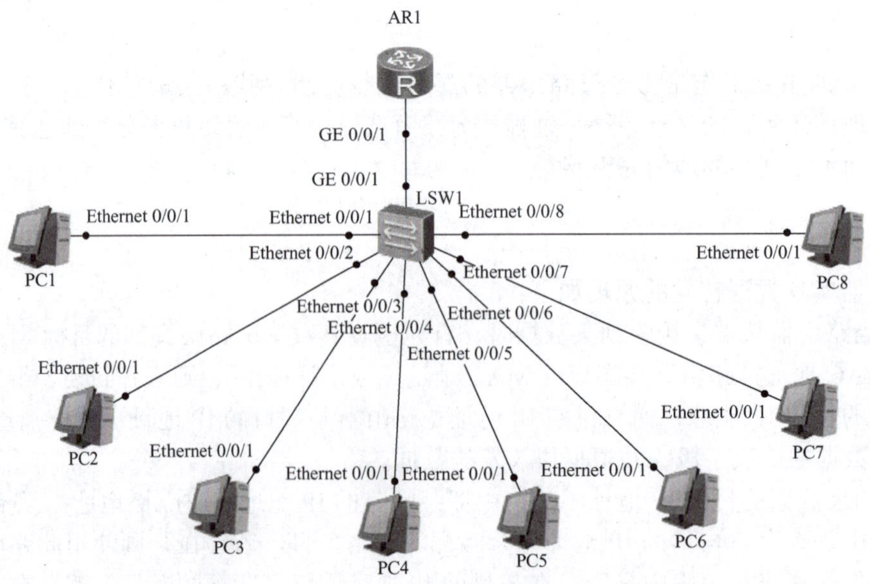

图 13-1 DHCP 网络拓扑结构

3. 项目实施

任务 1：路由器初始化配置

（1）单板示例图

1 端口 –GE WAN 接口卡和 2 端口 –FE WAN 接口卡如图 13-2 所示。

a) 1端口-GE WAN接口卡　　b) 2端口-FE WAN接口卡

图 13-2　1 端口 – GE WAN 接口卡和 2 端口 – FE WAN 接口卡

（2）布局设备

如图 13-3 所示，为了区分设备，将设备进行重命名。

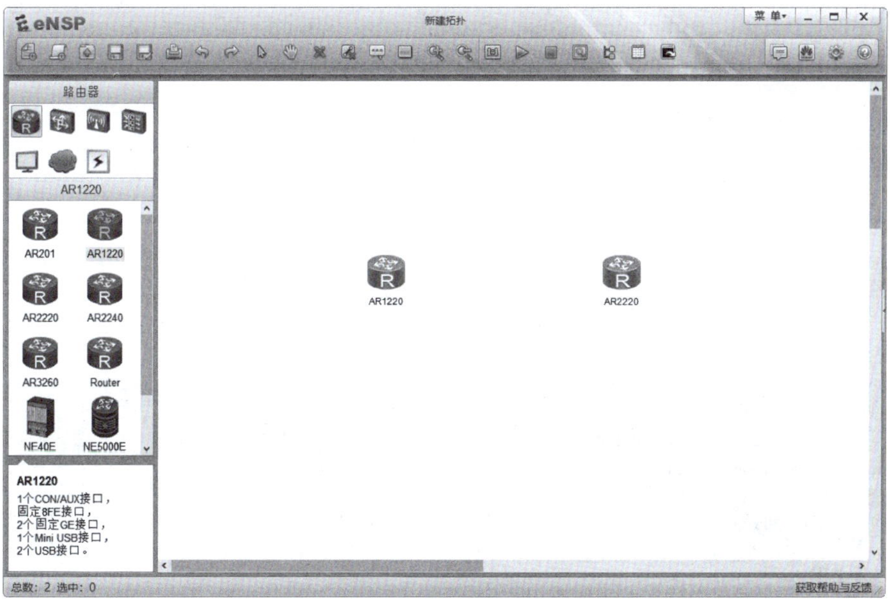

图 13-3　布局设备

（3）配置 AR1220 面板

在 eNSP 中，右击 AR1220，进入设置，AR1220 的背部面板如图 13-4 所示，其默认情况下有____________个插槽供扩展用。

图 13-4 AR1220 背部面板

拖动 1GEC 和 2FE 接口卡放置在图 13-4 所示的插槽中（请注意，如设备不支持热插拔，应该在断电的情况下进行接口卡配置，设备的电源开关即插槽右侧 I/O 开关，单击即可开或关），配置好的 AR1220 如图 13-5 所示。

图 13-5 AR1220 面板配置

（4）配置 AR2220 面板

在 eNSP 中，右击 AR2220，进入设置，AR2220 的面板如图 13-6 所示，其默认情况下有____________个插槽供扩展用。

图 13-6 AR2220 面板图

拖动 8FE1GE 接口卡放置在图 13-6 所示的插槽中，配置好的 AR2220 如图 13-7 所示。

图 13-7 AR2220 面板配置

（5）配置 AR1220

拖动一台 PC 到工作区，利用____________线连接 PC1 的串口与 AR1220 的 Console 端口，启动设备，如图 13-8 所示。

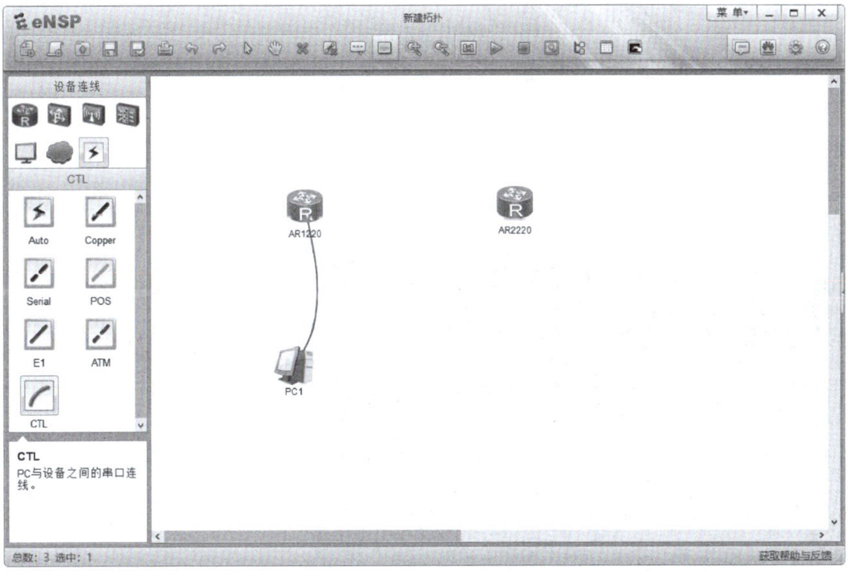

图 13-8　连接 PC 与 AR1220

右击 PC1 进入设置，在“串口”选项卡中，单击“连接”按钮登录 AR1220，如图 13-9 所示。

____________是一个衡量符号传输速率的参数。它表示每秒钟传送的符号个数。

____________是衡量通信中实际数据位的参数。

____________是串口通信中一种简单的检错方式。

____________用于表示单个包的最后一位。

____________是指流量控制。

图 13-9　PC1 串口登录 AR1220

输入____________命令进入系统视图模式（见图 13-10）；输入____________命令进入 Console 端口配置；输入____________命令配置 Console 端口密码。退出后，再次登录时需要输入密码进行登录。

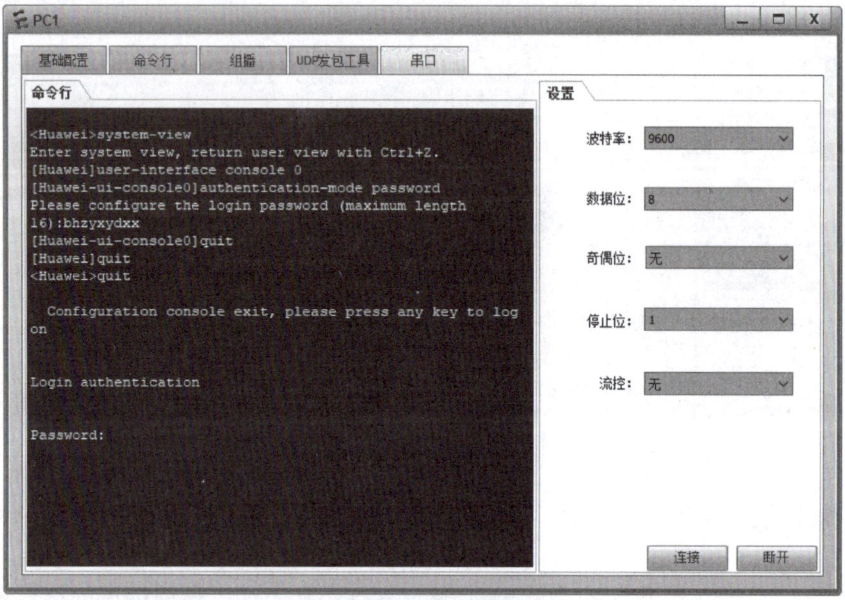

图 13-10　设置 Console 密码

输入____________命令进入视图模式（见图 13-11）；输入____________命令进入 Console 端口配置；输入____________命令取消 Console 端口密码。退出后，再次登录时无需输入密码即可登录。

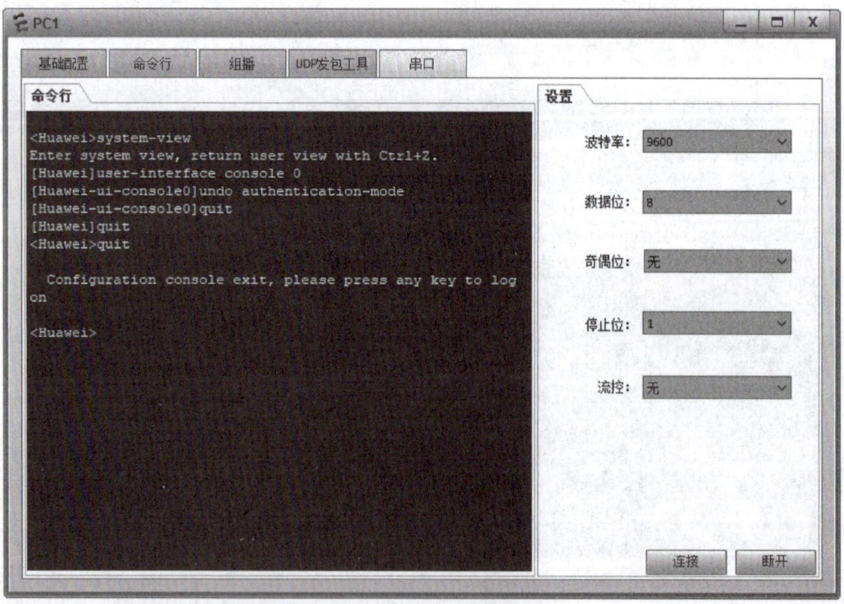

图 13-11　取消 Console 密码

重复上述步骤配置 AR2220。

任务 2：DHCP 动态主机控制协议

(1) 绘制拓扑图

打开 eNSP，绘制图 13-12 所示网络拓扑结构。

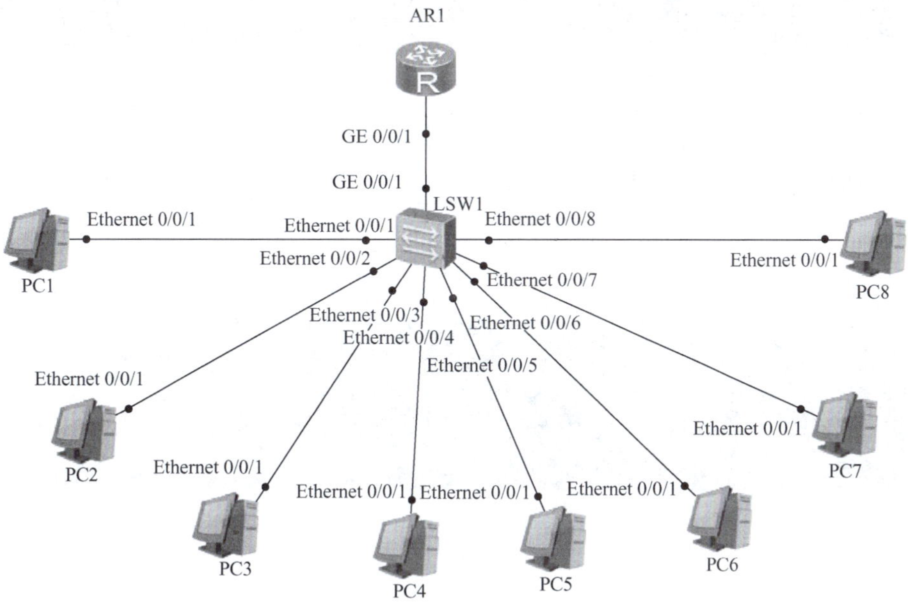

图 13-12　DHCP 网络拓扑结构图

(2) 配置 AR1

双击 AR1，进入 AR1 命令行界面（CLI），通过____________命令进入系统视图；通过执行____________命令禁用消息中心；通过____________命令将 AR1 重命名为 DHCP（路由器的名字）；通过____________命令启用 DHCP 服务，如图 13-13 所示。

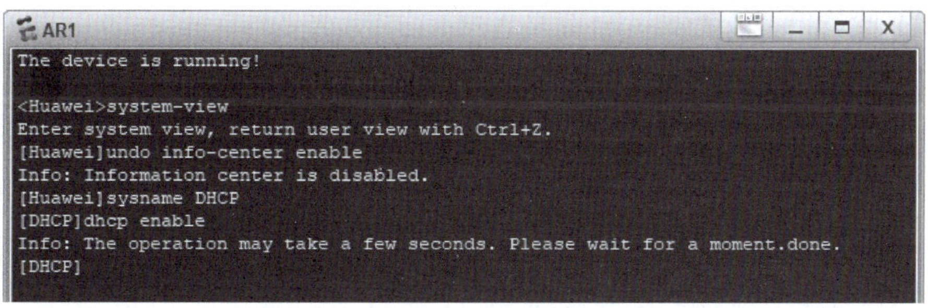

图 13-13　AR1 基本配置

通过____________命令创建一个名称为 ailab 的地址池；通过执行____________命令为地址池分配 IP 地址范围为“192.168.1.0/24”；通过____________命令设置网关地址为

"192.168.1.254"；通过__________命令设置 DNS 为"8.8.8.8"，如图 13-14 所示。

```
AR1
[DHCP]ip pool ailab
Info: It's successful to create an IP address pool.
[DHCP-ip-pool-ailab]network 192.168.1.0 mask 24
[DHCP-ip-pool-ailab]gateway-list 192.168.1.254
[DHCP-ip-pool-ailab]dns-list 8.8.8.8
[DHCP-ip-pool-ailab]quit
[DHCP]
```

图 13-14　地址池设置

通过__________命令进入 GigabitEthernet0/0/1，并通过执行__________命令为其设置 IP 地址"192.168.1.254/24"；通过__________命令启用全局 DHCP，如图 13-15 所示。

```
AR1
[DHCP]interface GigabitEthernet 0/0/1
[DHCP-GigabitEthernet0/0/1]ip address 192.168.1.254 24
[DHCP-GigabitEthernet0/0/1]dhcp select global
[DHCP-GigabitEthernet0/0/1]quit
[DHCP]
```

图 13-15　端口设置

（3）配置客户端

依次打开所有的客户端设备，选择 DHCP 获取 IP 地址，如图 13-16 所示。

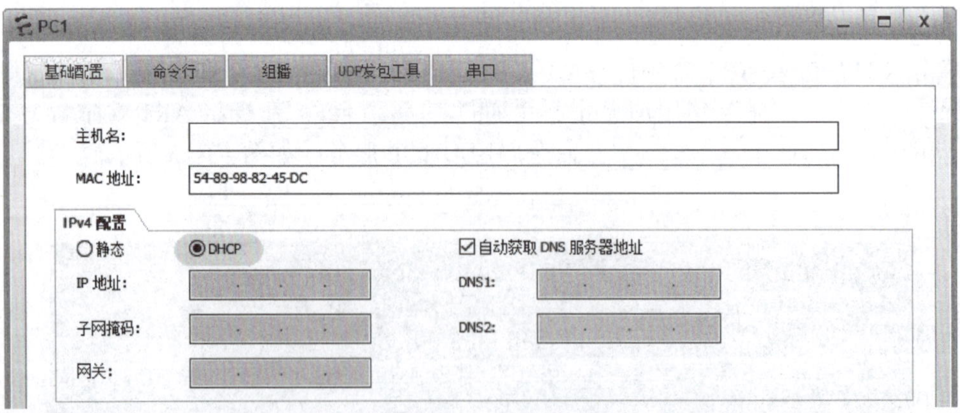

图 13-16　客户端配置

（4）验证结果

打开任一客户端设备，在"命令行"选项卡中运行__________命令查看设备的

IP 信息，如图 13-17 所示，可以看到客户端（□是　□否）获取 DHCP 地址池分配的 IP 地址。

图 13-17　查看客户端信息

4. 交付验收

由验收人填写路由器配置验收单，见表 13-1。

表 13-1　路由器配置验收单

标题：		姓名：	
路由器初始配置			
是否扩展了路由器插槽	□是　□否	是否连接了初始 Control 线	□是　□否
是否设置密码	□是　□否	是否取消密码	□是　□否
是否满足交付要求	□是　□否		
DHCP 动态主机控制协议			
是否完成了 AR1 路由器基本配置	□是　□否	是否配置了 AR1 地址池	□是　□否
是否配置了地址池 IP 范围	□是　□否	客户端 DHCP 是否获取了 IP	□是　□否
是否满足交付要求	□是　□否		
验收人		验收时间：　年　月　日	

5. 反思与评价

填写反思评价表，见表 13-2。

表 13-2 反思评价表

项目名称:	
完成情况	□完成 □部分完成 □没做
目标实现情况	□实现 □部分实现 □大部分未实现
与老师、同学沟通情况	□好 □较好 □一般 □存在较大问题
与同学协作情况	□好 □较好 □一般 □存在较大问题
技术方法运用情况	□好 □较好 □一般 □存在较大问题
资料收集水平	□高 □较高 □一般 □差
做事态度	□认真 □较认真 □应付 □差
项目是否完成	□完成 □部分完成 □大部分未完成 □未做
总结反思	
自我评价	
整体效果	
主要不足	
改进措施	
自评等级	□优秀 □良好 □一般
时间	年 月 日

Chapter

项目 14

配置静态路由

1. 知识点导入

静态路由是由网络管理员手动配置路由表信息，路由表是“固定”的，不会因为网络结构的改变而变化。一般来说，静态路由适合小型、环境固定的网络场景。

直连路由是直接连接在路由器端口上的子网路由，一般路由器会自动保存直连路由到路由表中。

默认路由是一种特殊的静态路由，当路由器端口收到网络地址未知的数据分组时，会根据默认路由转发此数据包。

（1）静态路由的优点

使用静态路由的好处是网络安全保密性高、不占用网络带宽（因为静态路由不像动态路由交换各自路由表而产生更新流量）。

（2）静态路由的缺点

大型和复杂的网络环境通常不宜采用静态路由。一方面，网络管理员难以全面地了解整个网络的拓扑结构；另一方面，当网络的拓扑结构和链路状态发生变化时，路由器中的静态路由信息需要大范围地调整，这一工作的难度和复杂程度非常高。当网络发生变化或网络发生故障时，不能重选路由，很可能使路由失败。

（3）静态路由配置

静态路由项配置过程分为以下三步：

① 通过分析互联网结构得出某个路由器通往互联网中所有没有与其直接连接的其他网络的传输路径。

② 根据该路由器通往每一个网络的传输路径得出与该传输路径相关路由项的内容。

③ 根据求出的路由项内容完成手工配置静态路由项的过程。

2. 工作情境

实验室电信部以太网拓扑图如图 14-1 所示。对于路由器 AR1，网络地址为 192.1.2.0/24 的网络不是直接连接的网络，因此无法自动生成用于指明通往网络 192.1.2.0/24 的传输路径的路由项；对于路由器 AR2，网络地址为 192.1.1.0/24 的网络也不是直接连接的网络，同样无法自动生成用于指明通往网络 192.1.1.0/24 的传输路径的路由项。请使用静态路由方式完成电信部的网络互通。

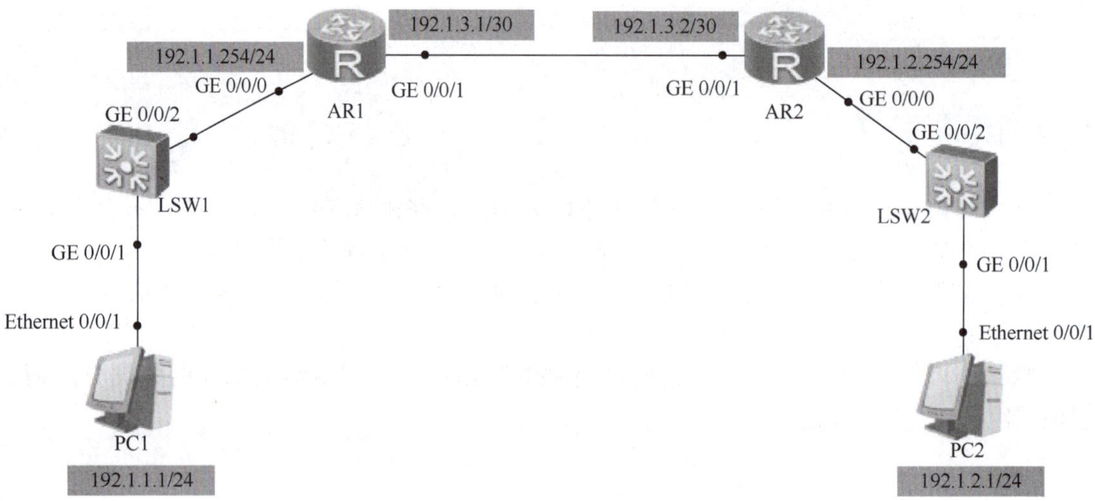

图 14-1　电信部以太网拓扑图

3. 项目实施

（1）绘制网络拓扑

启动 eNSP，按照图 14-1 所示的网络拓扑结构放置和连接设备。完成设备放置和连接后的 eNSP 界面如图 14-2 所示，启动所有设备。

（2）配置设备

分别为 PC1、PC2 配置 IP 地址、子网掩码和默认网关。PC1 配置 IP 地址、子网掩码和默认网关的界面如图 14-3 所示，默认网关地址是 AR1 连接 PC1 所在以太网接口的 IP 地址。完成 IP 地址、子网掩码和默认网关配置后，单击“应用”按钮。PC2 配置如图 14-4 所示，默认网关地址是 AR2 连接 PC2 所在以太网接口的 IP 地址。

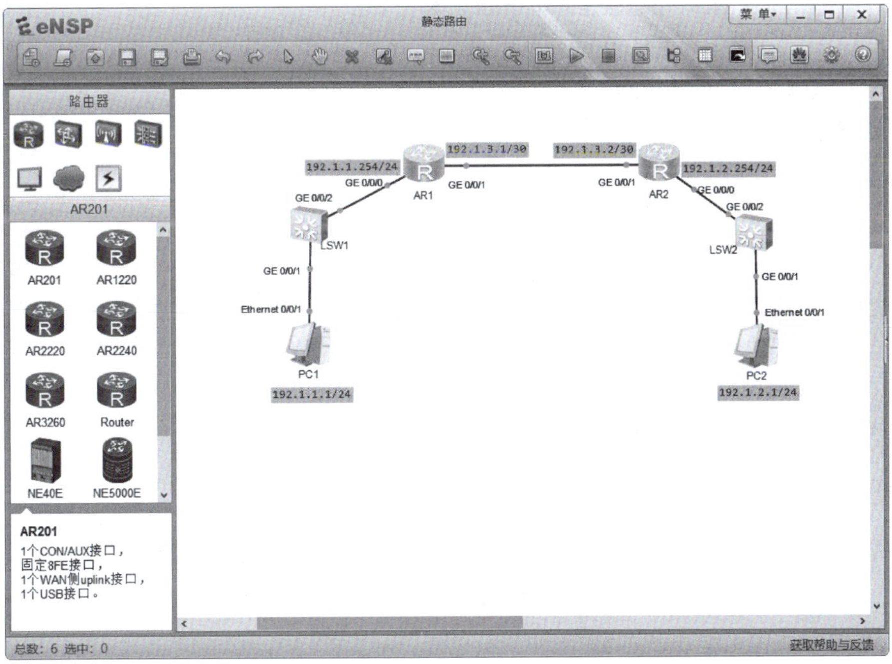

图 14-2　完成设备放置和连接后的 eNSP 界面

图 14-3　PC1 配置 IP 地址、子网掩码和默认网关界面

图 14-4　PC2 配置 IP 地址、子网掩码和默认网关界面

（3）AR1 配置

如图 14-5 所示，输入____________命令进入系统视图；输入____________命令进入 GE 0/0/0 端口视图；输入____________命令为 GE 0/0/0 端口分配 IP “192.1.1.254/24”。以同样的方法配置 GE 0/0/1 端口，为其分配 IP “192.1.3.1/30”；通过____________命令静态指定目的网络为“192.1.2.0/24”的路由项中，下一跳 IP 地址是“192.1.3.2”。

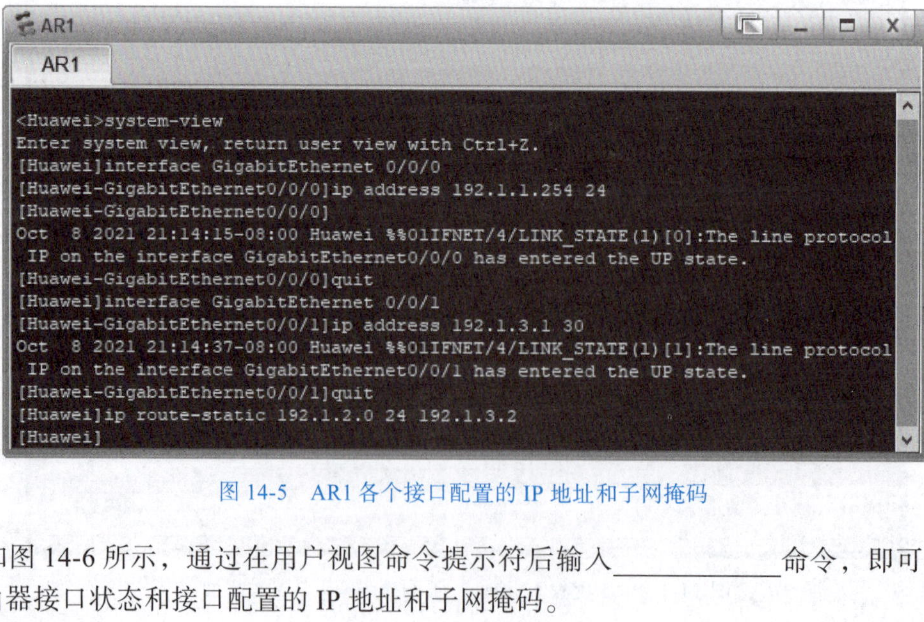

图 14-5　AR1 各个接口配置的 IP 地址和子网掩码

如图 14-6 所示，通过在用户视图命令提示符后输入____________命令，即可简要显示路由器接口状态和接口配置的 IP 地址和子网掩码。

```
AR1
[Huawei]display ip interface brief
*down: administratively down
^down: standby
(l): loopback
(s): spoofing
The number of interface that is UP in Physical is 3
The number of interface that is DOWN in Physical is 0
The number of interface that is UP in Protocol is 3
The number of interface that is DOWN in Protocol is 0

Interface                         IP Address/Mask      Physical   Protocol
GigabitEthernet0/0/0              192.1.1.254/24       up         up
GigabitEthernet0/0/1              192.1.3.1/30         up         up
NULL0                             unassigned           up         up(s)
[Huawei]
```

图 14-6　AR1 接口信息

通过在用户视图命令提示符后输入______________命令，即可显示路由器路由表，如图 14-7 所示。

```
AR1
AR1
<Huawei>display ip routing-table
Route Flags: R - relay, D - download to fib
------------------------------------------------------------------------------
Routing Tables: Public
         Destinations : 11       Routes : 11

Destination/Mask    Proto   Pre  Cost      Flags NextHop         Interface

      127.0.0.0/8   Direct  0    0           D   127.0.0.1       InLoopBack0
      127.0.0.1/32  Direct  0    0           D   127.0.0.1       InLoopBack0
127.255.255.255/32  Direct  0    0           D   127.0.0.1       InLoopBack0
      192.1.1.0/24  Direct  0    0           D   192.1.1.254     GigabitEthernet
0/0/0
    192.1.1.254/32  Direct  0    0           D   127.0.0.1       GigabitEthernet
0/0/0
    192.1.1.255/32  Direct  0    0           D   127.0.0.1       GigabitEthernet
0/0/0
      192.1.2.0/24  Static  60   0           RD  192.1.3.2       GigabitEthernet
0/0/1
      192.1.3.0/30  Direct  0    0           D   192.1.3.1       GigabitEthernet
0/0/1
      192.1.3.1/32  Direct  0    0           D   127.0.0.1       GigabitEthernet
0/0/1
      192.1.3.3/32  Direct  0    0           D   127.0.0.1       GigabitEthernet
0/0/1
255.255.255.255/32  Direct  0    0           D   127.0.0.1       InLoopBack0

<Huawei>
```

图 14-7　AR1 路由表的内容

(4) AR2 配置

如图 14-8 所示，输入______________命令进入系统视图；输入______________命令进入 GE 0/0/0 端口视图；输入______________命令为 GE 0/0/0 端口分配 IP “192.1.2.254/24”。以同样的方法配置 GE 0/0/1 端口，为其分配 IP “192.1.3.2/30”；通过______________命令静态指定目的网络为 “192.1.1.0/24” 的路由项中，下一跳 IP 地址是 “192.1.3.1”。

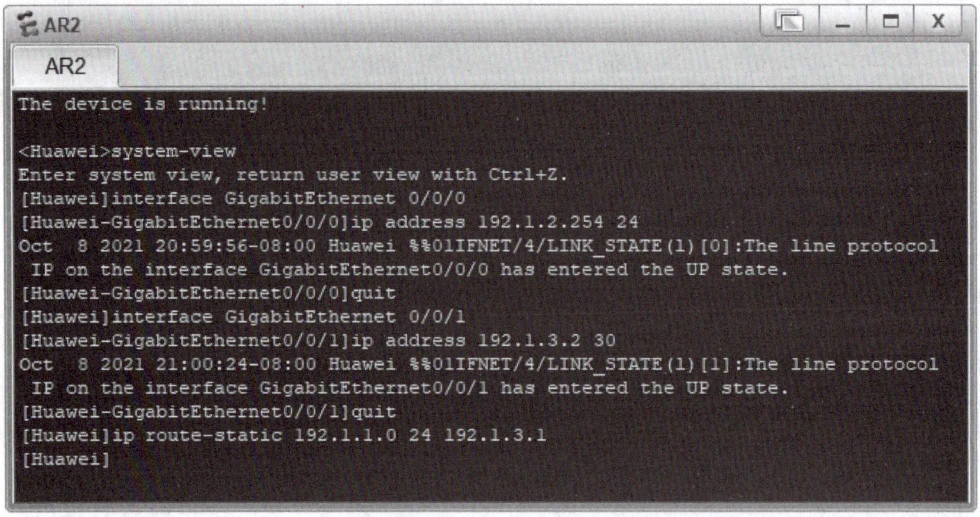

```
AR2
The device is running!

<Huawei>system-view
Enter system view, return user view with Ctrl+Z.
[Huawei]interface GigabitEthernet 0/0/0
[Huawei-GigabitEthernet0/0/0]ip address 192.1.2.254 24
Oct  8 2021 20:59:56-08:00 Huawei %%01IFNET/4/LINK_STATE(l)[0]:The line protocol
 IP on the interface GigabitEthernet0/0/0 has entered the UP state.
[Huawei-GigabitEthernet0/0/0]quit
[Huawei]interface GigabitEthernet 0/0/1
[Huawei-GigabitEthernet0/0/1]ip address 192.1.3.2 30
Oct  8 2021 21:00:24-08:00 Huawei %%01IFNET/4/LINK_STATE(l)[1]:The line protocol
 IP on the interface GigabitEthernet0/0/1 has entered the UP state.
[Huawei-GigabitEthernet0/0/1]quit
[Huawei]ip route-static 192.1.1.0 24 192.1.3.1
[Huawei]
```

图 14-8 AR2 各个接口配置的 IP 地址和子网掩码

在用户视图命令提示符后输入________命令，即可简要显示路由器接口状态和接口配置的 IP 地址和子网掩码，如图 14-9 所示。

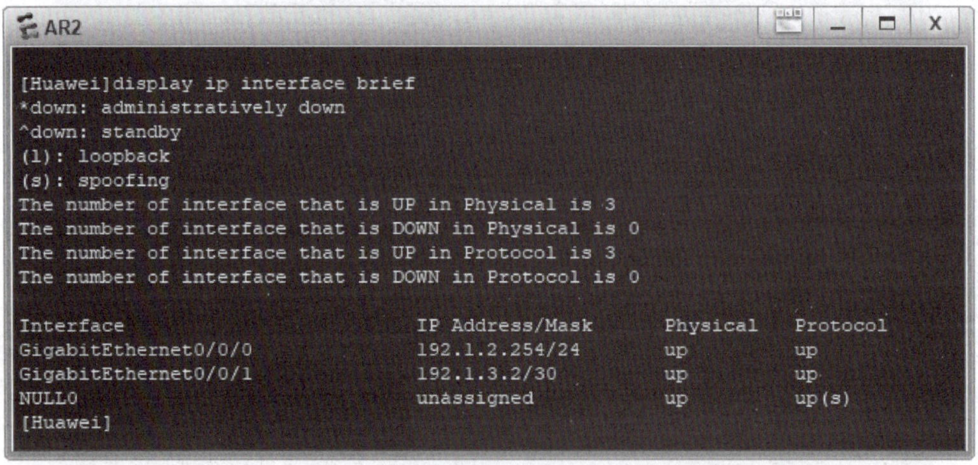

```
[Huawei]display ip interface brief
*down: administratively down
^down: standby
(l): loopback
(s): spoofing
The number of interface that is UP in Physical is 3
The number of interface that is DOWN in Physical is 0
The number of interface that is UP in Protocol is 3
The number of interface that is DOWN in Protocol is 0

Interface                         IP Address/Mask      Physical   Protocol
GigabitEthernet0/0/0              192.1.2.254/24       up         up
GigabitEthernet0/0/1              192.1.3.2/30         up         up
NULL0                             unassigned           up         up(s)
[Huawei]
```

图 14-9 AR2 接口信息

通过在用户视图命令提示符后输入________命令，即可显示路由器路由表，如图 14-10 所示。

（5）验证

完成上述配置过程后，可以在 PC1“命令行”选项卡提示符下执行________命令，以验证 PC1 与 PC2 之间能否相互通信，如图 14-11 所示。

```
AR2
AR2

[Huawei]display ip routing-table
Route Flags: R - relay, D - download to fib
------------------------------------------------------------------------------
Routing Tables: Public
         Destinations : 11       Routes : 11

Destination/Mask    Proto   Pre  Cost      Flags NextHop         Interface

      127.0.0.0/8   Direct  0    0           D   127.0.0.1       InLoopBack0
      127.0.0.1/32  Direct  0    0           D   127.0.0.1       InLoopBack0
127.255.255.255/32  Direct  0    0           D   127.0.0.1       InLoopBack0
      192.1.1.0/24  Static  60   0          RD   192.1.3.1       GigabitEthernet
0/0/1
      192.1.2.0/24  Direct  0    0           D   192.1.2.254     GigabitEthernet
0/0/0
    192.1.2.254/32  Direct  0    0           D   127.0.0.1       GigabitEthernet
0/0/0
    192.1.2.255/32  Direct  0    0           D   127.0.0.1       GigabitEthernet
0/0/0
      192.1.3.0/30  Direct  0    0           D   192.1.3.2       GigabitEthernet
0/0/1
      192.1.3.2/32  Direct  0    0           D   127.0.0.1       GigabitEthernet
0/0/1
      192.1.3.3/32  Direct  0    0           D   127.0.0.1       GigabitEthernet
0/0/1
255.255.255.255/32  Direct  0    0           D   127.0.0.1       InLoopBack0

[Huawei]
```

图 14-10　AR2 路由表的内容

```
PC1
基础配置  命令行  组播  UDP发包工具  串口

PC>ping 192.1.2.1

Ping 192.1.2.1: 32 data bytes, Press Ctrl_C to break
Request timeout!
Request timeout!
From 192.1.2.1: bytes=32 seq=3 ttl=126 time=78 ms
From 192.1.2.1: bytes=32 seq=4 ttl=126 time=78 ms
From 192.1.2.1: bytes=32 seq=5 ttl=126 time=94 ms

--- 192.1.2.1 ping statistics ---
  5 packet(s) transmitted
  3 packet(s) received
  40.00% packet loss
  round-trip min/avg/max = 0/83/94 ms

PC>
```

图 14-11　PC1 与 PC2 之间的通信过程

4. 交付验收

由验收人填写静态路由配置验收单，见表 14-1。

表 14-1 静态路由配置验收单

标题：		姓名：	
是否绘制了网络拓扑图	□是 □否	是否配置了终端 IP 地址	□是 □否
是否配置了 AR1	□是 □否	是否配置了 AR2	□是 □否
是否显示了 AR1 静态路由	□是 □否	是否显示了 AR2 静态路由	□是 □否
ping 测试	□是 □否		
是否满足交付要求	□是 □否		
验收人		验收时间：	年 月 日

5. 反思与评价

填写反思评价表，见表 14-2。

表 14-2 反思评价表

项目名称：	
完成情况	□完成 □部分完成 □没做
目标实现情况	□实现 □部分实现 □大部分未实现
与老师、同学沟通情况	□好 □较好 □一般 □存在较大问题
与同学协作情况	□好 □较好 □一般 □存在较大问题
技术方法运用情况	□好 □较好 □一般 □存在较大问题
资料收集水平	□高 □较高 □一般 □差
做事态度	□认真 □较认真 □应付 □差
项目是否完成	□完成 □部分完成 □大部分未完成 □未做
总结反思	
自我评价	
整体效果	
主要不足	
改进措施	
自评等级	□优秀 □良好 □一般
时间	年 月 日

Chapter

项目 15

配置动态路由

1. 知识点导入

动态路由是与静态路由相对的一个概念，指路由器能够根据路由器之间交换的特定路由信息自动地建立自己的路由表，并且能够根据链路和节点的变化适时进行自动调整。当网络中节点或节点间的链路发生故障或存在其他可用路由时，动态路由可以自行选择最佳可用路由并继续转发报文。

（1）动态路由的特点

1）无须管理员手工维护，减轻了管理员的工作负担。

2）占用了网络带宽。

3）在路由器上运行路由协议，使路由器自动根据网络拓扑结构的变化调整路由条目。

4）适合网络规模大、拓扑复杂的网络。

（2）常见动态路由协议

RIP：路由信息协议（Routing Information Protocol），是一种分布式的基于距离向量的路由选择协议，是因特网的标准协议，其最大优点是实现简单、开销较小。RIP 允许一条路径最多只能包含 15 个路由器，可见，RIP 只适用于小型互联网。

OSPF：开放式最短路径优先（Open Shortest Path First）协议，是为克服 RIP 的缺点而开发的，其基于分布式链路状态协议，能够用于规模很大的网络。

2. 工作情境

情境 1：出于动态路由更新的需要，实验室欲配置如图 15-1 所示的网络，通过配置 AR1 和 AR2 路由器各个接口的 IP 地址和子网掩码，在各个路由器中启动路由信息协议（RIP），配置 RIP 动态路由只需配置每个路由器直连的网络地址，实现 PC1 和 PC2 终端的网络连通。

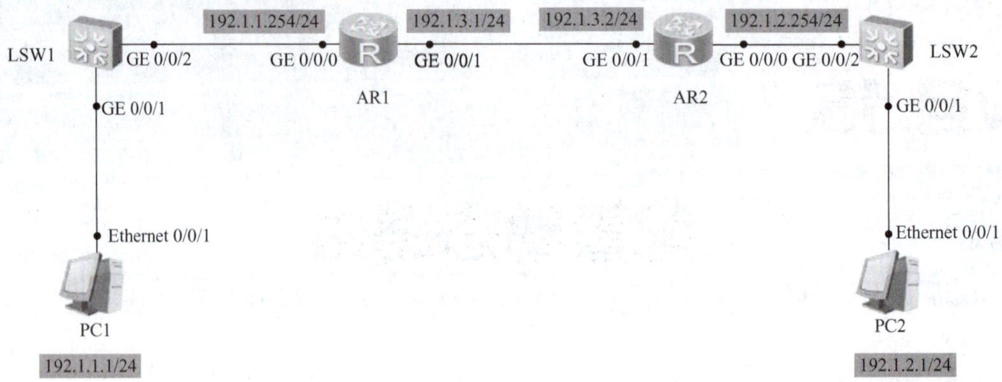

图 15-1　以太网拓扑结构 1

情境 2：实验室欲配置如图 15-2 所示的网络，在各个路由器中启动开放式最短路径优先（OSPF）协议，实现 PC1 和 PC2 终端的网络连通，设备信息表见表 15-1。

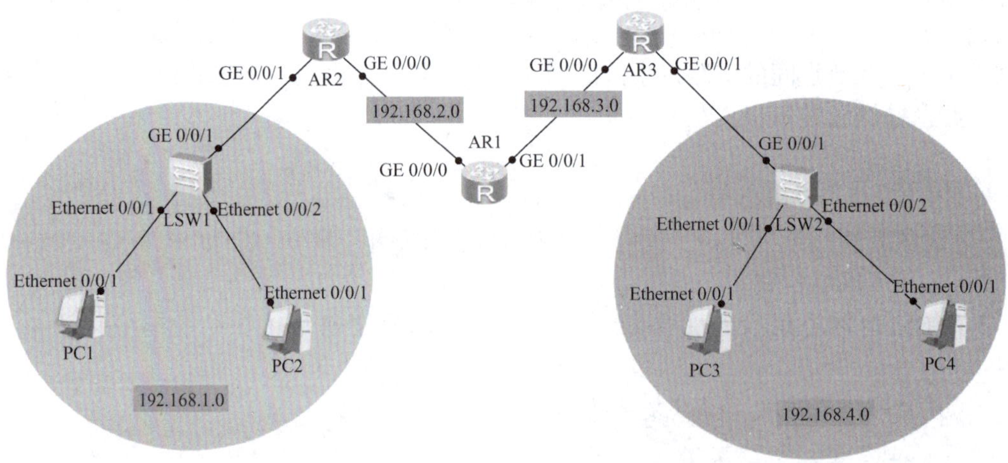

图 15-2　以太网拓扑结构 2

表 15-1　设备信息表

设备	端口	IP 地址 / 网络位	网关	所属网络
PC1	Ethernet0/0/1	192.168.1.1/24	192.168.1.254	192.168.1.0
PC2	Ethernet0/0/2	192.168.1.2/24	192.168.1.254	192.168.1.0
PC3	Ethernet0/0/1	192.168.4.1/24	192.168.4.254	192.168.4.0
PC4	Ethernet0/0/2	192.168.4.2/24	192.168.4.254	192.168.4.0
AR1	GigabitEthernet0/0/0	192.168.2.1/24	/	192.168.2.0
	GigabitEthernet0/0/1	192.168.3.1/24	/	192.168.3.0
AR2	GigabitEthernet0/0/0	192.168.2.2/24	/	192.168.2.0
	GigabitEthernet0/0/1	192.168.1.254/24	/	192.168.1.0
AR3	GigabitEthernet0/0/0	192.168.3.2/24	/	192.168.3.0
	GigabitEthernet0/0/1	192.168.4.254/24	/	192.168.4.0

3. 项目实施

任务 1：动态路由协议 RIP 配置

（1）绘制拓扑结构

启动 eNSP，按照图 15-1 所示的网络拓扑结构放置和连接设备。完成设备放置和连接后的 eNSP 界面如图 15-3 所示，启动所有设备。

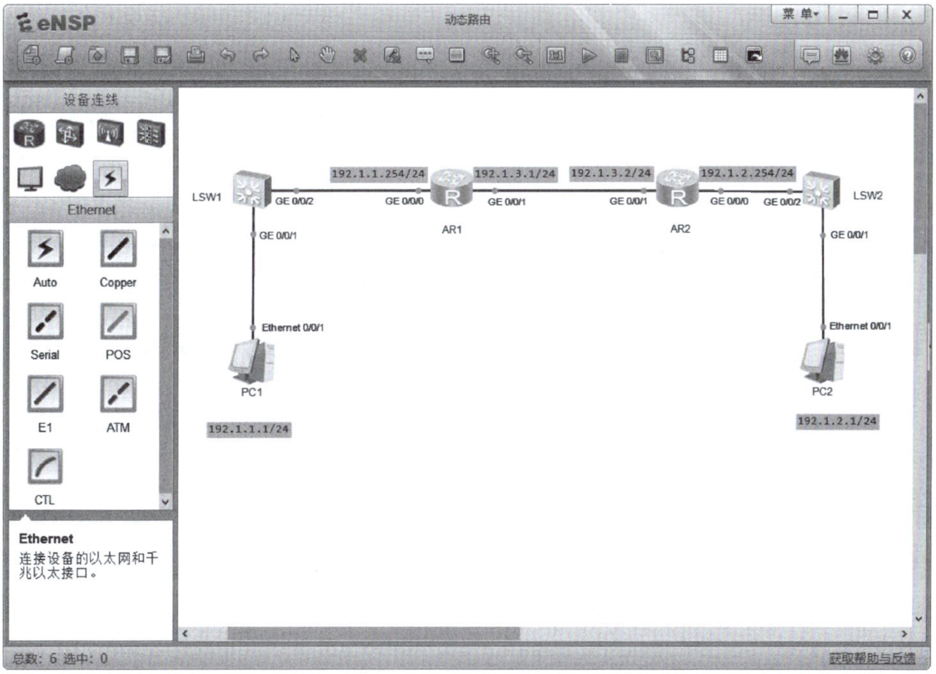

图 15-3　完成设备放置和连接后的 eNSP 界面

（2）设备信息配置

分别为 PC1 和 PC2 配置 IP 地址、子网掩码和默认网关。PC1 配置 IP 地址、子网掩码和默认网关的界面如图 15-4 所示。完成 IP 地址、子网掩码和默认网关配置后，单击“应用”按钮。PC2 配置如图 15-5 所示。

（3）AR1 配置

输入____________命令进入系统视图（见图 15-6）；输入____________命令进入 GE 0/0/0 端口视图；输入____________命令为 GE 0/0/0 端口分配 IP“192.1.1.254/24”。以同样的方法配置 GE 0/0/1 端口，为其分配 IP“192.1.3.1/24”；通过____________命令启用进入 RIP 协议配置，通过____________命令在 RIP 配置视图中启用 RIP2 版本；配置与 AR1 相邻的网段，它们是____________和____________。

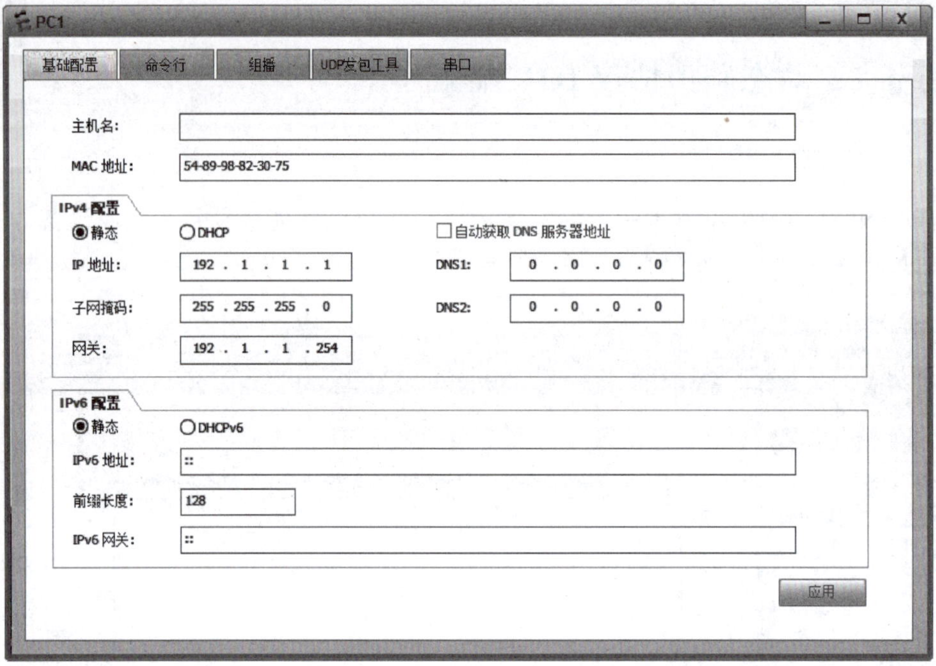

图 15-4　PC1 配置 IP 地址、子网掩码和默认网关界面

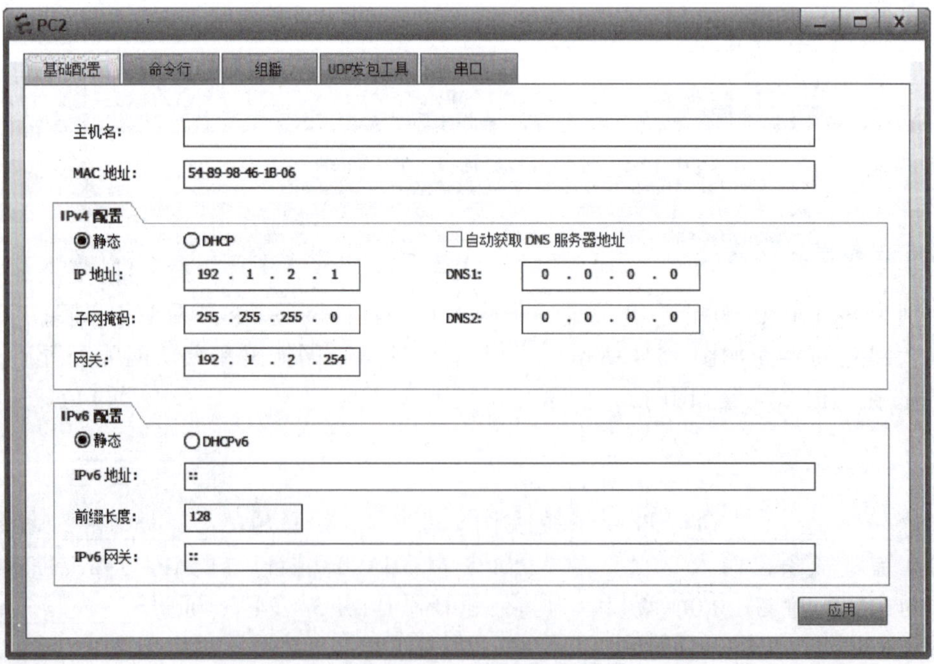

图 15-5　PC2 配置 IP 地址、子网掩码和默认网关界面

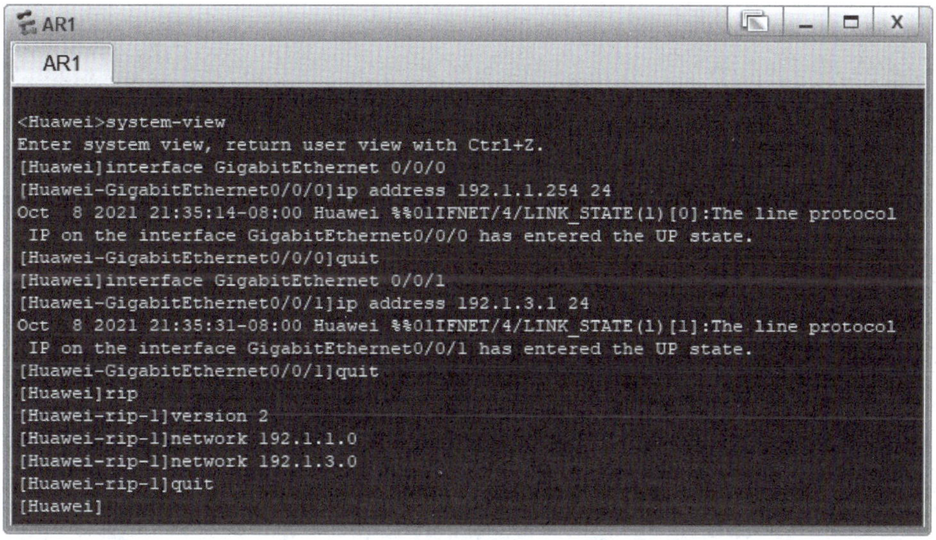

图 15-6 AR1 配置

如图 15-7 所示，通过在用户视图命令提示符后输入____________命令，即可简要显示路由器接口状态、接口配置的 IP 地址和子网掩码。

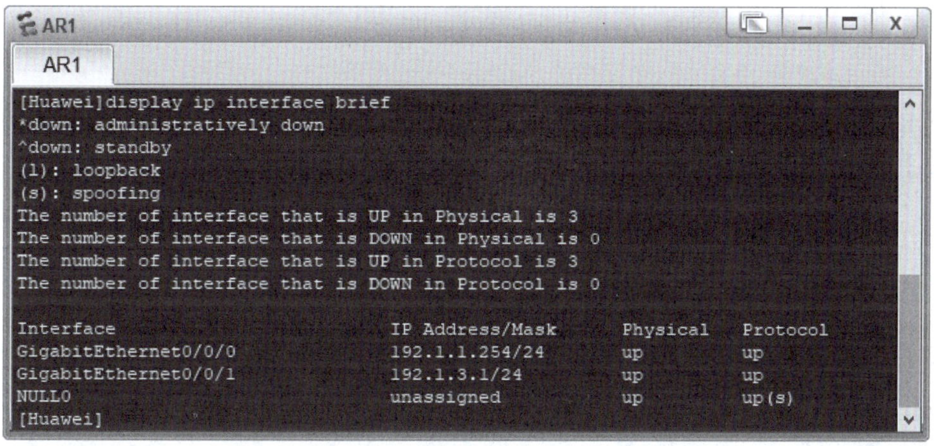

图 15-7 AR1 各个接口配置的 IP 地址和子网掩码

如图 15-8 所示，通过在用户视图命令提示符后输入____________命令，即可显示路由器路由表。

（4）AR2 配置

输入____________命令进入系统视图（见图 15-9）；输入____________命令进入 GE 0/0/0 端口视图；输入____________命令为 GE 0/0/0 端口分配 IP “192.1.2.254/24”。以同样的方法配置 GE 0/0/1 端口，为其分配 IP “192.1.3.2/24”；通过____________命令启用进入 RIP 协议配置，通过____________命令在 RIP 配置视图中启用 RIP2 版本；配置与 AR2 相邻的网段，它们是____________和____________。

```
AR1
[Huawei]display ip routing-table
Route Flags: R - relay, D - download to fib
------------------------------------------------------------------------------
Routing Tables: Public
         Destinations : 10       Routes : 10

Destination/Mask    Proto   Pre  Cost      Flags NextHop         Interface

      127.0.0.0/8   Direct  0    0           D   127.0.0.1       InLoopBack0
      127.0.0.1/32  Direct  0    0           D   127.0.0.1       InLoopBack0
127.255.255.255/32  Direct  0    0           D   127.0.0.1       InLoopBack0
      192.1.1.0/24  Direct  0    0           D   192.1.1.254     GigabitEthernet
0/0/0
    192.1.1.254/32  Direct  0    0           D   127.0.0.1       GigabitEthernet
0/0/0
    192.1.1.255/32  Direct  0    0           D   127.0.0.1       GigabitEthernet
0/0/0
      192.1.3.0/24  Direct  0    0           D   192.1.3.1       GigabitEthernet
0/0/1
      192.1.3.1/32  Direct  0    0           D   127.0.0.1       GigabitEthernet
0/0/1
    192.1.3.255/32  Direct  0    0           D   127.0.0.1       GigabitEthernet
0/0/1
255.255.255.255/32  Direct  0    0           D   127.0.0.1       InLoopBack0

[Huawei]
```

图 15-8　AR1 路由表的内容

```
AR2

<Huawei>system-view
Enter system view, return user view with Ctrl+Z.
[Huawei]interface GigabitEthernet 0/0/0
[Huawei-GigabitEthernet0/0/0]ip address 192.1.2.254 24
Oct  8 2021 21:41:08-08:00 Huawei %%01IFNET/4/LINK_STATE(1)[0]:The line protoc
 IP on the interface GigabitEthernet0/0/0 has entered the UP state.
[Huawei-GigabitEthernet0/0/0]quit
[Huawei]interface GigabitEthernet 0/0/1
[Huawei-GigabitEthernet0/0/1]ip address 192.1.3.2 24
Oct  8 2021 21:41:28-08:00 Huawei %%01IFNET/4/LINK_STATE(1)[1]:The line protoc
 IP on the interface GigabitEthernet0/0/1 has entered the UP state.
[Huawei-GigabitEthernet0/0/1]quit
[Huawei]rip
[Huawei-rip-1]version 2
[Huawei-rip-1]network 192.1.2.0
[Huawei-rip-1]network 192.1.3.0
[Huawei-rip-1]quit
[Huawei]
```

图 15-9　AR2 配置

如图 15-10 所示，通过在用户视图命令提示符后输入____________命令，即可简要显示路由器接口状态、接口配置的 IP 地址和子网掩码。

如图 15-11 所示，通过在用户视图命令提示符后输入____________命令，即可显示路由器路由表。

```
AR2
[Huawei]display ip interface brief
*down: administratively down
^down: standby
(l): loopback
(s): spoofing
The number of interface that is UP in Physical is 3
The number of interface that is DOWN in Physical is 0
The number of interface that is UP in Protocol is 3
The number of interface that is DOWN in Protocol is 0

Interface                         IP Address/Mask      Physical   Protocol
GigabitEthernet0/0/0              192.1.2.254/24       up         up
GigabitEthernet0/0/1              192.1.3.2/24         up         up
NULL0                             unassigned           up         up(s)
[Huawei]
```

图 15-10　AR2 各个接口配置的 IP 地址和子网掩码

```
AR2
<Huawei>display ip routing-table
Route Flags: R - relay, D - download to fib
------------------------------------------------------------------------------
Routing Tables: Public
         Destinations : 11       Routes : 11

Destination/Mask    Proto   Pre  Cost      Flags NextHop         Interface

      127.0.0.0/8   Direct  0    0           D   127.0.0.1       InLoopBack0
      127.0.0.1/32  Direct  0    0           D   127.0.0.1       InLoopBack0
127.255.255.255/32  Direct  0    0           D   127.0.0.1       InLoopBack0
      192.1.1.0/24  RIP     100  1           D   192.1.3.1       GigabitEthernet
0/0/1
      192.1.2.0/24  Direct  0    0           D   192.1.2.254     GigabitEthernet
0/0/0
    192.1.2.254/32  Direct  0    0           D   127.0.0.1       GigabitEthernet
0/0/0
    192.1.2.255/32  Direct  0    0           D   127.0.0.1       GigabitEthernet
0/0/0
      192.1.3.0/24  Direct  0    0           D   192.1.3.2       GigabitEthernet
0/0/1
      192.1.3.2/32  Direct  0    0           D   127.0.0.1       GigabitEthernet
0/0/1
    192.1.3.255/32  Direct  0    0           D   127.0.0.1       GigabitEthernet
0/0/1
255.255.255.255/32  Direct  0    0           D   127.0.0.1       InLoopBack0

<Huawei>
```

图 15-11　AR2 路由表的内容

（5）验证

如图 15-12 所示，在 PC1 命令行提示符下执行 ping 命令，验证 PC1 与 PC2 之间能否相互通信。

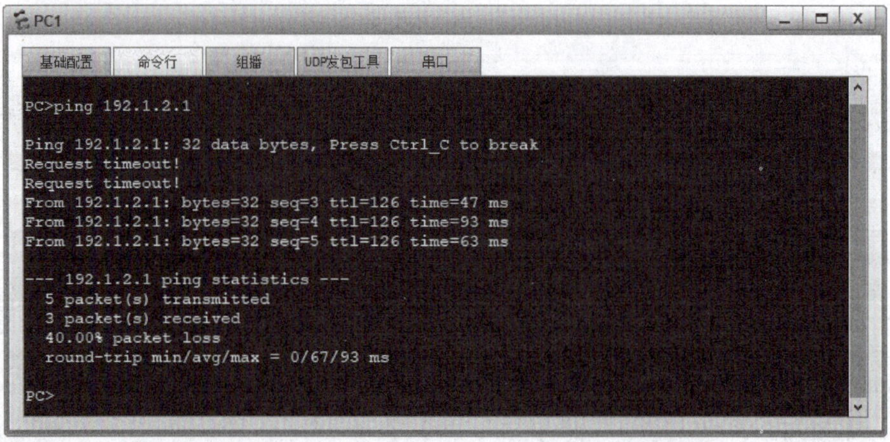

图 15-12　PC1 与 PC2 之间的通信过程

任务 2：动态路由协议 OSPF 配置

（1）绘制网络拓扑结构

打开 eNSP，绘制图 15-13 所示网络拓扑结构，参考表 15-1 为设备分配信息。

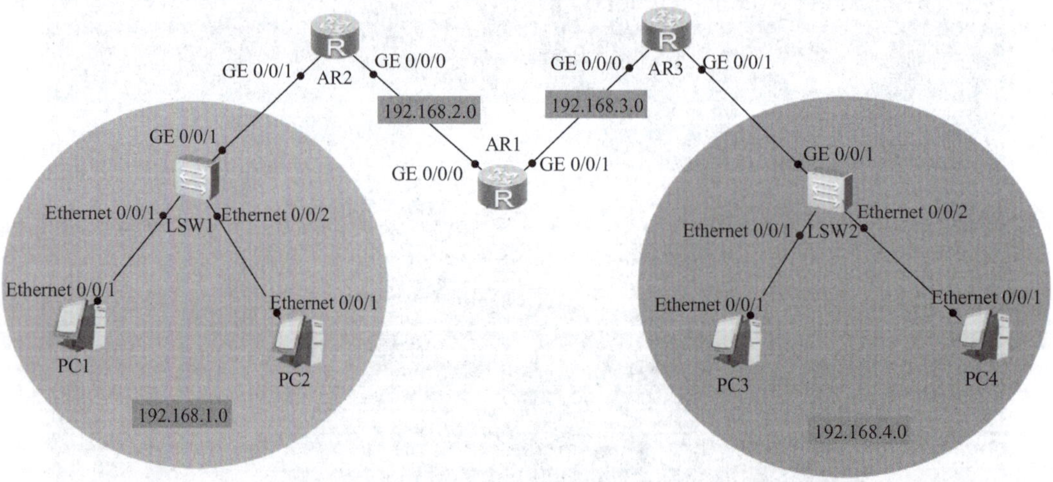

图 15-13　网络拓扑结构

按照表 15-1 为 PC1 ～ PC4 配置 IP 信息，PC1 的配置如图 15-14 所示。

（2）AR1、AR2、AR3 配置

在 AR1 系统视图下输入__________命令禁用消息中心（见图 15-15）；进入 GigabitEthernet0/0/0 端口配置模式，通过__________命令为其分配 IP 地址__________；进入 GigabitEthernet0/0/1 端口配置模式，通过__________命令为其分配 IP 地址__________________。

图 15-14　PC1 IP 配置

图 15-15　AR1 配置

在 AR2 系统视图下输入__________命令禁用消息中心（见图 15-16）；进入 GigabitEthernet0/0/1 端口配置模式，通过__________命令为其分配 IP 地址__________；进入 GigabitEthernet0/0/0 端口配置模式，通过__________命令为其分配 IP 地址________________。

在 AR3 系统视图下输入__________命令禁用消息中心（见图 15-17）；进入 GigabitEthernet0/0/0 端口配置模式，通过__________命令为其分配 IP 地址__________；进入 GigabitEthernet0/0/1 端口配置模式，通过__________命令为其分配 IP 地址________________。

```
AR2
<Huawei>system-view
Enter system view, return user view with Ctrl+Z.
[Huawei]undo info-center enable
Info: Information center is disabled.
[Huawei]interface gigabitEthernet 0/0/1
[Huawei-GigabitEthernet0/0/1]ip address 192.168.1.254 24
[Huawei-GigabitEthernet0/0/1]interface GigabitEthernet 0/0/0
[Huawei-GigabitEthernet0/0/0]ip address 192.168.2.2 24
[Huawei-GigabitEthernet0/0/0]quit
[Huawei]
```

图 15-16　AR2 配置

```
AR3
<Huawei>system-view
Enter system view, return user view with Ctrl+Z.
[Huawei]undo info-center enable
Info: Information center is disabled.
[Huawei]interface GigabitEthernet 0/0/0
[Huawei-GigabitEthernet0/0/0]ip address 192.168.3.2 24
[Huawei-GigabitEthernet0/0/0]interface GigabitEthernet 0/0/1
[Huawei-GigabitEthernet0/0/1]ip address 192.168.4.254 24
[Huawei-GigabitEthernet0/0/1]quit
[Huawei]
```

图 15-17　AR3 配置

（3）OSPF 配置

如图 15-18 所示，在 AR1 系统视图下输入__________命令配置其 route id 为__________；通过__________、__________两条命令配置与其直接相连的两个网络。

```
AR1
[Huawei]router id 1.1.1.1
Info: Router ID has been modified, please reset the relative protocols manually
to update the Router ID.
[Huawei]ospf 1
[Huawei-ospf-1]area 0
[Huawei-ospf-1-area-0.0.0.0]network 192.168.2.0 0.0.0.255
[Huawei-ospf-1-area-0.0.0.0]network 192.168.3.0 0.0.0.255
[Huawei-ospf-1-area-0.0.0.0]
```

图 15-18　AR1 OSPF 配置

如图 15-19 所示，在 AR2 系统视图下输入________命令配置其 route id 为________；通过________、________两条命令配置与其直接相连的两个网络。

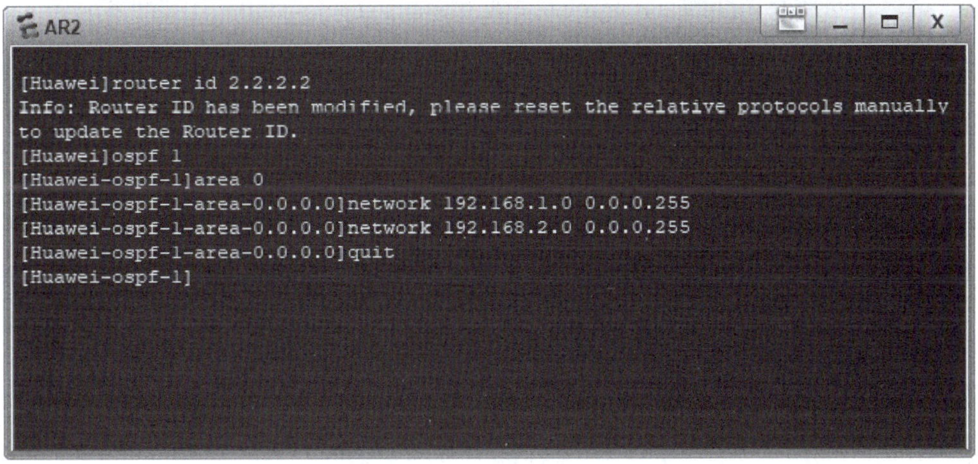

图 15-19　AR2 OSPF 配置

如图 15-20 所示，在 AR3 系统视图下输入________命令配置其 route id 为________；通过________、________两条命令配置与其直接相连的两个网络。

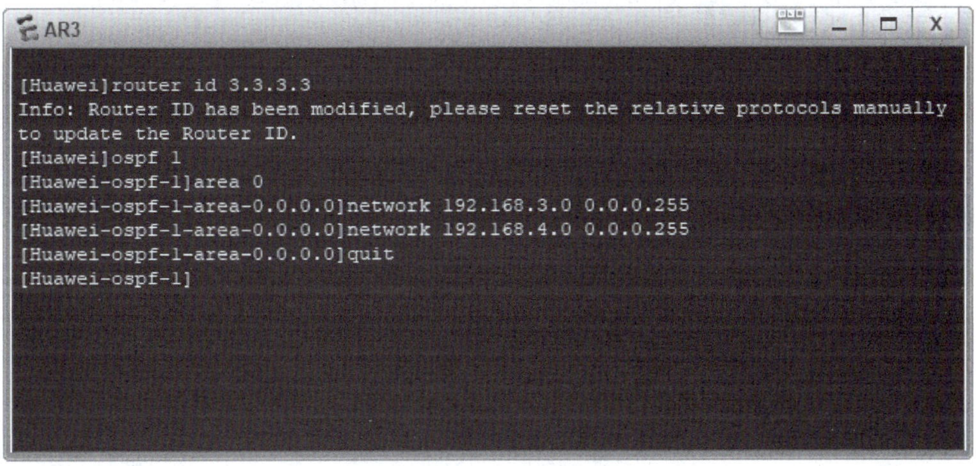

图 15-20　AR3 OSPF 配置

(4) 验证结果

如图 15-21 所示，打开 PC1，利用________命令测试其与 PC3 的连通性，结果是（□连通　□不连通）。

如图 15-22 所示，在 AR1 系统视图下使用________命令显示其路由表，发现其通过 OSPF 动态路由获得________、________，两个网络的下一跳地址分别是________和________。

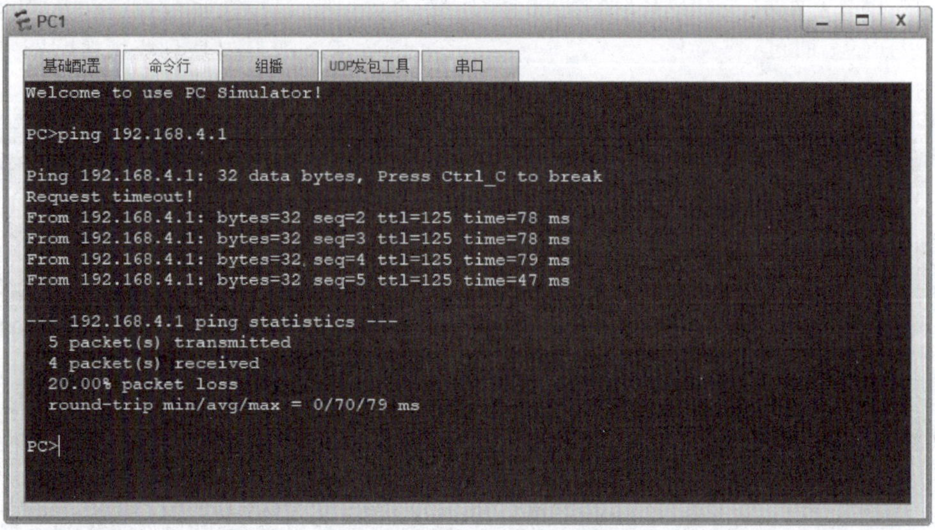

图 15-21　测试 PC1 与 PC3 的连通性

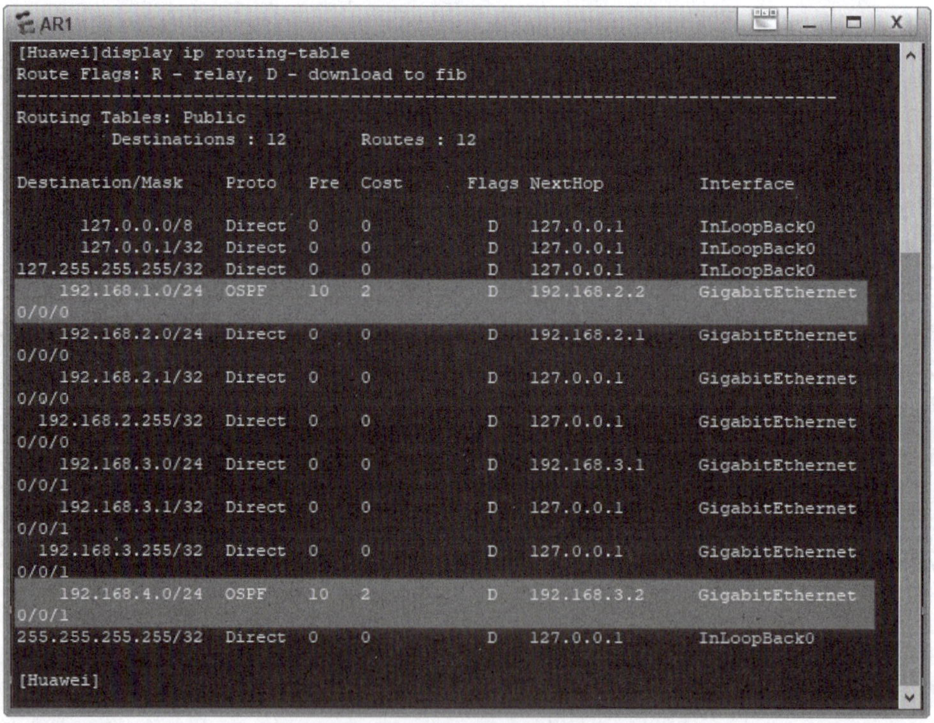

图 15-22　AR1 路由表

4. 交付验收

由验收人填写动态路由配置验收单，见表 15-2。

表 15-2　动态路由配置验收单

标题：		姓名：	
RIP 动态路由			
是否绘制了网络拓扑图	□是　□否	是否配置了终端 IP 地址	□是　□否
是否配置了 AR1	□是　□否	是否配置了 AR2	□是　□否
是否显示了 AR1 动态路由	□是　□否	是否显示了 AR2 动态路由	□是　□否
ping 测试	□是　□否		
是否满足交付要求	□是　□否		
OSPF 动态路由			
是否配置了 AR1	□是　□否	是否配置了 AR2	□是　□否
是否配置了 AR3	□是　□否		
ping 测试	□是　□否		
是否满足交付要求	□是　□否		
验收人		验收时间：　　年　　月　　日	

5. 反思与评价

填写反思评价表，见表 15-3。

表 15-3　反思评价表

项目名称：	
完成情况	□完成　□部分完成　□没做
目标实现情况	□实现　□部分实现　□大部分未实现
与老师、同学沟通情况	□好　□较好　□一般　□存在较大问题
与同学协作情况	□好　□较好　□一般　□存在较大问题
技术方法运用情况	□好　□较好　□一般　□存在较大问题
资料收集水平	□高　□较高　□一般　□差
做事态度	□认真　□较认真　□应付　□差
项目是否完成	□完成　□部分完成　□大部分未完成　□未做
总结反思	
自我评价	
整体效果	
主要不足	
改进措施	
自评等级	□优秀　□良好　□一般
时间	年　　月　　日

Chapter

项目 16

拨号上网

1. 知识点导入

网络服务提供商（Internet Service Provider，ISP）是向广大用户提供 Internet 接入业务、信息业务和增值业务的运营商。许多情况下，ISP 就是一个进行商业活动的公司。例如，中国电信、中国联通和中国移动等都是有名的 ISP。

（1）ADSL 技术

非对称数字用户线路（Asymmetric Digital Subscriber Line，ADSL）是一种通过电话线和调制解调器（DSL Modem）将主机接入互联网的宽带技术。早期宽带上网多采用 ADSL 技术。

（2）FTTx 技术

随着网络技术的飞速发展，光纤宽带得以迅速普及。根据使用场景的不同，光纤宽带可分为 FTTZ（光纤到小区）、FTTB（光纤到大楼）、FTTO（光纤到办公室）和 FTTH（光纤到户），统称为 FTTx。

（3）PPPoE

无论用户使用 ADSL 还是 FTTx 宽带接入方案，均需要向 ISP 购买账号用于拨号上网。拨号上网实质上是用户在 ISP 服务器登录账号验证身份并获得公有地址的过程，由于 ISP 一般基于 PPPoE（以太网点对点协议）实现身份验证，因此拨号上网也称 PPPoE 拨号。

（4）PPPoE 接入过程

在 PPPoE 接入过程中，需要对 PPPoE 认证服务器进行以下三项配置：一是配置授权用户，二是配置用于鉴别授权用户身份的鉴别协议，三是配置 IP 地址池。

2. 工作情境

实验室欲测试拨号上网，在如图 16-1 所示的网络中，AR1 是一台需要上网的终端，

AR2 是认证服务器（用于验证 AR1 的账号密码是否正确），为通过认证的 AR1 分配 IP 地址。请按照图示网络拓扑结构及设备信息配置 AR1、AR2、AR3 等设备，完成 AR1 到其他设备的链路。

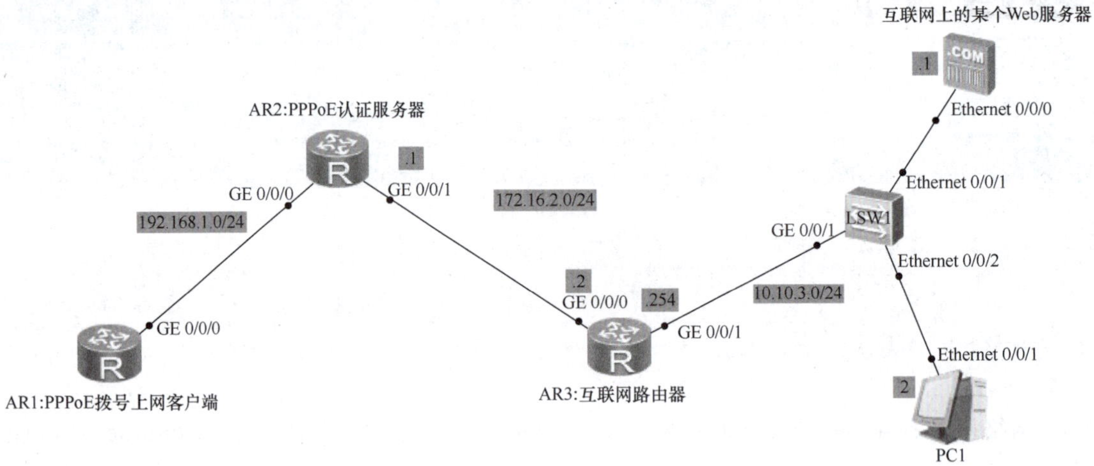

图 16-1　网络拓扑结构

3. 项目实施

（1）PPPoE 客户端配置

1）绘制拓扑结构。启动 eNSP，按照图 16-2 所示创建网络拓扑结构。

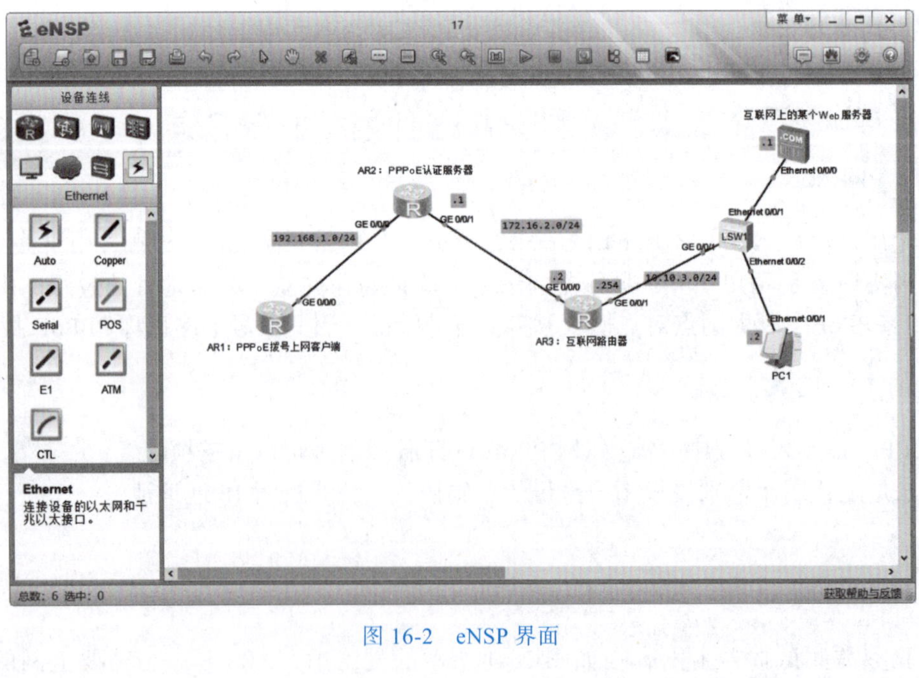

图 16-2　eNSP 界面

2）配置 AR1。双击 AR1 进入 CLI 配置（见图 16-3），输入__________命令进入系统视图，在系统视图中输入__________命令进入 dialer-rule 视图（拨号规则视图），在 dialer-rule 视图内输入__________命令创建编号为 1 的拨号规则，允许所有 IPv4 报文通过。

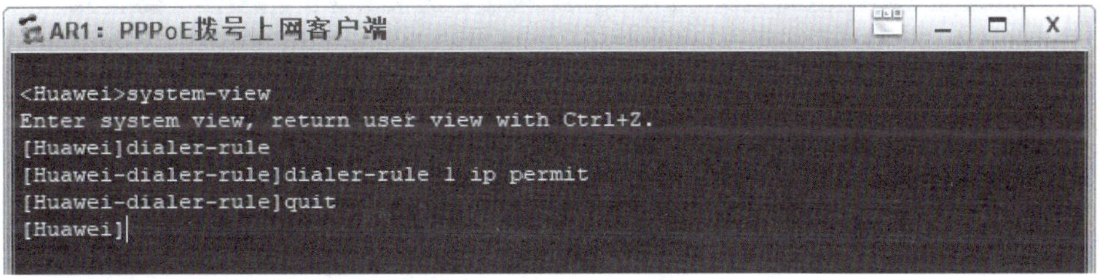

图 16-3　Dialer 视图

如图 16-4 所示，在系统视图模式中输入__________命令创建并进入 Dialer1 接口，在 Dialer1 接口模式下使用__________命令配置用户名 bhzyxy（**注意**：*此处用户名需与服务器端用户名相同*），使用__________命令将接口置于拨号访问组 1，使用__________命令指定 Dialer1 接口的编号为 1。

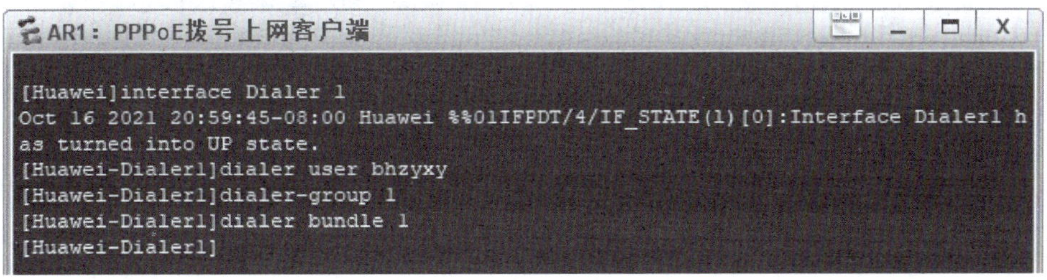

图 16-4　配置拨号用户名

如图 16-5 所示，在 Dialer 视图中输入__________命令设置用户“bhzyxy”，使用__________命令为用户“bhzyxy”设置密码“123456”；使用__________命令允许接口进行 IP 地址协商。

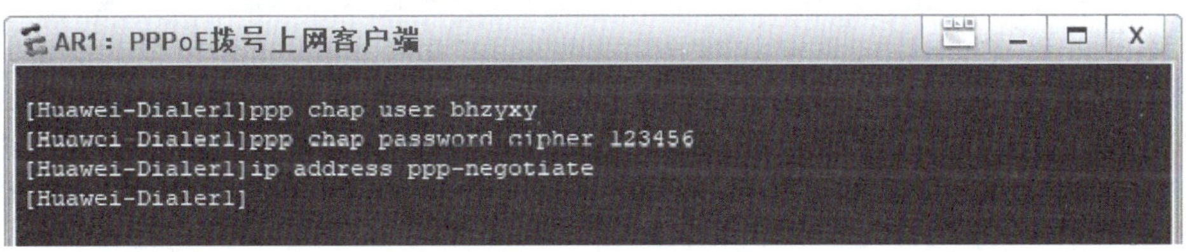

图 16-5　配置密码

如图 16-6 所示，在系统视图中输入__________命令设置 GE0/0/0 端口，使用__________命令捆绑接口 1 关联本接口；使用__________命令将默认路由指向 Dialer1 端口。

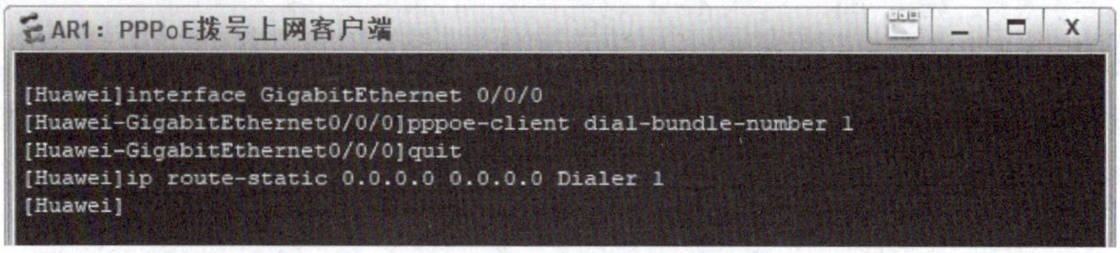

图 16-6　配置密码

（2）PPPoE 服务器端配置

1）配置 PPPoE 服务器端。在系统视图模式下（见图 16-7）进入 GE 0/0/1 端口，通过__________命令将其 IP 配置为“172.16.2.1/24”；在系统视图模式下通过__________命令进入 rip2 模式，启用 RIP2.0 版本，分配网络号“172.16.0.0”。

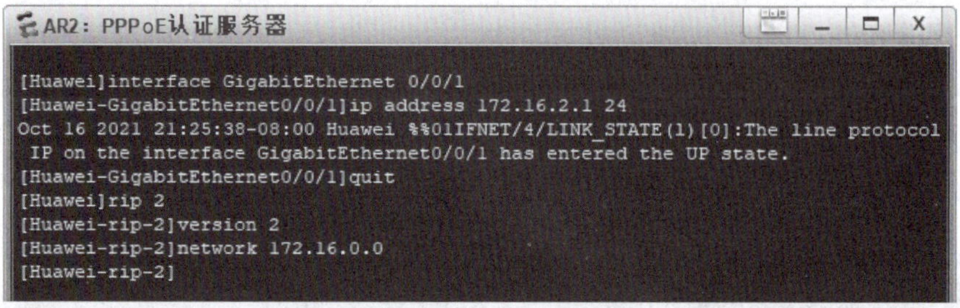

图 16-7　PPPoE 服务器端端口和 RIP 协议配置

如图 16-8 所示，在系统视图模式下通过__________命令配置地址池名为 r2；输入__________命令为其分配网络号“192.168.1.0”（子网掩码为“255.255.255.0”）；使用__________命令设置网关为“192.168.1.254”。

图 16-8　地址池配置

如图 16-9 所示，在系统视图模式下通过__________命令创建并进入虚拟接口模板 9；通过__________命令设置认证模式为 chap；通过__________命令指定地址池为 r2。

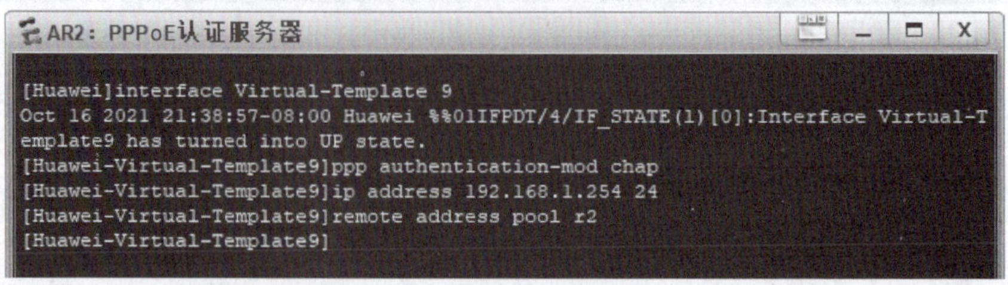

图 16-9　虚拟接口模板配置

如图 16-10 所示，在系统视图模式下通过____________命令进入并配置 GE 0/0/0 端口；通过____________命令绑定编号为 9 的虚拟模板。

在系统视图下通过____________进入 aaa 视图模式，通过____________命令配置拨号用户名为“bhzyxy”，密码为“123456”；通过____________命令配置服务模式为 ppp 模式。

AR2：PPPoE认证服务器

```
[Huawei]interface GigabitEthernet 0/0/0
[Huawei-GigabitEthernet0/0/0]pppoe-server bind Virtual-Template 9
[Huawei-GigabitEthernet0/0/0]quit
[Huawei]aaa
[Huawei-aaa]local-user bhzyxy password cipher 123456
Info: Add a new user.
[Huawei-aaa]local-user bhzyxy service-type ppp
[Huawei-aaa]quit
[Huawei]
```

图 16-10　配置用户

2）配置 AR3 路由器。如图 16-11 所示，在系统视图下通过____________命令进入 GE 0/0/1 端口，通过____________命令配置其 IP 地址为“10.10.3.254/24”；在系统视图下通过____________命令进入 GE 0/0/0 端口，通过____________命令配置其 IP 地址为 172.16.2.2/24；在系统视图下通过____________命令进入 rip3，启用 RIP2.0；分配网络号“10.0.0.0”和“172.16.0.0”；通过____________命令创建默认由“192.168.1.0/24”指向“172.16.2.1”的路由。

AR3：互联网路由器

```
[Huawei]interface GigabitEthernet 0/0/1
[Huawei-GigabitEthernet0/0/1]ip address 10.10.3.254 24
Oct 16 2021 21:54:19-08:00 Huawei %%01IFNET/4/LINK_STATE(l)[0]:The line protocol
 IP on the interface GigabitEthernet0/0/1 has entered the UP state.
[Huawei-GigabitEthernet0/0/1]quit
[Huawei]interface GigabitEthernet 0/0/0
[Huawei-GigabitEthernet0/0/0]ip address 172.16.2.2 24
Oct 16 2021 21:54:48-08:00 Huawei %%01IFNET/4/LINK_STATE(l)[1]:The line protocol
 IP on the interface GigabitEthernet0/0/0 has entered the UP state.
[Huawei-GigabitEthernet0/0/0]quit
[Huawei]rip 3
[Huawei-rip-3]version 2
[Huawei-rip-3]network 10.0.0.0
[Huawei-rip-3]network 172.16.0.0
[Huawei-rip-3]quit
[Huawei]ip route-static 192.168.1.0 24 172.16.2.1
[Huawei]
```

图 16-11　配置路由器 AR3

3）Web 服务器和 PC1 配置。Web 服务器和 PC1 的 IP 配置如图 16-12 与图 16-13 所示。

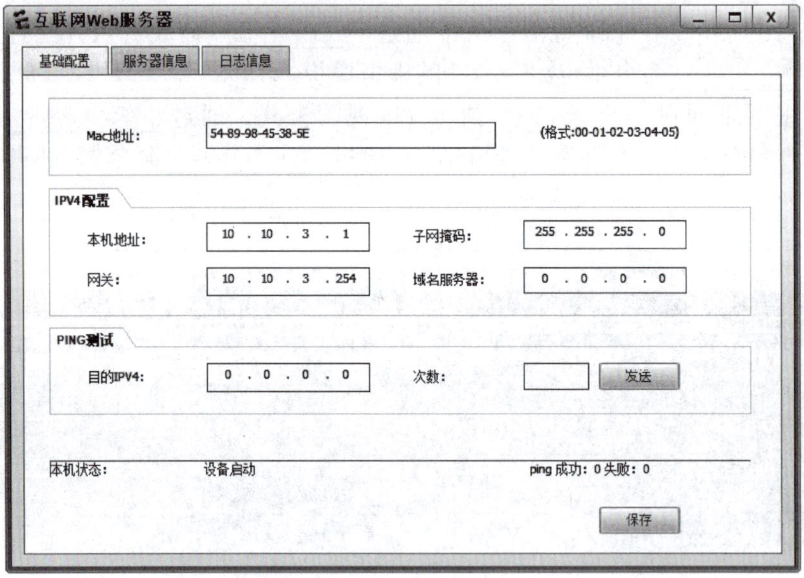

图 16-12 Web 服务器配置

图 16-13 PC1 的 IP 配置

(3) 实验结果验证

1）如图 16-14 所示，在认证服务器（AR2）上分别执行__________和__________命令，查看 PPPoE 会话的状态和配置信息，可以看到都是 UP（打开）状态。

2）如图 16-15 所示，在 AR1 上执行__________命令查看接口信息，看到拨号接口从 PPPoE 服务器获得 IP 地址。

3）PC1 可以 ping 通拨号上网的客户端，如图 16-16 所示。

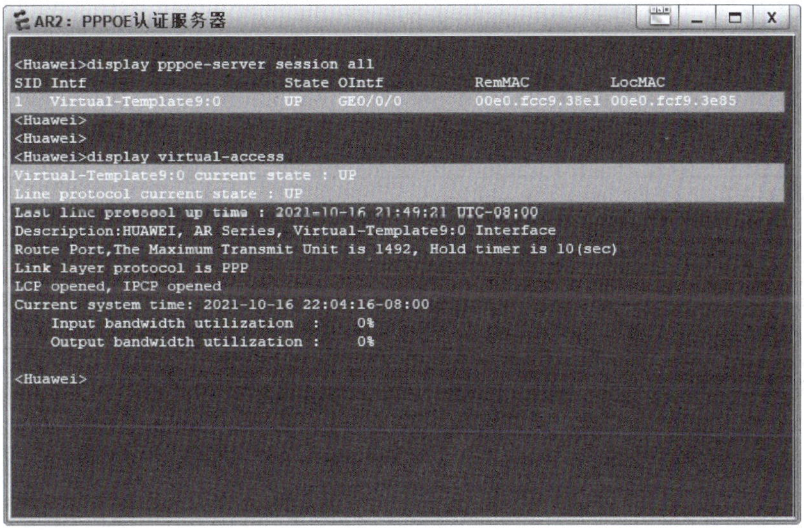

```
AR2：PPPOE认证服务器
<Huawei>display pppoe-server session all
SID Intf                     State OIntf          RemMAC          LocMAC
1   Virtual-Template9:0      UP    GE0/0/0        00e0.fcc9.38e1  00e0.fcf9.3e85
<Huawei>
<Huawei>
<Huawei>display virtual-access
Virtual-Template9:0 current state : UP
Line protocol current state : UP
Last line protocol up time : 2021-10-16 21:49:21 UTC-08:00
Description:HUAWEI, AR Series, Virtual-Template9:0 Interface
Route Port,The Maximum Transmit Unit is 1492, Hold timer is 10(sec)
Link layer protocol is PPP
LCP opened, IPCP opened
Current system time: 2021-10-16 22:04:16-08:00
    Input bandwidth utilization  :    0%
    Output bandwidth utilization :    0%

<Huawei>
```

图 16-14　信息查看（一）

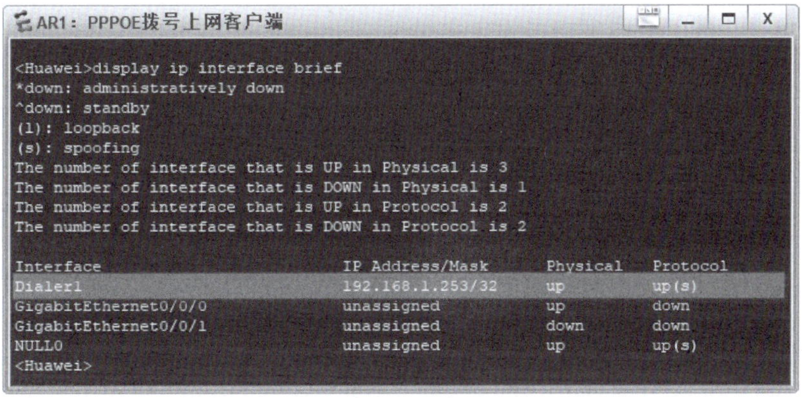

```
AR1：PPPOE拨号上网客户端
<Huawei>display ip interface brief
*down: administratively down
^down: standby
(l): loopback
(s): spoofing
The number of interface that is UP in Physical is 3
The number of interface that is DOWN in Physical is 1
The number of interface that is UP in Protocol is 2
The number of interface that is DOWN in Protocol is 2

Interface                         IP Address/Mask      Physical   Protocol
Dialer1                           192.168.1.253/32     up         up(s)
GigabitEthernet0/0/0              unassigned           up         down
GigabitEthernet0/0/1              unassigned           down       down
NULL0                             unassigned           up         up(s)
<Huawei>
```

图 16-15　信息查看（二）

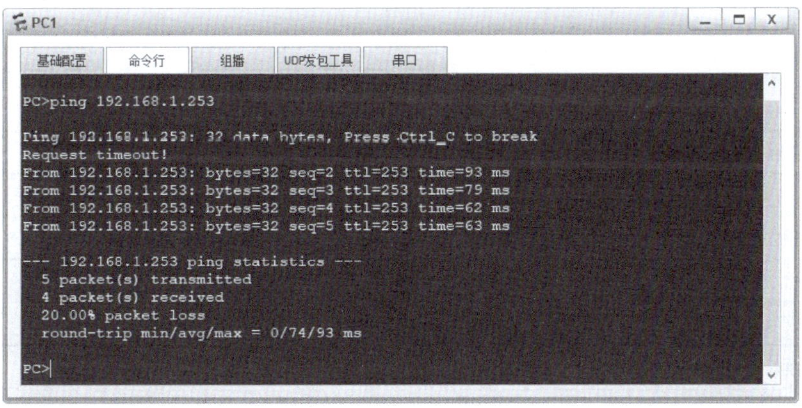

```
PC1
基础配置　命令行　组播　UDP发包工具　串口

PC>ping 192.168.1.253

Ping 192.168.1.253: 32 data bytes, Press Ctrl_C to break
Request timeout!
From 192.168.1.253: bytes=32 seq=2 ttl=253 time=93 ms
From 192.168.1.253: bytes=32 seq=3 ttl=253 time=79 ms
From 192.168.1.253: bytes=32 seq=4 ttl=253 time=62 ms
From 192.168.1.253: bytes=32 seq=5 ttl=253 time=63 ms

--- 192.168.1.253 ping statistics ---
  5 packet(s) transmitted
  4 packet(s) received
  20.00% packet loss
  round-trip min/avg/max = 0/74/93 ms

PC>
```

图 16-16　验证结果

4. 交付验收

由验收人填写拨号上网验收单，见表 16-1。

表 16-1　拨号上网验收单

标题：			姓名：	
是否绘制了网络拓扑图	□是　□否	是否配置了终端 IP 地址		□是　□否
是否配置了 PPPoE 客户端	□是　□否	是否配置了 AR3		□是　□否
是否配置了 Web 服务器	□是　□否	是否配置了 PC1		□是　□否
是否验证了实验结果		□是　□否		
是否满足交付要求		□是　□否		
验收人			验收时间：　　年　　月　　日	

5. 反思与评价

填写反思评价表，见表 16-2。

表 16-2　反思评价表

项目名称：	
完成情况	□完成　□部分完成　□没做
目标实现情况	□实现　□部分实现　□大部分未实现
与老师、同学沟通情况	□好　□较好　□一般　□存在较大问题
与同学协作情况	□好　□较好　□一般　□存在较大问题
技术方法运用情况	□好　□较好　□一般　□存在较大问题
资料收集水平	□高　□较高　□一般　□差
做事态度	□认真　□较认真　□应付　□差
项目是否完成	□完成　□部分完成　□大部分未完成　□未做
总结反思	
自我评价	
整体效果	
主要不足	
改进措施	
自评等级	□优秀　□良好　□一般
时间	年　　月　　日

Chapter

项目 17

配置静态 NAT

1. 知识点导入

随着互联网的迅猛发展，人们想出许多办法来应对 IPv4 公网地址的枯竭，NAT 技术就是其中的一种。NAT（Network Address Translation，网络地址转换）是 1994 年提出的实现内部 IP（Inside IP）地址和公网 IP（Global IP）地址的转换技术，以缓解 IP（IPv4）地址枯竭问题。NAT 分为静态 NAT 和动态 NAT。

（1）NAT 表

NAT 表中记录并维护着内部主机私有地址和外网公有地址的映射关系，通俗的理解就是局域网中的主机访问 Internet 的不同主机时，NAT 表记录了它们的对应关系，后续访问只需查询 NAT 表即可避免混淆。

（2）NAT 的工作过程

NAT 路由器用于连接内网和外网，如图 17-1 所示。当 NAT 路由器收到内网发往外网（Internet）的数据包时，会先将其源地址（私有地址）转换为公有地址再发往目的主机；当 NAT 路由器接收外网（Internet）发往内网的数据包时，会将其目的地址转换为内网中某台主机的地址（私有地址）。

图 17-1　NAT 工作原理图

（3）NAT 的特点

NAT 技术让内网主机隐藏在 NAT 路由器后面，增加了内部网络的安全性，使用 NAT 时无须更改内部网络已经分配的主机私有地址，网络配置更简单方便；内网主机在访问外网时，需要 NAT 路由器进行地址转换，增加了延迟。

（4）静态 NAT

静态 NAT 是指在 NAT 路由器的 NAT 表中为每个私有地址绑定一个公有地址。静态 NAT 适用于网络中只有少数几台主机需要 Internet 通信的情况，如果内网中有大量主机需要与 Internet 通信，则应使用动态 NAT 技术。

2. 工作情境

图 17-2 所示为实验室外联部门的网络拓扑结构，PC1 和 PC2 是内网计算机。为保证内网计算机的安全，要访问外网必须经过网络地址转换（NAT）。请利用 NAT 技术将 PC1 和 PC2 连接到 Internet，相关设备信息见表 17-1 和表 17-2。

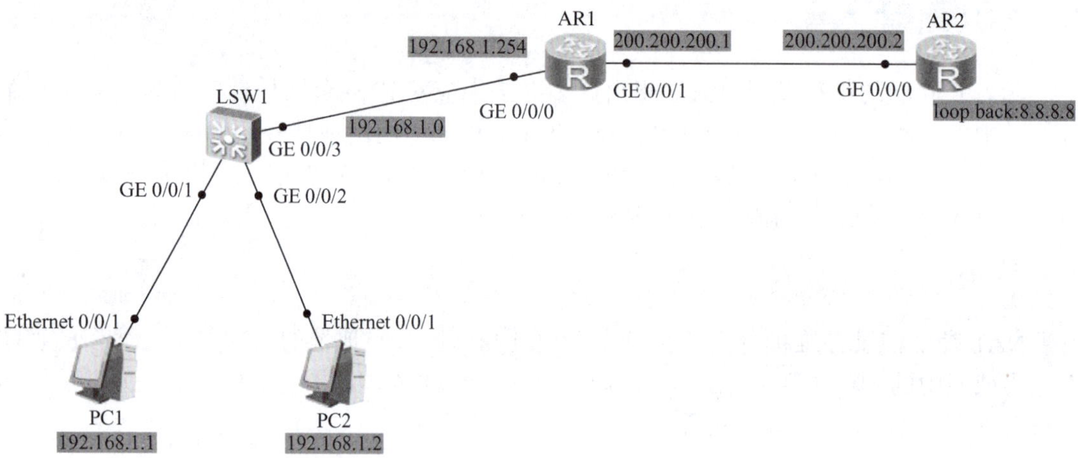

图 17-2　网络拓扑结构

表 17-1　NAT 信息表

设备	Inside IP	端口号	网关	Global IP
PC1	192.168.1.1	GigabitEthernet0/0/1	192.168.1.254	200.200.200.5
PC2	192.168.1.2	GigabitEthernet0/0/2	192.168.1.254	200.200.200.6

表 17-2　设备信息表

设备	端口号	IP 地址
AR1	GigabitEthernet0/0/0	192.168.1.254
	GigabitEthernet0/0/1	200.200.200.1
AR2	GigabitEthernet0/0/0	200.200.200.2

3. 项目实施

（1）创建网络拓扑结构

启动 eNSP，创建如图 17-3 所示的网络拓扑结构。

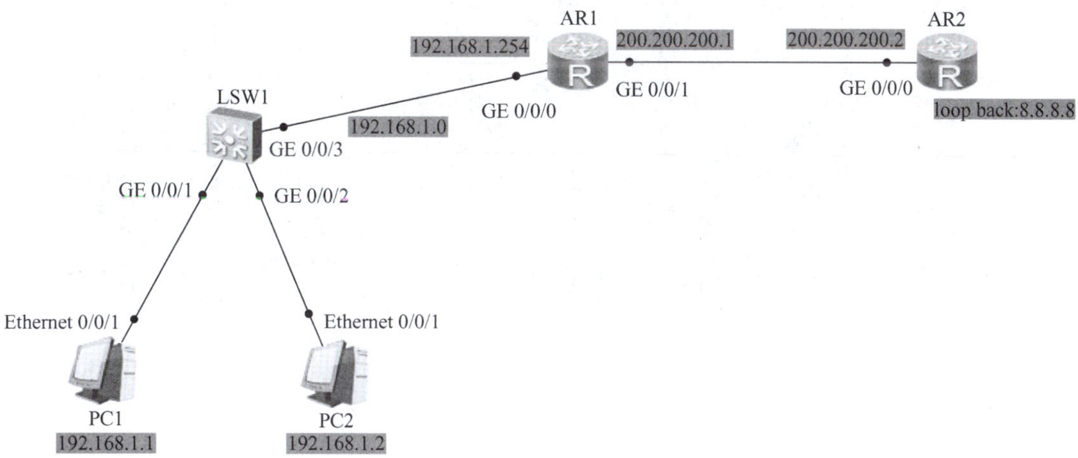

图 17-3　eNSP 界面

（2）AR1 配置

在视图模式下（见图 17-4），输入____________命令进入 GE 0/0/0 接口视图模式，通过____________命令为 GE 0/0/0 端口分配 IP 地址“192.168.1.254/24”。

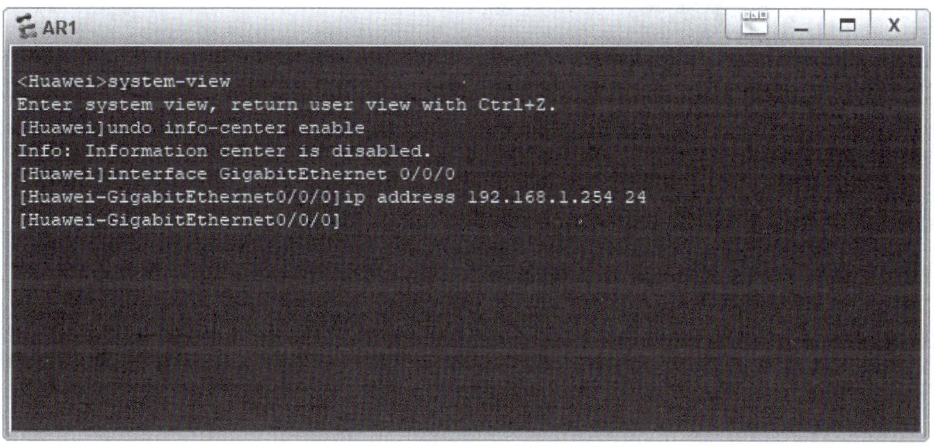

图 17-4　GE 0/0/0 端口 IP 配置

如图 17-5 所示，在系统视图模式下输入____________命令进入 GE 0/0/1 接口视图模式，通过____________命令为 GE 0/0/1 端口分配 IP 地址“200.200.200.1/24”；在系统视图模式下输入____________命令，为 AR1 添加默认静态路由指向“200.200.200.2”；在系统视图模式下，进入 GE 0/0/1 接口视图模式，通过____________命令将私有地址

"192.168.1.1"转换为公有地址"200.200.200.5"；通过____________命令将私有地址"192.168.1.2"转换为公有地址"200.200.200.6"。

```
AR1
[Huawei]interface GigabitEthernet 0/0/1
[Huawei-GigabitEthernet0/0/1]ip address 200.200.200.1 24
[Huawei-GigabitEthernet0/0/1]quit
[Huawei]ip route-static 0.0.0.0 0.0.0.0 200.200.200.2
[Huawei]interface GigabitEthernet 0/0/1
[Huawei-GigabitEthernet0/0/1]nat static global 200.200.200.5 inside 192.168.1.1
[Huawei-GigabitEthernet0/0/1]nat static global 200.200.200.6 inside 192.168.1.2
[Huawei-GigabitEthernet0/0/1]
```

图 17-5　GE 0/0/1 端口 IP 配置

(3) AR2 配置

如图 17-6 所示，在系统视图模式下输入____________命令进入 GE 0/0/0 接口视图模式，通过____________命令为 GE 0/0/0 端口分配 IP 地址"200.200.200.2/24"；在系统视图模式下通过____________命令为路由器分配环回地址"8.8.8.8/24"。

```
AR2
<Huawei>system-view
Enter system view, return user view with Ctrl+Z.
[Huawei]
[Huawei]undo info-center enable
Info: Information center is disabled.
[Huawei]
[Huawei]interface GigabitEthernet 0/0/0
[Huawei-GigabitEthernet0/0/0]
[Huawei-GigabitEthernet0/0/0]ip address 200.200.200.2 24
[Huawei-GigabitEthernet0/0/0]
[Huawei-GigabitEthernet0/0/0]quit
[Huawei]
[Huawei]interface LoopBack 0
[Huawei-LoopBack0]
[Huawei-LoopBack0]ip address 8.8.8.8 24
[Huawei-LoopBack0]
```

图 17-6　AR2 配置

(4) PC1 和 PC2 配置

双击 PC1，设置 IPv4 为____________，如图 17-7 所示，以同样的操作方法设置 PC2 的 IPv4 地址为____________，如图 17-8 所示。

图 17-7　PC1 的 IPv4 配置

图 17-8　PC2 的 IPv4 配置

(5) 实验结果验证

1) 输入____________命令，查看 NAT 转换是否成功，如图 17-9 所示。

图 17-9 NAT 转换信息

2）双击 PC1，在“命令行”选项卡中输入____________命令测试其与外网的连通性（见图 17-10），结果显示____________；双击 PC2，在“命令行”选项卡中输入____________命令测试其与外网的连通性，结果显示____________。

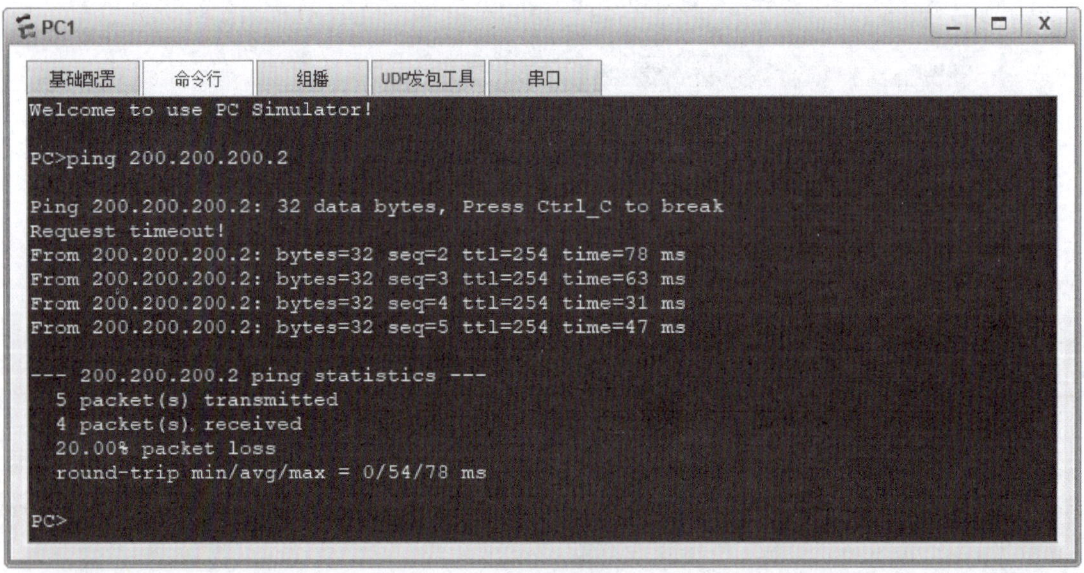

图 17-10 验证结果

3）双击 PC1 或 PC2，在“命令行”选项卡中输入“ping 8.8.8.8”，对 AR1 的 GigabitEthernet 0/0/1 端口进行数据抓包（见图 17-11），得出 PC1 的源地址为____________，证明 NAT 地址转换□成功□失败。

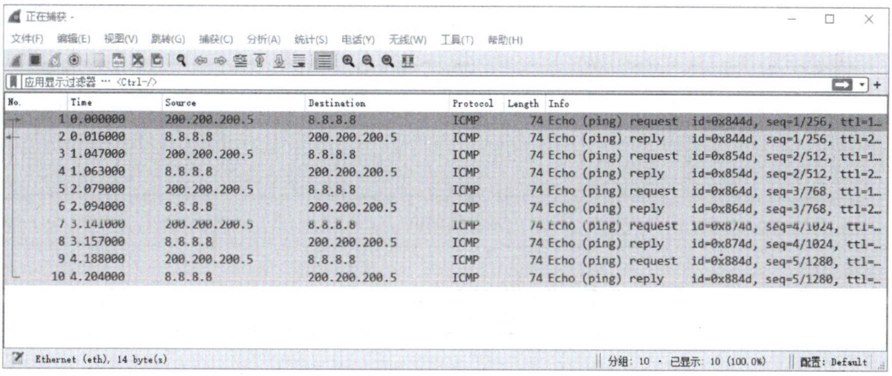

图 17-11　捕获 GE 0/0/0 端口信息

4. 交付验收

由验收人填写静态 NAT 配置验收单，见表 17-3。

表 17-3　静态 NAT 配置验收单

标题:		姓名:	
是否绘制了网络拓扑图	□是　□否	是否配置了终端 IP 地址	□是　□否
是否配置了 AR1	□是　□否	是否配置了 AR2	□是　□否
是否配置了 PC1	□是　□否	是否配置了 PC2	□是　□否
是否验证了实验结果	□是　□否		
是否满足交付要求	□是　□否		
验收人		验收时间:	年　月　日

5. 反思与评价

填写反思评价表，见表 17-4。

表 17-4　反思评价表

项目名称:	
完成情况	□完成　□部分完成　□没做
目标实现情况	□实现　□部分实现　□大部分未实现
与老师、同学沟通情况	□好　□较好　□一般　□存在较大问题
与同学协作情况	□好　□较好　□一般　□存在较大问题
技术方法运用情况	□好　□较好　□一般　□存在较大问题
资料收集水平	□高　□较高　□一般　□差
做事态度	□认真　□较认真　□应付　□差
项目是否完成	□完成　□部分完成　□大部分未完成　□未做

（续）

总结反思	
自我评价	
整体效果	
主要不足	
改进措施	
自评等级	□优秀 □良好 □一般
时间	年 月 日

Chapter

项目 18

配置动态 NAT

1. 知识点导入

（1）动态 NAT

动态 NAT 是指将内部私有 IP 转换为公网 IP 地址时，内网 IP 与外网 IP 的对应关系是不确定的，当内网 IP 需要访问外网时，就从外网 IP 地址池中取一个 IP 地址。

（2）访问控制列表

访问控制列表（Access Control List，ACL）是由一条或多条规则组成的集合。ACL 本质上是一种报文过滤器，设备基于这些规则进行报文匹配，可以过滤出特定的报文，并根据应用 ACL 的业务模块的处理策略来允许或阻止该报文通过。常用的基本 ACL 编号范围是 2000 ～ 2999。

（3）规则

规则，即描述报文匹配条件的判断语句。

规则编号，用于标识 ACL 规则。可以自行配置规则编号，也可以由系统自动分配。ACL 规则的编号范围是 0 ～ 4294967294，所有规则均按照规则编号从小到大进行排序。

动作，包括 permit/deny 两种动作，表示允许 / 拒绝。

例如　rule 5 permit ip source 192.168.1.0 0.0.0.255

规则中的通配符掩码为 0.0.0.255，表示只需检查 IP 地址的前三组二进制八位数对应的比特位（IP 地址与通配符掩码共同确定地址范围，可参考表 18-1）。因此，如果报文源 IP 地址的前 24 个比特位与参照地址的前 24 个比特位（192.168.1）相同，即报文的源 IP 地址是 192.168.1.0/24 网段的地址，则允许该报文通过。

表 18-1　IP 地址与通配符掩码共同确定的地址范围

IP 地址	IP 地址通配符掩码	确定的地址范围
0.0.0.0	255.255.255.255	任意 IP 地址
172.18.0.0	0.0.255.255	172.18.0.0/16 网段的 IP 地址

（续）

IP 地址	IP 地址通配符掩码	确定的地址范围
172.18.5.2	0.0.0.0	仅 172.18.5.2 这一个主机地址
172.18.8.0	0.0.0.7	172.18.8.0/29 网段的 IP 地址
172.18.8.8	0.0.0.7	172.18.8.8/29 网段的 IP 地址

2. 工作情境

如图 18-1 所示，实验室的办公网络拓扑结构中 PC1 ～ PC5 是内网计算机，LSW2 是二层交换机，AR1 和 AR2 是路由器，请在 AR1 上配置动态 NAT（可使用的外网地址范围是 200.200.200.10 ～ 200.200.200.50）让内网主机连接 Internet，设备信息表见表 18-2。

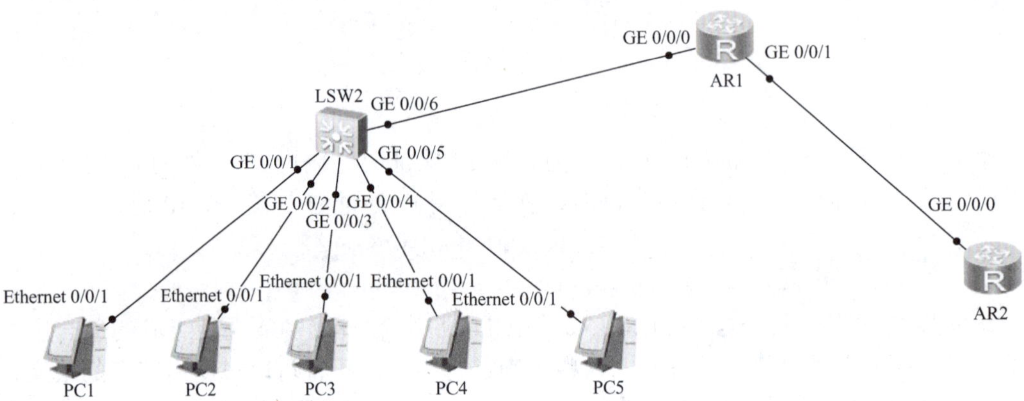

图 18-1　网络拓扑结构

表 18-2　设备信息表

设备	IP 地址	端口	网关
PC1	192.168.1.1/24	GE0/0/1	192.168.1.254
PC2	192.168.1.2/24	GE0/0/2	192.168.1.254
PC3	192.168.1.3/24	GE0/0/3	192.168.1.254
PC4	192.168.1.4/24	GE0/0/4	192.168.1.254
PC5	192.168.1.5/24	GE0/0/5	192.168.1.254
AR1	192.168.1.254/24	GE0/0/0	/
	200.200.200.1/24	GE0/0/1	/
AR2	200.200.200.2/24	GE0/0/0	/

3. 项目实施

（1）绘制网络拓扑图

启动 eNSP，创建如图 18-2 所示的网络拓扑结构。图 18-2 上标注的设备信息见表 18-2。

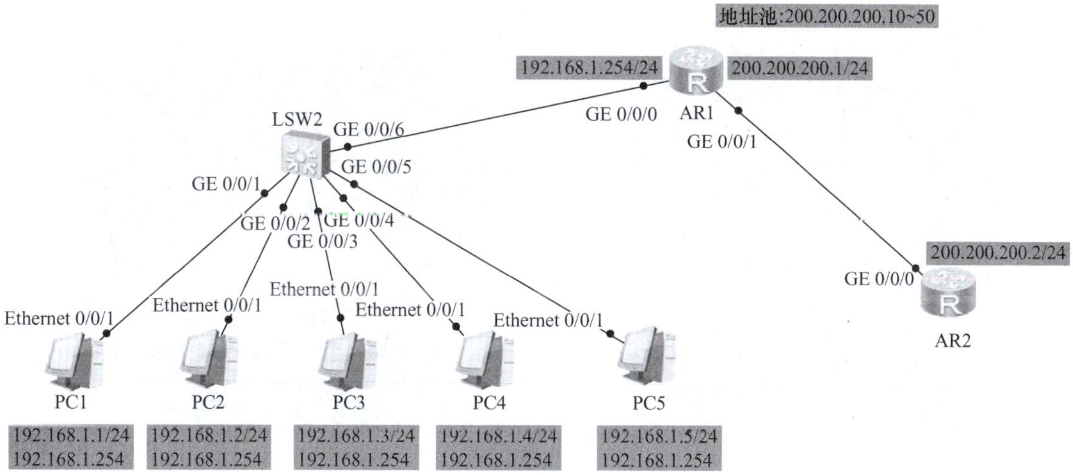

图 18-2　网络拓扑结构

（2）AR1 配置

如图 18-3 所示，在系统视图下进入 GE 0/0/0 端口视图模式，通过____________命令为其配置 IP 地址“192.168.1.254/24”（注意：此 IP 地址恰好是 PC1 ～ PC5 的____________）；进入 GE 0/0/1 端口视图模式，通过____________命令为其配置 IP 地址“200.200.200.1/24”。

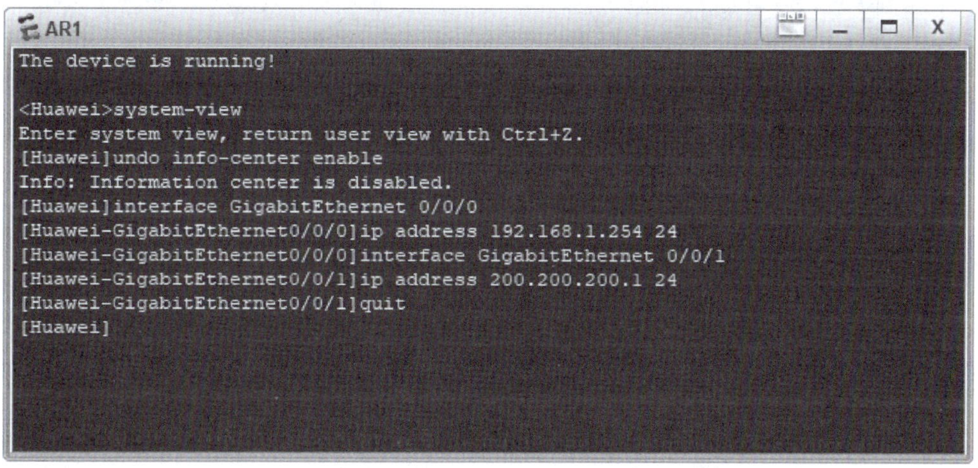

图 18-3　AR1 端口 IP 地址配置

如图 18-4 所示，在系统视图模式下通过____________命令设置 NAT 转换所需外网 IP 地址池，其范围是____________～____________；通过____________命令创建并进入 ACL 2001，输入____________命令创建 5 号规则允许“192.168.1.0”网段访问。进入 GE 0/0/1 端口配置模式，使用____________将 ACL 与地址池关联，no-pat 表示____________。

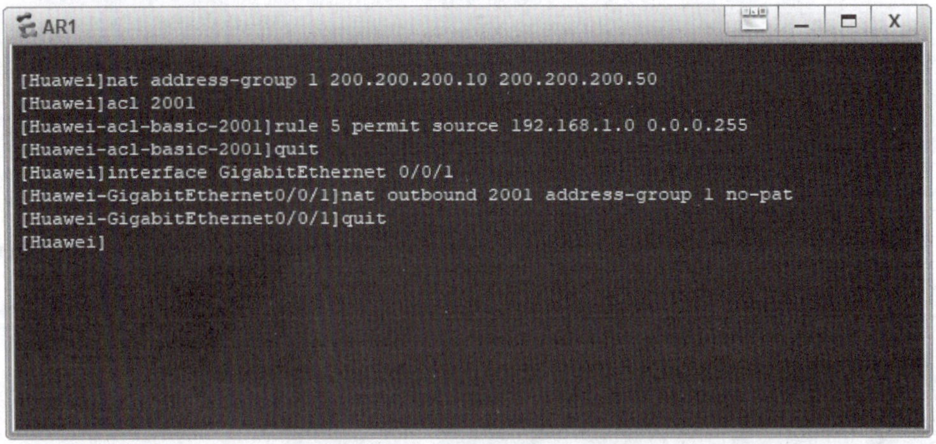

```
AR1
[Huawei]nat address-group 1 200.200.200.10 200.200.200.50
[Huawei]acl 2001
[Huawei-acl-basic-2001]rule 5 permit source 192.168.1.0 0.0.0.255
[Huawei-acl-basic-2001]quit
[Huawei]interface GigabitEthernet 0/0/1
[Huawei-GigabitEthernet0/0/1]nat outbound 2001 address-group 1 no-pat
[Huawei-GigabitEthernet0/0/1]quit
[Huawei]
```

图 18-4　NAT 地址池配置

（3）AR2 配置

如图 18-5 所示，在系统视图下通过____________命令进入 GE 0/0/0 端口视图模式，通过____________命令为其分配 IP 地址“200.200.200.2/24”。

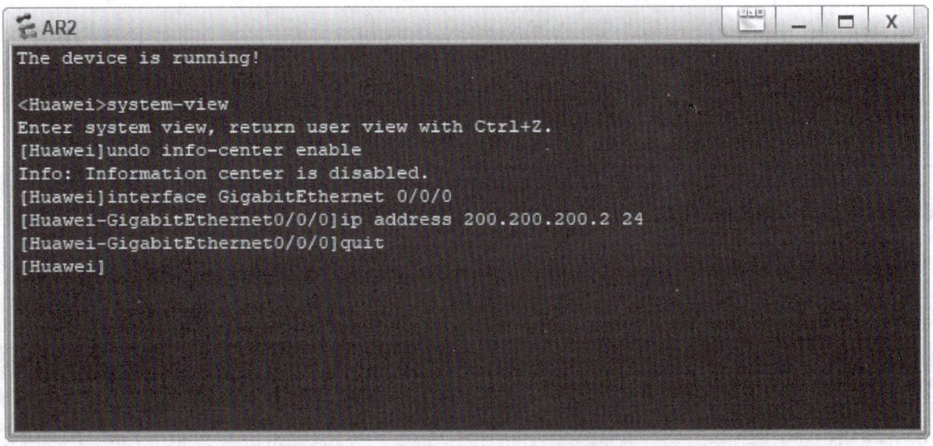

```
AR2
The device is running!

<Huawei>system-view
Enter system view, return user view with Ctrl+Z.
[Huawei]undo info-center enable
Info: Information center is disabled.
[Huawei]interface GigabitEthernet 0/0/0
[Huawei-GigabitEthernet0/0/0]ip address 200.200.200.2 24
[Huawei-GigabitEthernet0/0/0]quit
[Huawei]
```

图 18-5　AR2 端口 IP 地址配置

（4）PC1 和 PC2 配置

在 eNSP 中打开 PC1 ～ PC5，在“基础配置”选项卡中进行配置，如图 18-6 ～图 18-10 所示。

PC1 的 IPv4 地址为__________，子网掩码是__________，网关地址是__________；
PC2 的 IPv4 地址为__________，子网掩码是__________，网关地址是__________；
PC3 的 IPv4 地址为__________，子网掩码是__________，网关地址是__________；
PC4 的 IPv4 地址为__________，子网掩码是__________，网关地址是__________；
PC5 的 IPv4 地址为__________，子网掩码是__________，网关地址是__________。

图 18-6　PC1 IPv4 配置

图 18-7　PC2 IPv4 配置

图 18-8　PC3 IPv4 配置

图 18-9　PC4 IPv4 配置

图 18-10 PC5 IPv4 配置

（5）实验结果验证

1）PC1 验证。双击 PC1，在“命令行”选项卡中输入____________，ping 的结果是☐成功☐失败，如图 18-11 所示。

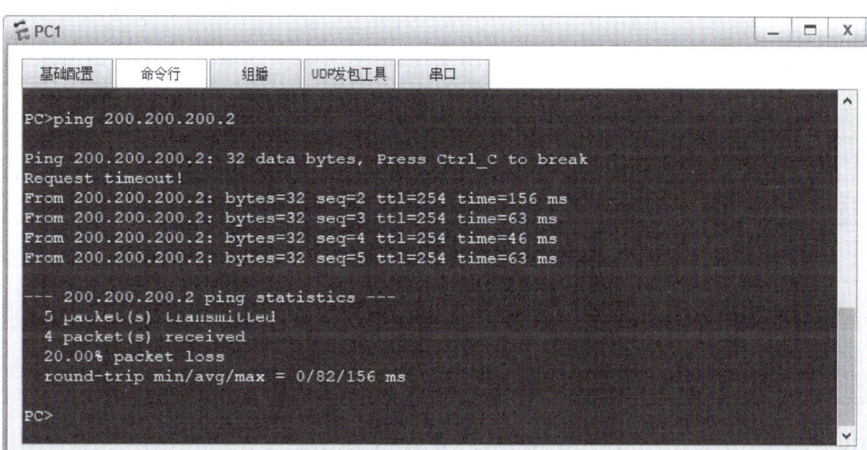

图 18-11 PC1 ping 结果

右击 AR1，对 GE 0/0/1 端口进行抓包，如图 18-12 所示，可以看到 NAT 地址转换☐成功☐失败，并且 PC1 地址是动态变化的。

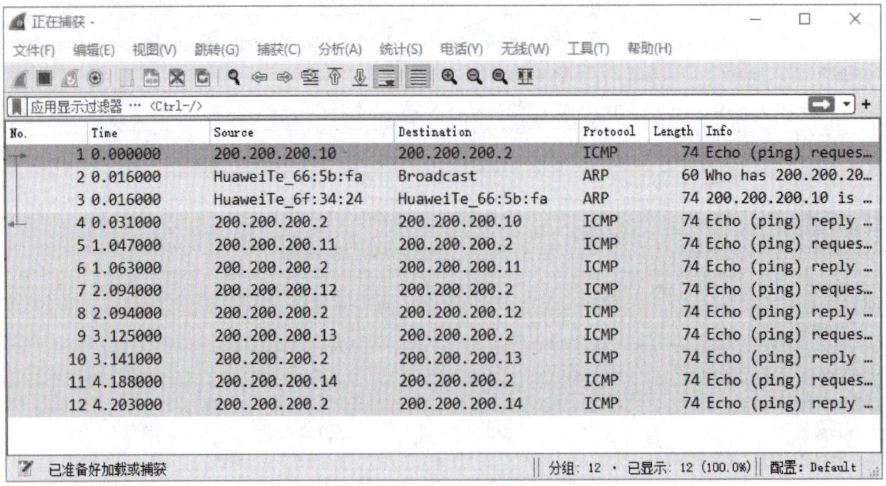

图 18-12 捕获 PC1 ping 消息

2）其他计算机验证。请按照 PC1 验证的方法验证其他 PC，最终得出 NAT 地址转换□成功□失败，并且 PC1 地址是动态变化的。

4. 交付验收

由验收人填写动态 NAT 配置验收单，见表 18-3。

表 18-3 动态 NAT 配置验收单

标题：		姓名：	
是否绘制了网络拓扑图	□是 □否	是否配置了终端 IP 地址	□是 □否
是否配置了 AR1	□是 □否	是否配置了 AR2	□是 □否
是否配置了 PC1 ～ PC5	□是 □否		
是否验证了实验结果	□是 □否		
是否满足交付要求	□是 □否		
验收人		验收时间：	年 月 日

5. 反思与评价

填写反思评价表，见表 18-4。

表 18-4 反思评价表

项目名称：	
完成情况	□完成 □部分完成 □没做
目标实现情况	□实现 □部分实现 □大部分未实现
与老师、同学沟通情况	□好 □较好 □一般 □存在较大问题

（续）

与同学协作情况	□好　□较好　□一般　□存在较大问题
技术方法运用情况	□好　□较好　□一般　□存在较大问题
资料收集水平	□高　□较高　□一般　□差
做事态度	□认真　□较认真　□应付　□差
项目是否完成	□完成　□部分完成　□大部分未完成　□未做
总结反思	
自我评价	
整体效果	
主要不足	
改进措施	
自评等级	□优秀　□良好　□一般
时间	年　月　日

Chapter

项目 19

认识 IPv6

1. 知识点导入

IP 是 Internet 的核心协议，现在使用的 IPv4 是第四版互联网协议，于 20 世纪 70 年代设计，至 2011 年 2 月 IPv4 地址已经耗尽。我国在 2014—2015 年逐步停止向新客户以及应用分配 IPv4 地址，同时开始全面商用 IPv6。

（1）IPv6 的特征

IPv6 的地址长度为 128 位，可表示超过 3.4×10^{38} 个地址，这是个庞大的数字，在可想象的未来，IPv6 的地址会一直使用。

（2）IPv6 地址的表示

和 IPv4 地址一样，IPv6 地址也用一串字符表示。IPv6 使用冒号十六进制记法，将地址划分成 8 组，每组由 4 个十六进制数表示（每个十六进制数可表示为 4 位二进制数），组与组之间用“:”隔开，例如 2002:0db8:86b1:1319:0370:08d3:8e2a:5866。

（3）IPv6 地址化简原则

当出现某些地址组为 0 的情况时，可使用“::”进行简化，即通常所说的零压缩法。化简原则如下：全 0 组“0000”可以化简为“0”；多个连续全 0 组可以化简为“::”，但每个 IPv6 地址中只能出现一个“::”。出现多个全 0 组时，“::”要化简最长的一段，没有最长的要就近（从左往右）进行化简，见表 19-1。

表 19-1 IPv6 地址零压缩法

化简前	化简后
2002:0db8:0000:1319:0000:08d3:8e2a:5866	2002:0db8:0:1319:0:08d3:8e2a:5866
FF05:0:0:0:0:0:0:B3	FF05::B3
0:0:0:0:0:0:B3:128	::B3:128
2002:0db8:0:0:0370:0:0:5866	2002:0db8::0370:0:0:5866

(4) IPv6 的类型

IPv6 地址由前缀和接口标识符组成，整体上分为以下三类：

单播地址：一个单播地址对应一个接口，即传统的点对点通信。

多播地址：一个多播地址对应一组接口，即一点对多点的通信。

任播地址：这是 IPv6 增加的一种类型。一个任播地址对应一组接口，发往任播地址的数据报文会被这组接口的其中一个接收，被哪个接口接收由具体的路由协议确定。

2. 工作情境

实验室新进一台 AR 路由器，为了项目需要，对 PC 使用 DHCPv6 为其分配 IPv6 地址（见图 19-1），请对 AR 进行配置，完成 PC 的 DHCPv6 分配（地址池内地址前缀为 2023::/64）。注：DHCP 是动态主机配置协议。

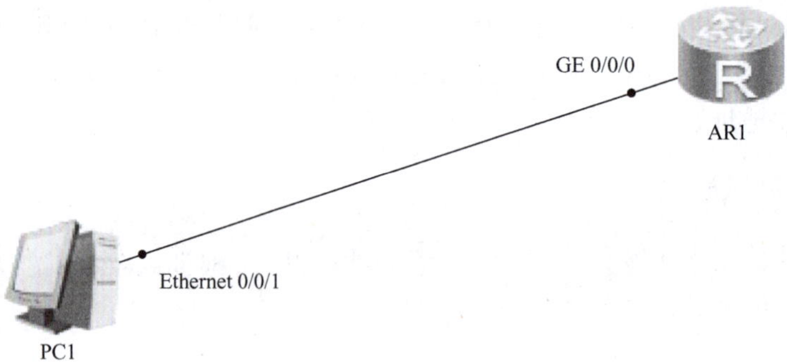

图 19-1　拓扑结构图

3. 项目实施

(1) 创建拓扑结构

利用 eNSP 创建如图 19-2 所示的网络拓扑结构。

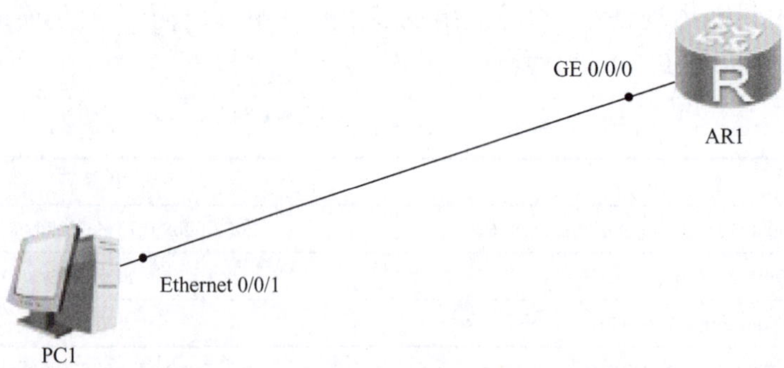

图 19-2　创建拓扑结构

（2）配置 AR1

如图 19-3 所示，在系统视图模式下输入____________命令启用 IPv6，输入____________命令启用 DHCP 服务。通过____________命令创建 DHCPv6 池，名称为“ bhzyxy”，通过____________命令指定地址池的地址格式为 2023::/64。

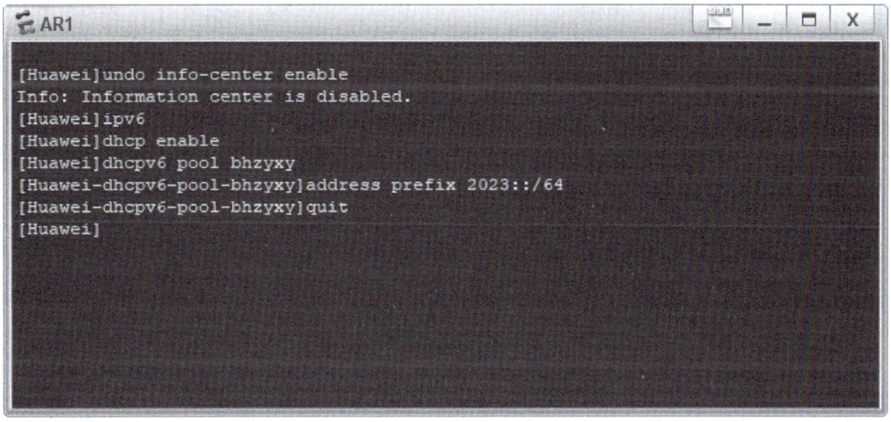

```
[Huawei]undo info-center enable
Info: Information center is disabled.
[Huawei]ipv6
[Huawei]dhcp enable
[Huawei]dhcpv6 pool bhzyxy
[Huawei-dhcpv6-pool-bhzyxy]address prefix 2023::/64
[Huawei-dhcpv6-pool-bhzyxy]quit
[Huawei]
```

图 19-3　AR1 IPv6 配置

如图 19-4 所示，在系统视图模式下通过____________命令进入 GE0/0/0 端口，输入____________命令启用 IPv6。通过____________命令配置自动生成链路本地地址；通过____________命令设置 RA 报文中的“有状态自动配置”地址的标志位；通过____________命令设置 RA 报文中的“有状态自动配置”其他信息的标志位。

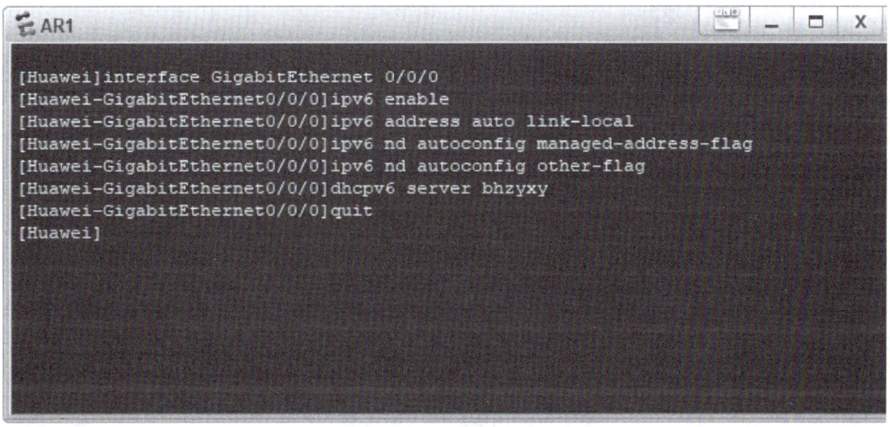

```
[Huawei]interface GigabitEthernet 0/0/0
[Huawei-GigabitEthernet0/0/0]ipv6 enable
[Huawei-GigabitEthernet0/0/0]ipv6 address auto link-local
[Huawei-GigabitEthernet0/0/0]ipv6 nd autoconfig managed-address-flag
[Huawei-GigabitEthernet0/0/0]ipv6 nd autoconfig other-flag
[Huawei-GigabitEthernet0/0/0]dhcpv6 server bhzyxy
[Huawei-GigabitEthernet0/0/0]quit
[Huawei]
```

图 19-4　AR1 IPv6 详细配置

（3）抓包 DHCP v6 交互报文

如图 19-5 所示，打开 PC1，将其 IPv6 设置为 DHCPv6；进入“命令行”选项卡，输入____________命令，查看 PC1 的 IPv6 地址，可以看到 PC1 的 IPv6 地址是____________，IPv6 网关是____________。

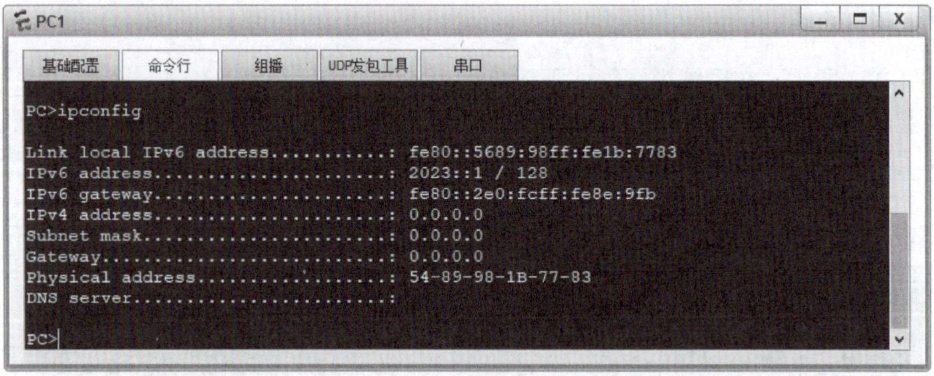

图 19-5 PC1 的 IPv6 信息

利用 Wireshark 对路由器 AR1 的 GE0/0/0 端口进行抓包，如图 19-6 所示，可以得出 PC1 的 IPv6 地址是____________。

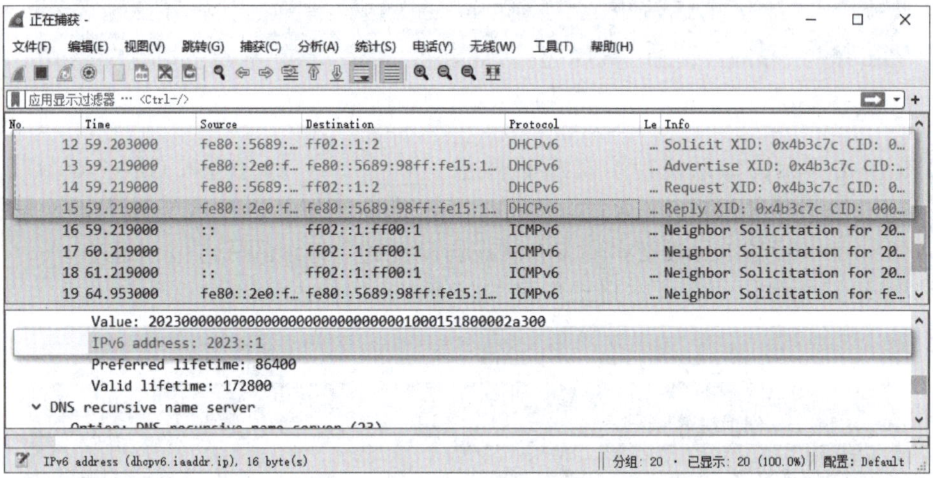

图 19-6 抓包

4. 交付验收

由验收人填写 IPv6 基础配置验收单，见表 19-2。

表 19-2 IPv6 基础配置验收单

标题:		姓名:	
是否绘制了网络拓扑图	□是 □否	是否配置了终端 IP 地址	□是 □否
是否配置了 AR1	□是 □否	是否进行了 DHCP 抓包	□是 □否
是否满足交付要求	□是 □否		
验收人		验收时间:	年 月 日

5. 反思与评价

填写反思评价表，见表 19-3。

表 19-3　反思评价表

项目名称：	
完成情况	□完成　□部分完成　□没做
目标实现情况	□实现　□部分实现　□大部分未实现
与老师、同学沟通情况	□好　□较好　□一般　□存在较大问题
与同学协作情况	□好　□较好　□一般　□存在较大问题
技术方法运用情况	□好　□较好　□一般　□存在较大问题
资料收集水平	□高　□较高　□一般　□差
做事态度	□认真　□较认真　□应付　□差
项目是否完成	□完成　□部分完成　□大部分未完成　□未做
总结反思	
自我评价	
整体效果	
主要不足	
改进措施	
自评等级	□优秀　□良好　□一般
时间	年　月　日

Chapter

项目 20

配置 IPv6 路由

1. 知识点导入

IPv6 的网络环境支持静态路由，静态路由是指手动配置的路由信息。当网络的拓扑结构或链路的状态发生变化时，可以手工去修改路由表中相关的静态路由信息。静态路由信息在默认情况下是私有的，不会传递给其他路由器。除了手动设置以外，也可以实现自动配置，即动态路由。

（1）IPv6 路由

在路由器系统视图模式使用 ipv6 启用 IPv6 功能；在接口配置模式中使用 ipv6 enable 启用端口 IPv6 功能。

（2）前缀长度

IPv6 的地址个数很多，其采用“前缀”这个概念来表示网络的位数，例如 fa80::/10。在 eNSP 中，默认的 IPv6 前缀是 128。

2. 工作情境

实验室欲实现两个基于 IPv6 的实验室设备的互通（见图 20-1），即 PC1 ～ PC4 之间的互通，请根据表 20-1 所列信息配置 AR1 和 AR2 的静态地址。

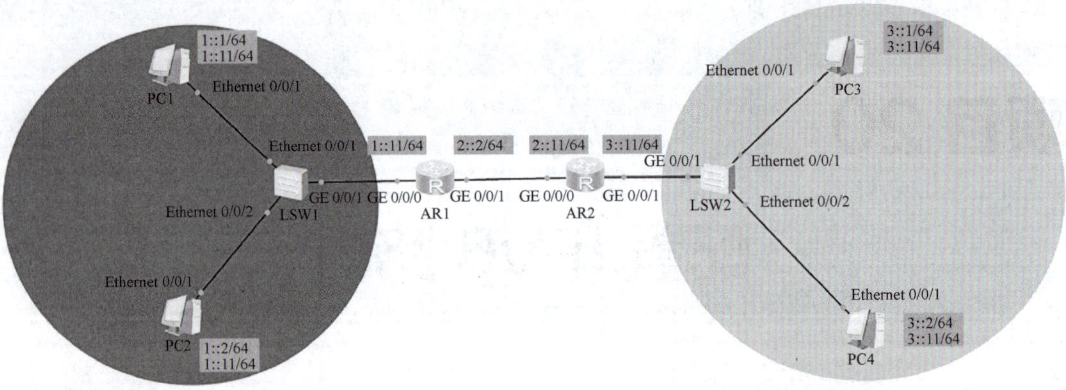

图 20-1 拓扑结构

表 20-1 IP 地址规划表

设备名称	端口号	IPv6 地址	网关
PC1	Ethernet 0/0/1	1::1/64	1::11/64
PC2	Ethernet 0/0/1	1::2/64	1::11/64
PC3	Ethernet 0/0/1	3::1/64	3::11/64
PC4	Ethernet 0/0/1	3::2/64	3::11/64
AR1	GigabitEthernet 0/0/0	1::11/64	/
	GigabitEthernet 0/0/1	2::2/64	/
AR2	GigabitEthernet 0/0/0	2::11/64	/
	GigabitEthernet 0/0/1	3::11/64	/

3. 项目实施

(1) 绘制拓扑图

打开 eNSP，创建如图 20-2 所示的网络拓扑图，按照表 20-1 配置 PC1 ～ PC4 的 IP 地址。

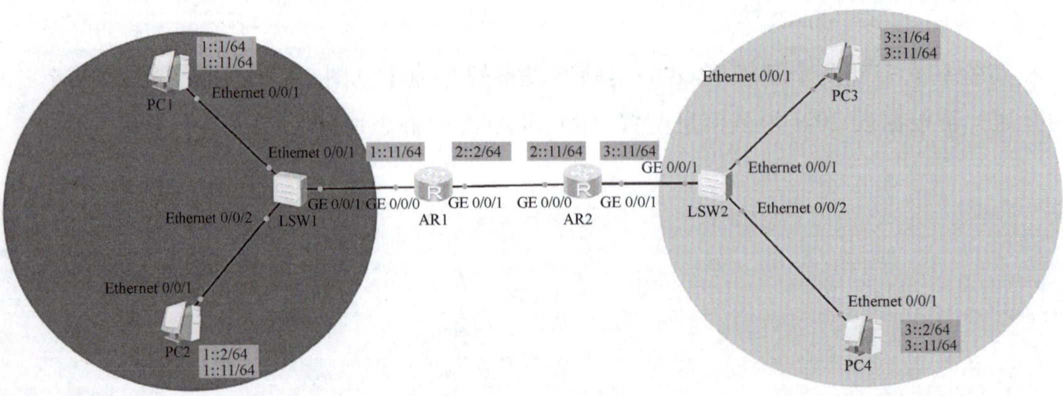

图 20-2 拓扑图

（2）配置 PC1 ～ PC4

按照图 20-3 ～图 20-6 所示分别配置 PC1 ～ PC4 的网络地址。

图 20-3　配置 PC1 IPv6 地址

图 20-4　配置 PC2 IPv6 地址

图 20-5　配置 PC3 IPv6 地址

图 20-6　配置 PC4 IPv6 地址

（3）配置 AR1

在系统视图模式下（见图 20-7）通过____________命令将路由器名字改为“R1”；通过____________命令打开 IPv6 功能；通过____________命令进入 GigabitEthernet0/0/0 端

口视图模式，输入__________命令打开端口的 IPv6 功能，通过__________命令配置 IP 地址 1::11/64。

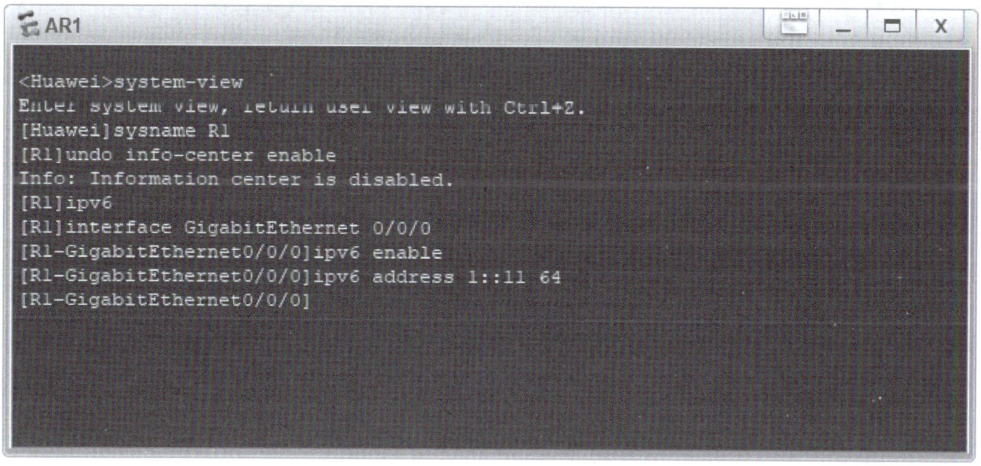

图 20-7　AR1 GE0/0/0 端口配置

重复上述步骤，为 AR1 的 GigabitEthernet0/0/1 配置 IPv6 地址“2::2/64”，如图 20-8 所示。

图 20-8　AR1 GE0/0/1 端口配置

（4）配置 AR2 路由

在系统视图模式下（见图 20-9）通过__________命令将路由器名字改为“R2”；通过__________命令打开 IPv6 功能；通过__________命令进入 GigabitEthernet0/0/0 端口视图模式，输入__________命令打开端口的 IPv6 功能，通过__________命令配置 IP 地址 2::11/64。重复上述步骤，为 AR2 的 GigabitEthernet0/0/1 配置 IPv6 地址“3::11/64”。

```
AR2
<Huawei>system-view
Enter system view, return user view with Ctrl+Z.
[Huawei]sysname R2
[R2]undo info-center enable
Info: Information center is disabled.
[R2]ipv6
[R2]interface GigabitEthernet 0/0/0
[R2-GigabitEthernet0/0/0]ipv6 enable
[R2-GigabitEthernet0/0/0]ipv6 address 2::11 64
[R2-GigabitEthernet0/0/0]interface GigabitEthernet 0/0/1
[R2-GigabitEthernet0/0/1]ipv6 enable
[R2-GigabitEthernet0/0/1]ipv6 address 3::11 64
[R2-GigabitEthernet0/0/1]quit
[R2]
```

图 20-9　AR2 配置

(5) 配置静态路由

通过____________命令为 AR1 配置指向 3::/64 的静态路由，如图 20-10 所示。通过____________命令为 AR2 配置指向 1::/64 的静态路由，如图 20-11 所示。

```
AR1
[R1]ipv6 route-static 3:: 64 2::11
[R1]
```

图 20-10　AR1 静态路由配置

```
AR2
[R2]ipv6 route-static 1:: 64 2::2
[R2]
```

图 20-11　AR2 静态路由配置

(6) 测试连通性

通过____________命令测试 PC1 和 PC4 的连通性，发现 PC1 与 PC4 □连通□不连通，如图 20-12 所示。

通过对 AR2 的 GigabitEthernet0/0/1 端口进行抓包，如图 20-13 所示，发现 PC1 与 PC4（□连通□不连通）。

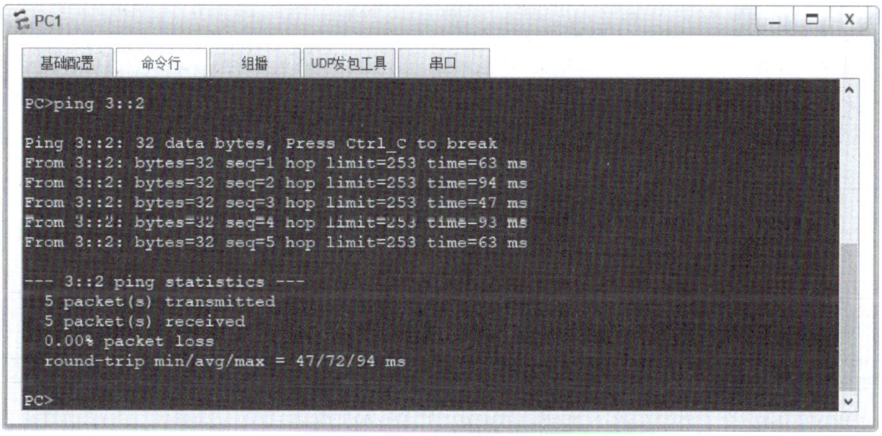

图 20-12　连通性测试

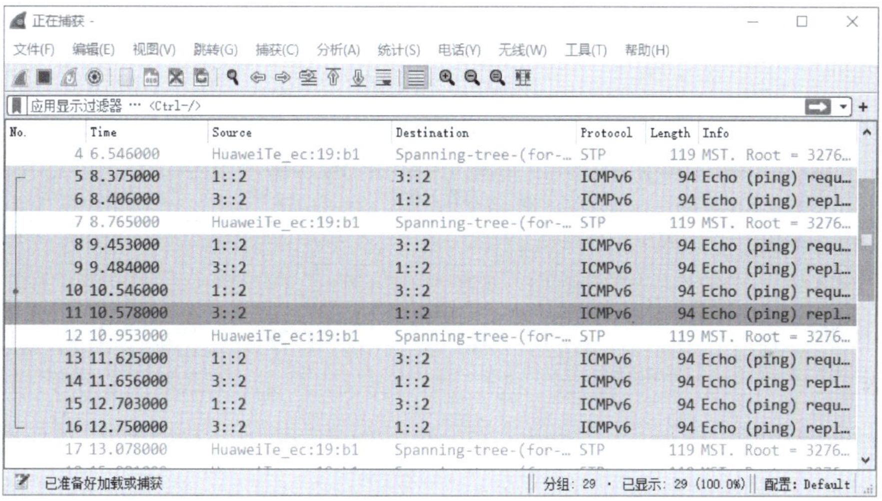

图 20-13　抓包

4. 交付验收

由验收人填写 IPv6 路由配置验收单，见表 20-2。

表 20-2　IPv6 路由配置验收单

<table>
<tr><td>标题：</td><td colspan="2"></td><td>姓名：</td><td></td></tr>
<tr><td>是否绘制了网络拓扑图</td><td>□是　□否</td><td colspan="2">是否配置了终端 IP 地址</td><td>□是　□否</td></tr>
<tr><td>是否配置了 AR1</td><td>□是　□否</td><td colspan="2">是否配置了 AR2</td><td>□是　□否</td></tr>
<tr><td>是否验证了 AR1 与 AR2 连通性</td><td>□是　□否</td><td colspan="2"></td><td></td></tr>
<tr><td>是否验证了实验结果</td><td colspan="4">□是　□否</td></tr>
<tr><td>是否满足交付要求</td><td colspan="4">□是　□否</td></tr>
<tr><td>验收人</td><td colspan="2"></td><td>验收时间：</td><td>年　　月　　日</td></tr>
</table>

5. 反思与评价

填写反思评价表，见表 20-3。

表 20-3　反思评价表

项目名称：	
完成情况	□完成　□部分完成　□没做
目标实现情况	□实现　□部分实现　□大部分未实现
与老师、同学沟通情况	□好　□较好　□一般　□存在较大问题
与同学协作情况	□好　□较好　□一般　□存在较大问题
技术方法运用情况	□好　□较好　□一般　□存在较大问题
资料收集水平	□高　□较高　□一般　□差
做事态度	□认真　□较认真　□应付　□差
项目是否完成	□完成　□部分完成　□大部分未完成　□未做
总结反思	
自我评价	
整体效果	
主要不足	
改进措施	
自评等级	□优秀　□良好　□一般
时间	年　月　日

Chapter

项目 21 实现 IPv6 与 IPv4 互通

1. 知识点导入

IPv6 和 IPv4 都是网络层协议，但是 IPv6 与 IPv4 不同，其取代 IPv4 还需要经过一个较长的时间。IPv4 向 IPv6 的过渡不是一次性的，而是逐步、分层次地进行。在过渡时期，为了保证 IPv4 和 IPv6 能够共存、互通，人们发明了一些 IPv4 与 IPv6 的互通技术。

（1）6to4

6to4 是一种 IPv6 转换传输机制，是将 IPv6 的数据包直接封装在 IPv4 的数据包中，并通过内嵌于 IPv6 地址的 IPv4 地址信息实现无须显式配置隧道就可以直接在 IPv4 网络上传输。

（2）IPv6 特殊前缀

1）::/128，即 0:0:0:0:0:0:0:0，只能作为还没有得到正式地址的主机的源地址，不能作为目的地址，不能分配给真实的网络接口。

2）::1/128，即 0:0:0:0:0:0:0:1，回环地址，相当于 IPv4 中的 localhost（127.0.0.1）。

3）2001::/16，全球可聚合地址，由 IANA 按地域和 ISP 进行分配，是十分常用的 IPv6 地址，属于单播地址。

4）2002::/16，6to4 地址，用于 6to4 自动构造隧道技术的地址，属于单播地址。

2. 工作情境

实验室的电信部新成立办公室，办公室 PC 分配了 IPv6 地址，而设备采用华为 AR1220 分配 IPv4 地址。请利用 6to4 技术，在 AR1 及 AR2 上部署 6to4 隧道，使得 PC1 及 PC2 能够互相访问。拓扑结构如图 21-1 所示，设备信息见表 21-1。

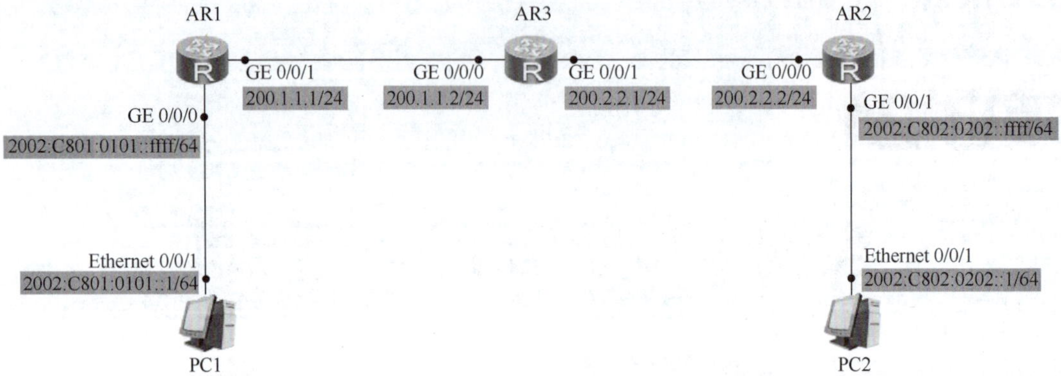

图 21-1　电信部门网络拓扑图

表 21-1　设备接口参数设计

设备	端口	IP 地址
PC1	E0/0/1	2002:C801:0101::1/64
AR1	G0/0/1	200.1.1.1/24
	G0/0/0	2002:C801:0101::ffff/64
AR3	G0/0/1	200.2.2.1/24
	G0/0/0	200.1.1.2/24
AR2	G0/0/1	2002:C802:0202::ffff/64
	G0/0/0	200.2.2.2/24
PC2	E0/0/1	2002:C802:0202::1/64

3. 项目实施

（1）绘制拓扑图

打开 eNSP，绘制如图 21-2 所示拓扑结构，并根据表 21-1 进行相关设备信息配置。

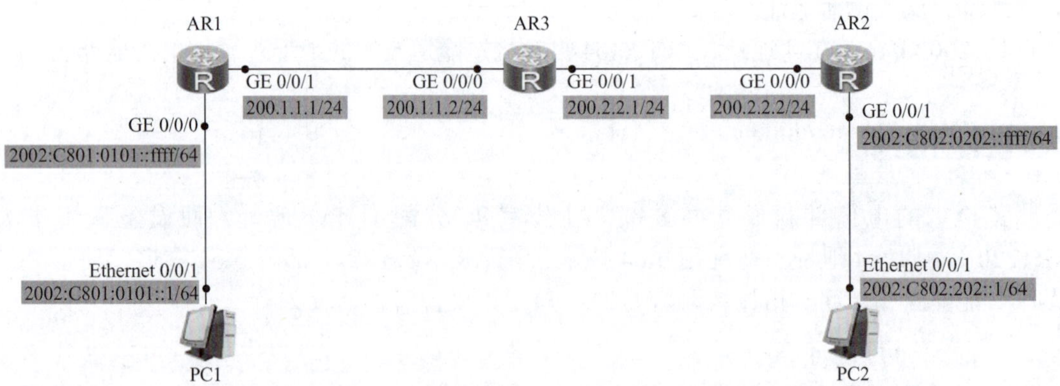

图 21-2　拓扑结构

（2）配置各设备的 IP 地址

1）主机 PC1 配置 IPv6。在拓扑结构图中双击 PC1，为其配置 IPv6 地址__________，前缀长度为__________，IPv6 网关为__________，如图 21-3 所示。

图 21-3　PC1 的 IPv6 配置

2）路由器 AR1 配置 IP。AR1 配置窗口中（见图 21-4），在系统视图模式下输入__________命令，将其名字改为“R1”，输入__________命令启用 IPv6 功能；进入 GE0/0/0 端口，输入__________命令为其启用 IPv6 功能，通过__________命令为其分配 IPv6 地址“2002:C801:0101::ffff/64”；进入 GE0/0/1 端口，输入__________命令为其分配 IPv4 地址“200.1.1.1/24”。

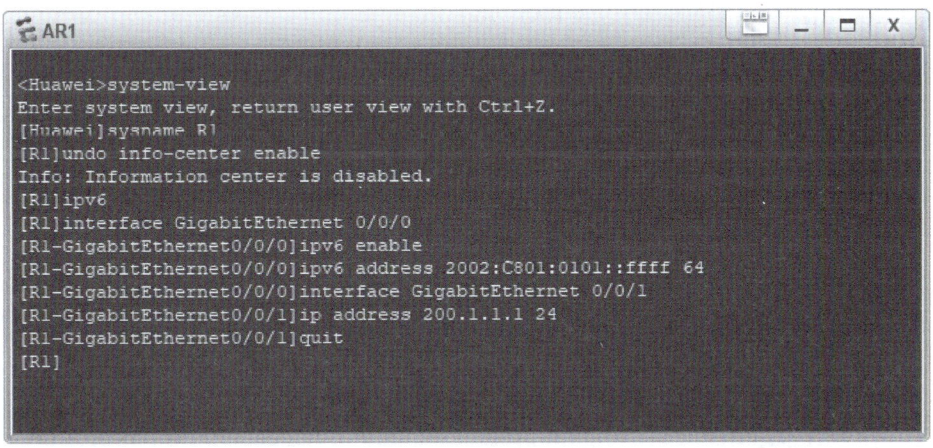

图 21-4　AR1 配置

3）测试 PC1 与 AR1 的通信。在 PC1“命令行”选项卡中（见图 21-5），使用__________命令测试 PC1 与 AR1 的通信，PC1 与 AR1 □连通□不连通。

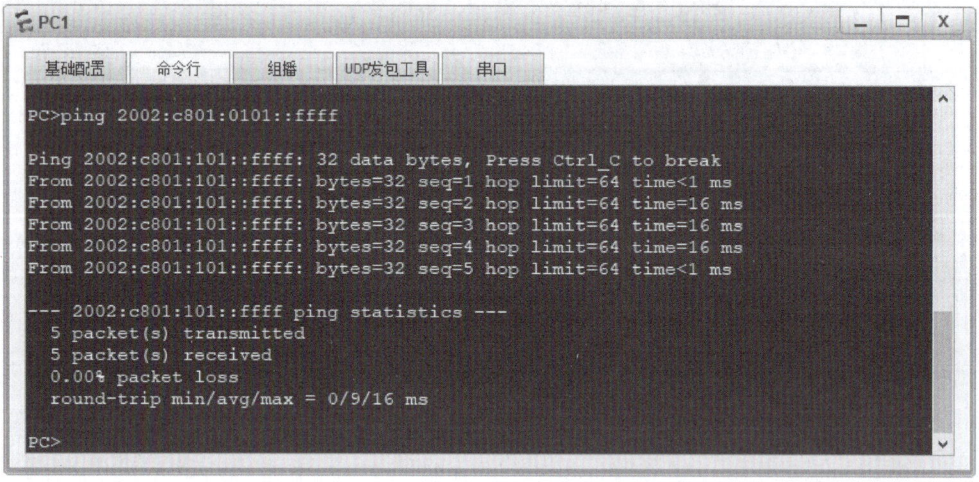

图 21-5　测试 PC1 与 AR1 通信

4）主机 PC2 配置 IPv6。在拓扑结构图中双击 PC2，为其配置 IPv6 地址__________，前缀长度为__________，IPv6 网关为__________，如图 21-6 所示。

图 21-6　PC2 的 IPv6 配置

5）路由器 AR2 配置 IP。AR2 配置窗口中（见图 21-7），在系统视图模式下输入__________命令，将其名字改为“R2”，输入__________命令启用 IPv6 功能；进入

GE0/0/1 端口，输入____________命令为其启用 IPv6 功能，通过____________命令为其分配 IPv6 地址“2002:C802:0202::ffff/64”；进入 GE0/0/0 端口，输入____________命令为其分配 IPv4 地址“200.2.2.2/24”。

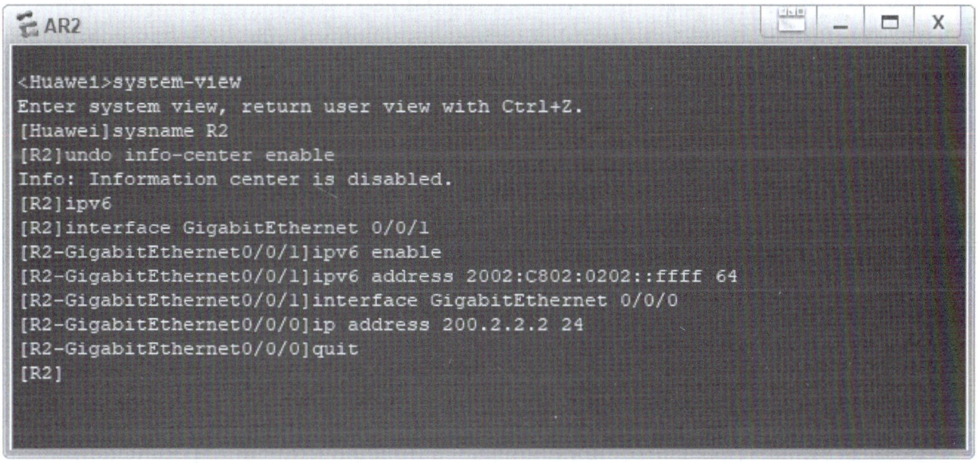

图 21-7　AR2 配置

6）测试 PC2 与 AR2 的通信。在 PC2“命令行”选项卡中（见图 21-8），使用____________命令测试 PC2 与 AR2 的通信，PC2 与 AR2 □连通□不连通。

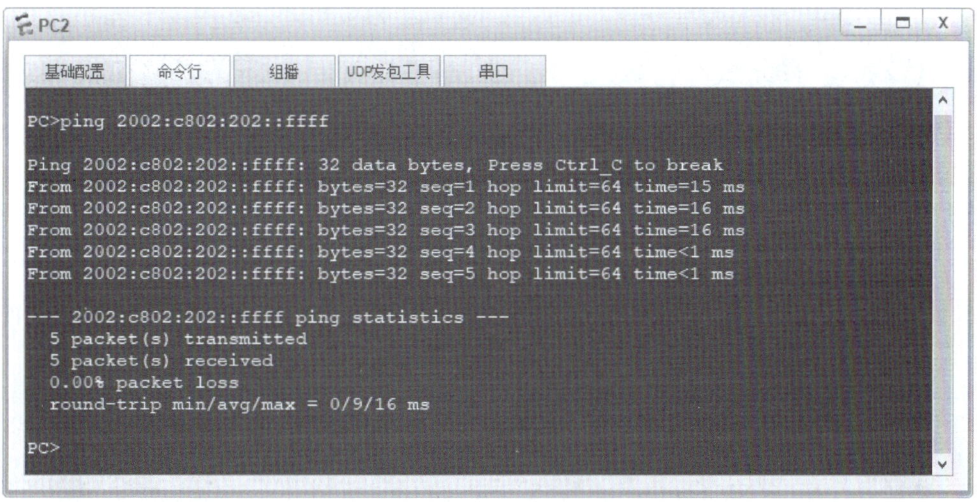

图 21-8　测试 PC2 与 AR2 通信

7）路由器 AR3 配置。AR3 配置窗口中（见图 21-9），在系统视图模式下输入____________命令，将其名字改为“Internet”；进入 GE0/0/0 端口，输入____________命令为其分配 IP 地址“200.1.1.2/24”；进入 GE0/0/1 端口，输入____________命令为其分配 IP 地址“200.2.2.1/24”。

8）路由器 AR1 和 AR2 默认路由配置。为 AR1 和 AR2 配置静态路由，AR1 的静态路由配置如图 21-10 所示，AR2 的静态路由配置如图 21-11 所示。

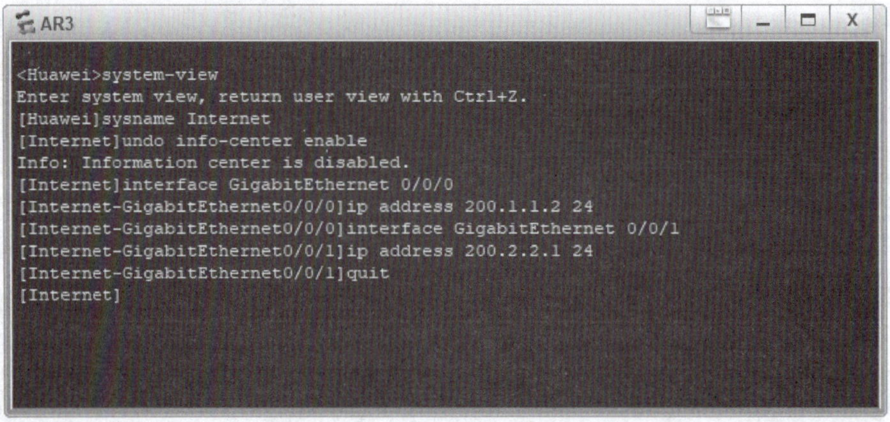

图 21-9　配置 AR3

图 21-10　AR1 默认路由

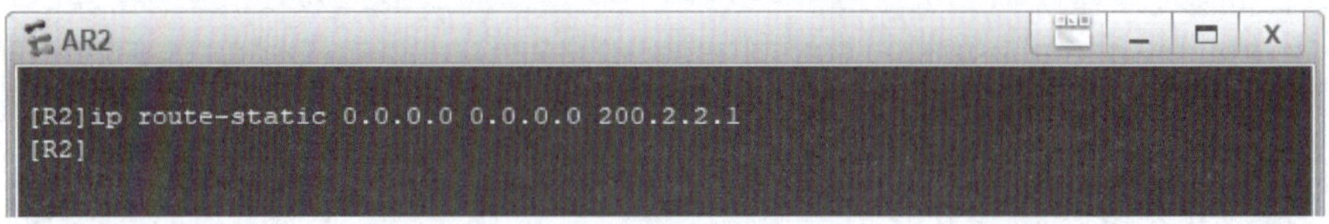

图 21-11　AR2 默认路由

9）测试 AR1 和 AR2 之间的链路。在 AR1 中，通过＿＿＿＿＿＿命令测试 AR1 和 AR2 之间的链路（见图 21-12），测试结果表明＿＿＿＿＿＿。

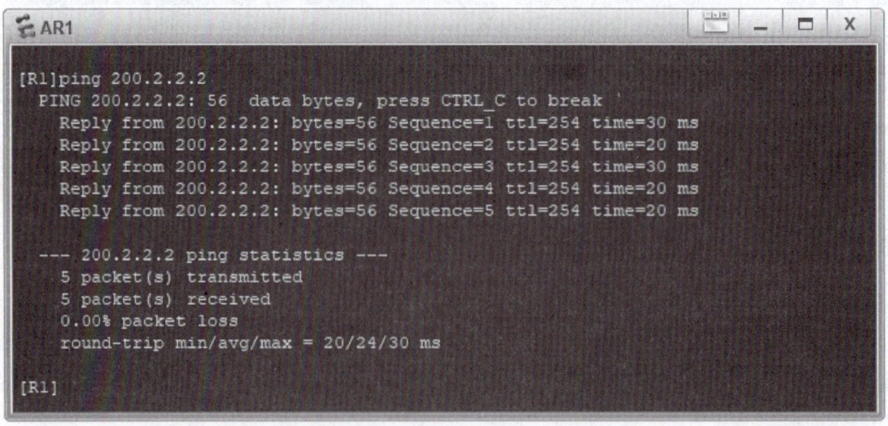

图 21-12　测试 AR1 与 AR2 之间链路

（3）配置 6to4 Tunnel

1）路由器 AR1 配置 6to4 Tunnel。在路由器 AR1 系统视图模式下（见图 21-13），通过__________命令进入 Tunnel 0/0/0 视图模式，使用__________命令为其启用 6to4 协议。在使用__________命令为其启用 IPv6 功能后，使用__________命令配置其源 IP 为“200.1.1.1”，通过__________命令配置 IPv6 地址本地链路功能。

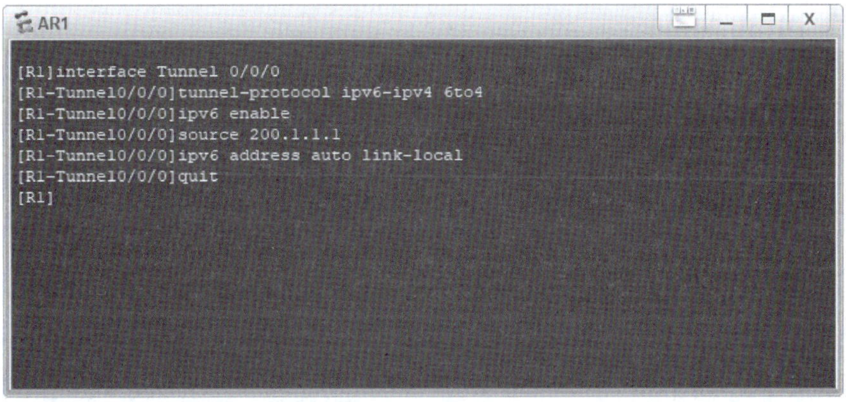

图 21-13　AR1 配置 6to4 Tunnel

2）路由器 AR1 配置静态路由。在 AR1 中配置静态路由，如图 21-14 所示。

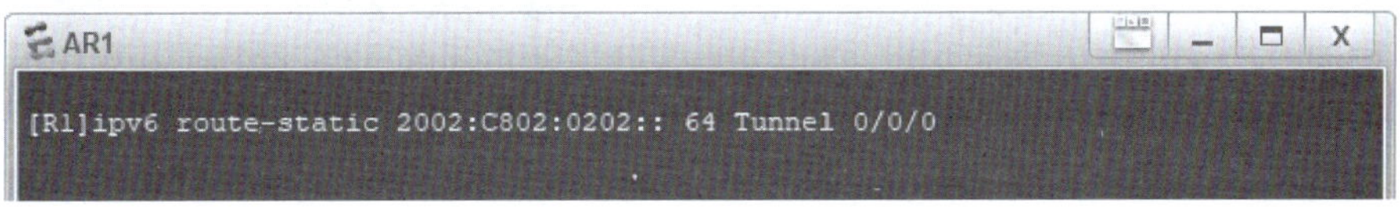

图 21-14　AR1 配置静态路由

3）路由器 AR2 配置 6to4 Tunnel。在路由器 AR2 系统视图模式下（见图 21-15），通过__________命令进入 Tunnel 0/0/0 视图模式，使用__________命令为其启用 6to4 协议。在使用__________命令为其启用 IPv6 功能后，使用__________命令配置其源 IP 为“200.2.2.2”，通过__________命令配置 IPv6 地址本地链路功能。

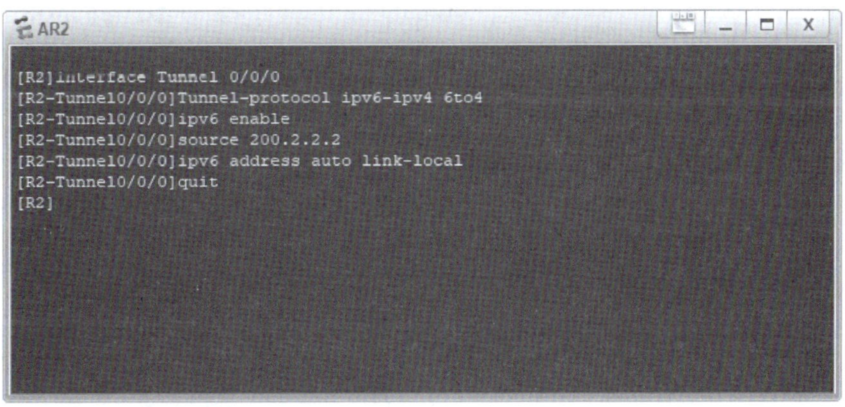

图 21-15　AR2 配置 6to4 Tunnel

4）路由器 AR2 配置静态路由。在 AR2 中配置静态路由，如图 21-16 所示。

图 21-16　AR2 配置静态路由

（4）测试

1）路由器 AR1 显示 IPv6 配置情况。在 AR1 中通过____________命令查看 IPv6 配置情况（见图 21-17），GE0/0/0 端口 IPv6 是____________，其状态是____________。Tunnel0/0/0 端口 IPv6 是____________，其状态是____________。

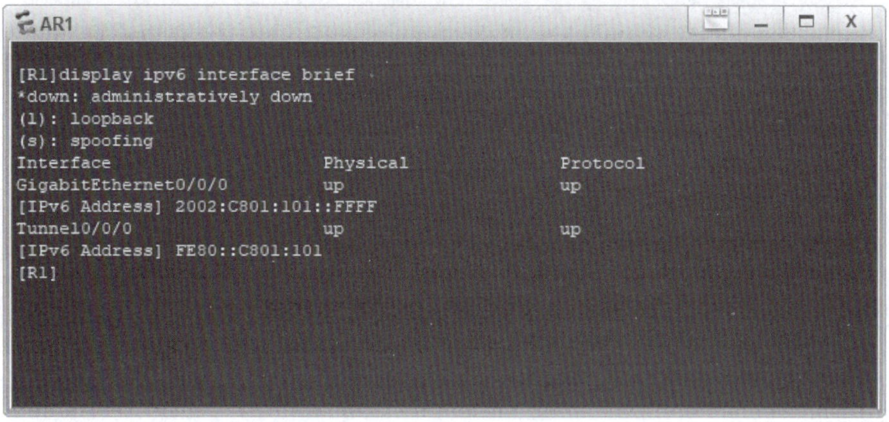

图 21-17　AR1 IPv6 配置情况

2）测试 PC1 和 PC2 主机连通性。在 PC1 中通过____________命令测试 PC1 与 PC2 的连通性（见图 21-18），PC1 和 PC2 □连通□不连通。

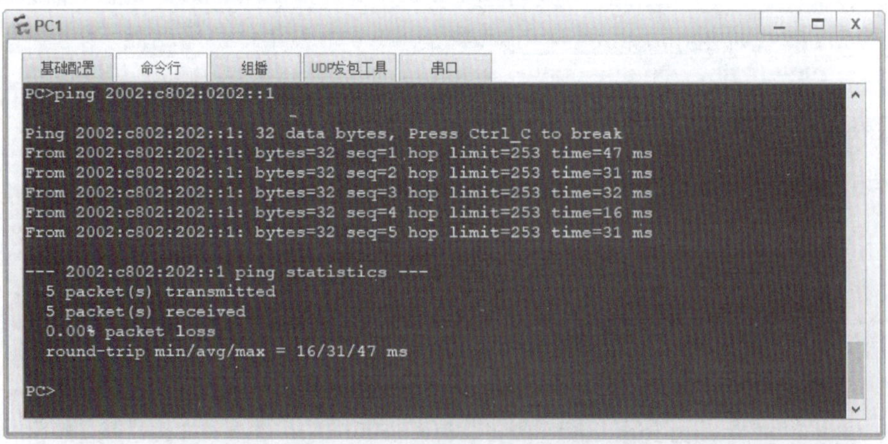

图 21-18　测试 PC1 与 PC 2 主机连通性

4. 交付验收

由验收人填写 IPv6 与 IPv4 互通验收单，见表 21-2。

表 21-2　IPv6 与 IPv4 互通验收单

标题：		姓名：	
是否绘制了网络拓扑图	□是　□否	是否配置了终端 IP 地址	□是　□否
是否配置了 PC1	□是　□否	是否配置了 PC2	□是　□否
是否配置了 AR1	□是　□否	是否配置了 AR2	□是　□否
是否配置了 AR3	□是　□否	是否测试了 PC1 与 AR1 的连通性	□是　□否
是否测试了 PC2 与 AR2 的连通性	□是　□否	是否测试了 PC1 与 PC2 的连通性	□是　□否
实验结果验证	□是　□否		
是否满足交付要求	□是　□否		
验收人		验收时间：　年　月　日	

5. 反思与评价

填写反思评价表，见表 21-3。

表 21-3　反思评价表

项目名称：	
完成情况	□完成　□部分完成　□未做
目标实现情况	□实现　□部分实现　□大部分未实现
与老师、同学沟通情况	□好　□较好　□一般　□存在较大问题
与同学协作情况	□好　□较好　□一般　□存在较大问题
技术方法运用情况	□好　□较好　□一般　□存在较大问题
资料收集水平	□高　□较高　□一般　□差
做事态度	□认真　□较认真　□应付　□差
项目是否完成	□完成　□部分完成　□大部分未完成　□未做
总结反思	
自我评价	
整体效果	
主要不足	
改进措施	
自评等级	□优秀　□良好　□一般
时间	年　月　日

Chapter

项目 22 配置无线局域网

1. 知识点导入

无线局域网（Wireless Local Area Network，WLAN）是一种以空气（或者真空）为传输介质，以电磁波为载体的局域网，是有线局域网的一种延伸。它能快速方便地解决有线方式不容易实现的网络连通问题，使用户能够随时、随地接入网络。

（1）分类

WLAN 可分为有固定基础设施的 WLAN 和无固定基础设施的 WLAN。日常使用的移动电话就是依靠固定基础设施（信号基站）实现手机间的通信的。

（2）特点

WLAN 具有灵活性、移动性、低成本、高速率、无须布线和易于扩展等特点，非常适合咖啡厅、商业楼宇、机场、酒店、高校等室内场景，其用户群具有一定的流动性，上网需求比较旺盛，对增加运营商中高端用户的黏度具有很好的作用。此外，楼宇密集城市或不宜布线的野外也是 WLAN 的重要应用场景。

（3）无线局域网的组件

通常使用的无线局域网的组件有三种：无线网卡、无线接入点、接入点控制器。

1）无线网卡。无线网卡就是不通过有线连接而采用无线信号进行发送、接收数据的网卡。图 22-1 所示是一种 USB 接口的无线网卡。

2）无线接入点。无线接入点（Access Point，AP）是连接有线网络和无线网络间的桥梁，可以方便地安装在天花板或者墙壁上（见图 22-2），无线 AP 能成倍提高无线网络信号的覆盖范围。

图 22-1　USB 接口无线网卡

图 22-2　华为无线 AP

根据组网拓扑结构的不同，AP 可分为胖 AP（Fat AP）和瘦 AP（Fit AP）。胖 AP 价格较贵，具有 WiFi 管理功能，可以不依赖其他网络设备独立组建 WLAN，但信号覆盖范围小，适用于家庭和小型场所。家用路由器可以看作是“胖 AP+ 交换机 + 路由器”的综合设备。瘦 AP 价格便宜，无法独立配置管理，一般需要借助接入点控制器（AC）实现复杂的 WLAN 功能，适用于大规模网络或混合组网场景。

3）接入点控制器。接入点控制器（Access Point Controller，AC）是集中管理 WLAN 中瘦 AP 的设备（见图 22-3）。使用“瘦 AP+ 交换机 +AC”的组网方案更经济和安全，在企业组网中普遍的应用。

图 22-3　接入点控制器

（4）CAPWAP 建立过程

CAPWAP 建立需要经历以下七个过程：

1）AP 通过 DNS、DHCP、静态配置 IP 地址、广播等方式获取 AC 的 IP 地址。

2）AP 发现 AC。

3）AP 请求加入 AC。

4）AP 自动升级。

5）AP 配置下发。

6）AP 配置确认。

7）通过 CAPWAP 隧道转发数据。

2. 工作情境

情境 1：家用网络中无线路由器实际具备了胖 AP、交换机、路由器三者的功能，其配置相对简单，请根据提供的家用路由器和说明书完成家用无线网络的配置。

情境 2：企业环境中往往需要部署多台 AP，一般部署一台集中控制器（AC）。管理员通过在 AC 上完成配置并下发给 AP（瘦 AP），使得整个企业级无线局域网的部署和运维更加高效，请完成 AC 与 AP 的无线组网，如图 22-4 所示。

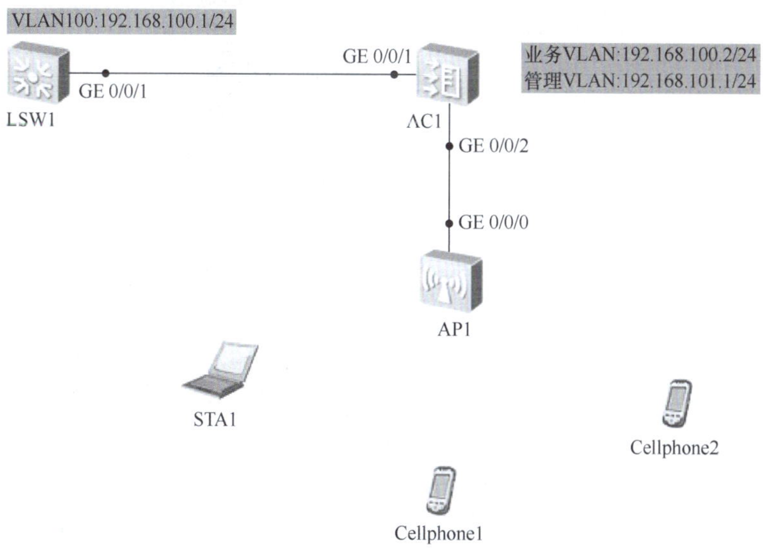

图 22-4 WLAN 拓扑结构图

3. 项目实施

任务 1：家用无线（胖 AP+ 交换机 + 路由器）配置

（1）需要的设备和条件

安装有 Windows 操作系统的计算机若干台，并且已经安装无线网卡，尤其是对于台式计算机，需要另购无线 USB 或 PCI 插槽式网卡；无线路由器 1 台；5 类非屏蔽双绞线。

（2）硬件连接

将一根网线的一端插入外网接口（如果是用电话线上网，那就还要多准备一个调制解调器，俗称“猫”），另外一端与无线路由器的 WAN 端口相连。再用一根网线插入无线路由器的 LAN 端口，另一头插入计算机。

（3）设置无线路由器

1）在计算机上打开浏览器，输入登录地址“192.168.1.1”或者“192.168.0.1”（不同的无线宽带路由器登录地址可能不同，具体请参照产品说明书)，按 Enter 键，在弹出的登录框中输入用户名：admin，密码：admin（见图 22-5），单击“登录”按钮，打开路由器管理界面，选择“设置向导”命令，如图 22-6 所示。

图 22-5　输入用户名、密码图

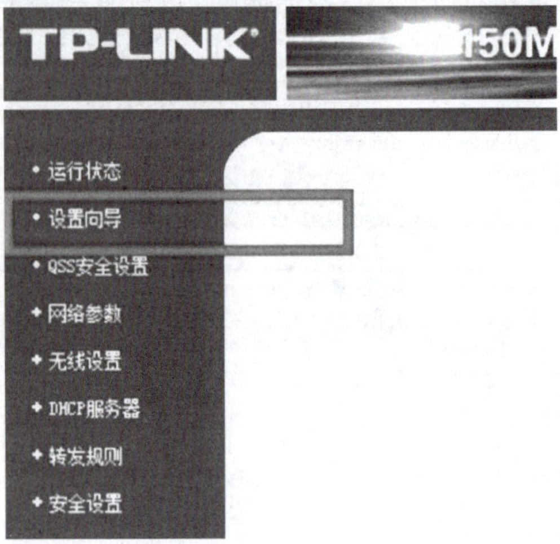

图 22-6　选择设置向导

2）根据实际情况选择上网方式。这里有三种上网方式可供选择，以 PPPoE（ADSL 虚拟拨号）为例（见图 22-7），选择后单击“下一步”按钮。

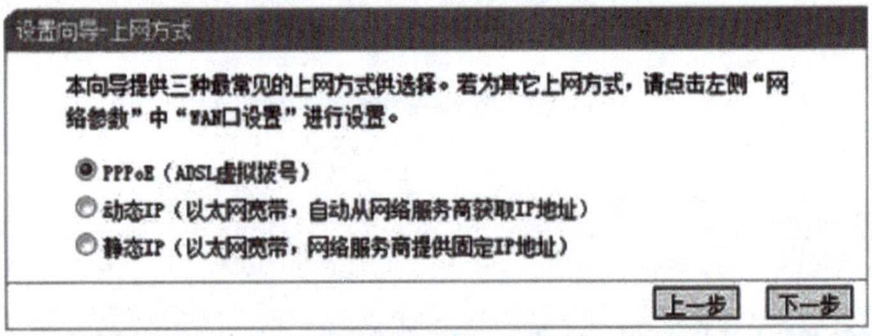

图 22-7　选择上网方式

3）输入账号、密码。选择 PPPoE 拨号上网方式还要填上开通宽带网络服务商提供的上网账号和上网口令，如图 22-8 所示。

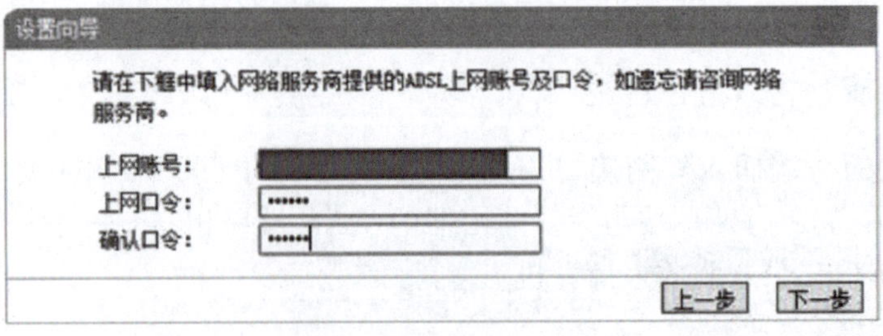

图 22-8　输入账号、密码

4）打开无线设置界面，开启无线状态，设置 SSID 号，SSID 相当于无线网名称。在无线安全选项中选择 WPA-PSK/WPA2-PSK，设置 PSK 密码，加密无线网络，如图 22-9 所示。

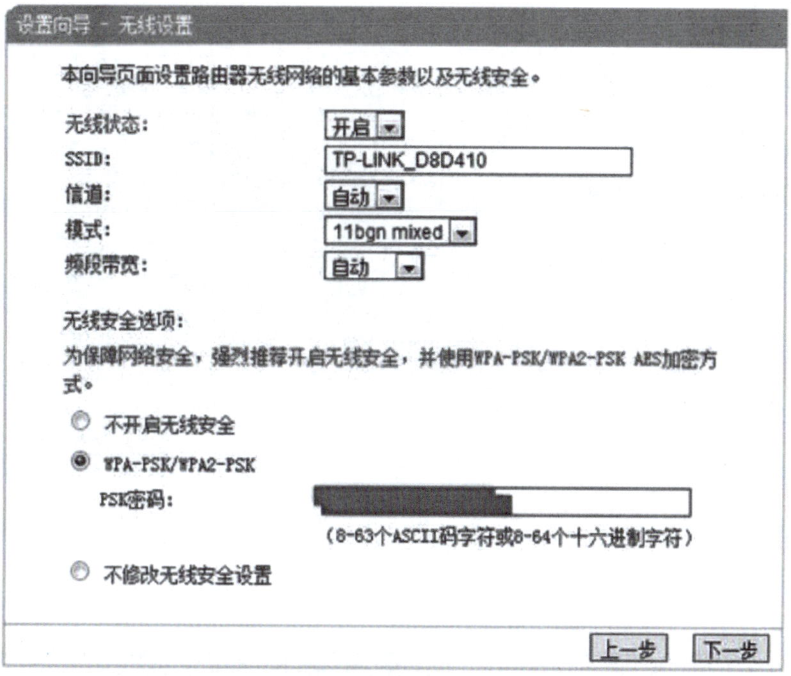

图 22-9　无线设置

5）单击“下一步”按钮完成路由器设置，重启路由器。

（4）连接无线网络

打开计算机桌面右下角的无线网络信号按钮，选择要连接的无线网络名称，然后输入密钥进行网络连接，连接成功就可以上网了。

任务 2：企业无线（瘦 AP+AC+ 交换机）配置

（1）基础配置

1）创建管理 VLAN 及业务 VLAN。如图 22-10 所示，在系统视图下使用________命令批量创建 VLAN100 和 VLAN101；通过________命令进入端口 GigabitEthernet0/0/1，使用________命令将其端口类型设置为 Trunk，输入________命令设置其允许所有 VLAN 通过；通过________命令进入端口 GigabitEthernet0/0/2，使用________命令将其端口类型设置为 Trunk，使用________命令配置其默认所属 VLAN101，输入________命令设置其允许所有 VLAN 通过。

2）配置地址池。如图 22-11 所示，在系统视图下使用________命令创建名字为

“huawei”的地址池；通过____________命令为地址池配置地址“192.168.100.0/24”；通过____________命令配置网关为“192.168.100.254”；通过____________命令配置 DNS 为“192.168.100.254”。由于“192.168.100.1”和“192.168.100.2”已做他用，因此通过____________、____________两条命令将其排除在地址池之外。

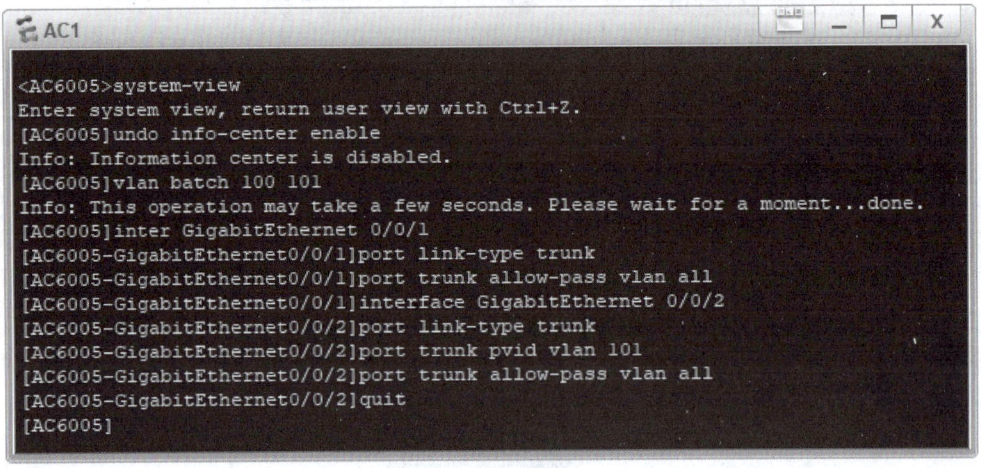

图 22-10　AC1 配置

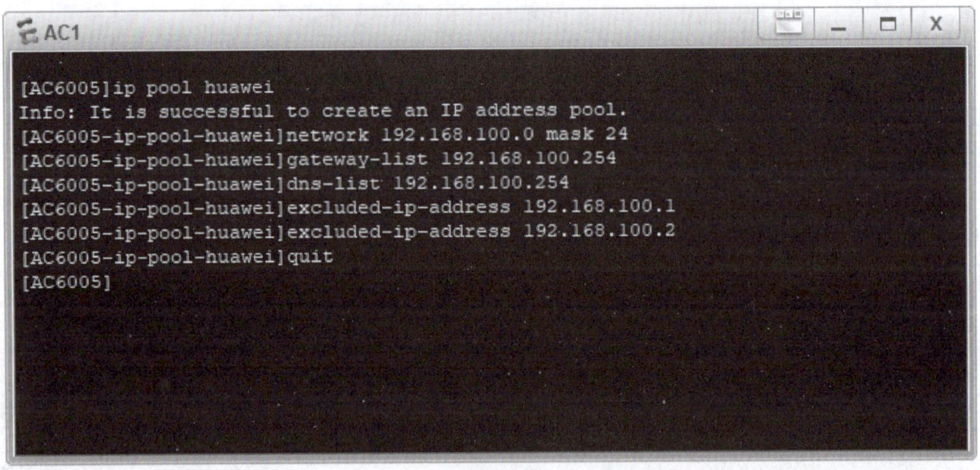

图 22-11　地址池配置

3）DHCP 服务及 CAPWAP 隧道。如图 22-12 所示，在系统视图下使用____________命令启用 DHCP 服务；通过____________命令进入 Vlanif100 配置视图，通过____________命令为其配置 IP 地址“192.168.100.2/24”，通过____________命令配置其 DHCP 服务为全局模式；通过____________命令进入 Vlanif101 配置视图，通过____________命令为其配置 IP 地址“192.168.101.1/24”，通过____________命令配置其 DHCP 服务为接口模式。通过____________命令建立 CAPWAP 隧道，以便 AC 管理 AP。

```
AC1
[AC6005]dhcp enable
Info: The operation may take a few seconds. Please wait for a moment.done.
[AC6005]interface vlanif 100
[AC6005-Vlanif100]ip address 192.168.100.2 24
[AC6005-Vlanif100]dhcp select global
[AC6005-Vlanif100]interface vlanif 101
[AC6005-Vlanif101]ip address 192.168.101.1 24
[AC6005-Vlanif101]dhcp select interface
[AC6005-Vlanif101]quit
[AC6005]capwap source interface vlan101
[AC6005]
```

图 22-12　DHCP 配置

（2）无线配置

1）创建域管理模板。如图 22-13 所示，在 AC1 系统视图下使用____________命令进入 WLAN 视图模式，通过____________命令创建名为“ap”的 AP 组，并进入此视图；通过____________命令创建名称为“domain”的域管理模板，并进入对应的视图；通过____________命令配置设备的国家码标识为“CN”；进入名为“ap”AP 组视图，使用____________命令引用名为“domain”的域管理模板。

在 WLAN 视图下使用____________命令指定 AP 认证模式为 MAC 地址认证，接下来使用____________命令增加索引为 0 且 MAC 地址为“00e0–fc2f–2e40”的设备（注：此处需要用户自行查阅 AP1 的 MAC 地址，其写法形如“00e0-fc2f-2e40”），并进入 ap–0 视图；通过____________命令进入名为“area_1”的 AP 视图，将 AP 加入名为“ap”的组。使用____________命令显示所有 AP 信息，如图 22-14 所示。

```
AC1
[AC6005]wlan
[AC6005-wlan-view]ap-group name ap
Info: This operation may take a few seconds. Please wait for a moment.done.
[AC6005-wlan-ap-group-ap]regulatory-domain-profile name domain
[AC6005-wlan-regulate-domain-domain]country-code CN
Info: The current country code is same with the input country code.
[AC6005-wlan-regulate-domain-domain]quit
[AC6005-wlan-view]ap-group name ap
[AC6005-wlan-ap-group-ap]regulatory-domain-profile domain
Warning: Modifying the country code will clear channel, power and antenna gain c
onfigurations of the radio and reset the AP. Continue?[Y/N]:Y
[AC6005-wlan-ap-group-ap]wlan
[AC6005-wlan-view]ap auth-mode mac-auth
[AC6005-wlan-view]ap-id 0 ap-mac 00e0-fcba-5300
[AC6005-wlan-ap-0]ap-name area_1
[AC6005-wlan-ap-0]ap-group ap
Warning: This operation may cause AP reset. If the country code changes, it will
 clear channel, power and antenna gain configurations of the radio, Whether to c
ontinue? [Y/N]:Y
Info: This operation may take a few seconds. Please wait for a moment.. done.
[AC6005-wlan-ap-0]
```

图 22-13　创建域管理模板

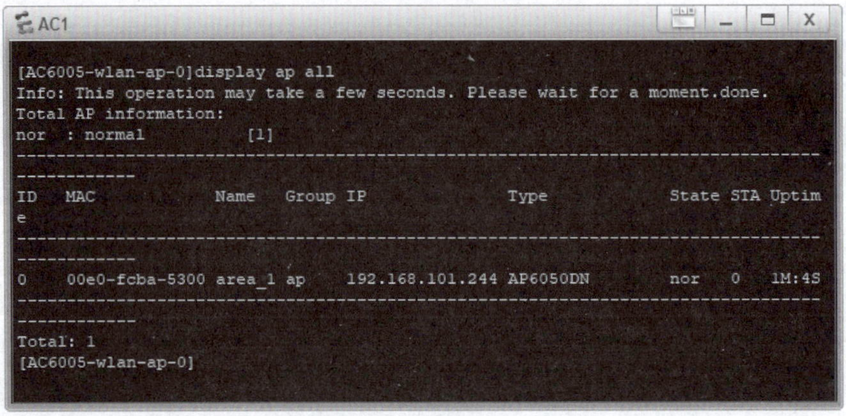

图 22-14　显示 AP 信息

2）创建 SSID 模板。如图 22-15 所示，在 AC1 系统视图下使用______命令进入 WLAN 视图模式，通过______命令创建名为“sec”的安全模板，并进入安全模板视图，使用______命令配置 WPA2 的预共享密钥为“bhzyxy@net”，认证方式采用______方式加密数据。

在 WLAN 视图下使用______命令创建名称为“ssid”的 SSID 模板并进入对应的视图，接着使用______命令配置 SSID 为“huawei”。

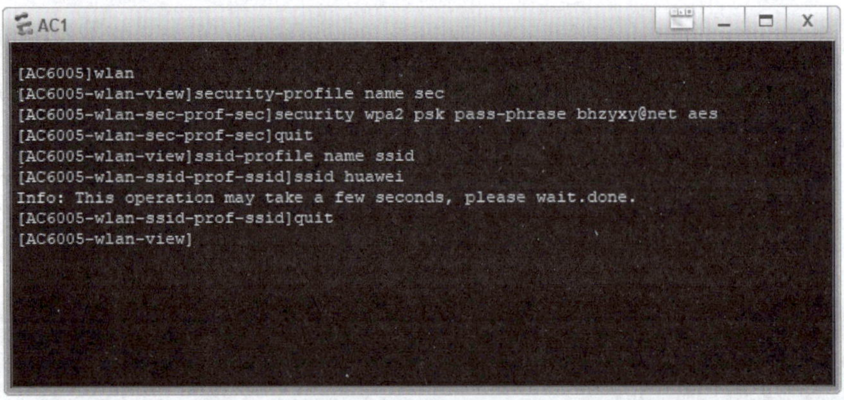

图 22-15　创建 SSID 模板

3）创建安全策略及 VAP 模板。如图 22-16 所示，在 AC1 的 WLAN 视图下使用______命令创建名称为“vap”的 VAP 模板，并进入 VAP 模板视图，使用______命令设置 VAP 模板下的数据转发方式为 tunnel；配置名为“vap”的 VAP 模板下的业务 VLAN 为“vlan100”；通过______命令引用名称为“sec”的安全模板，通过______命令引用名称为“ssid”的 SSID。

4）创建 AP 组并添加 AP。如图 22-17 所示，在 AC1 WLAN 视图下使用______命令进入名称为“ap”的 AP 组视图，通过______命令创建名称为“vap”的 VAP 模板，并在名为“ap”的 AP 组中引用“vap”；使用“display vap ssid huawei”，查看 SSID 为“huawei”的信息。

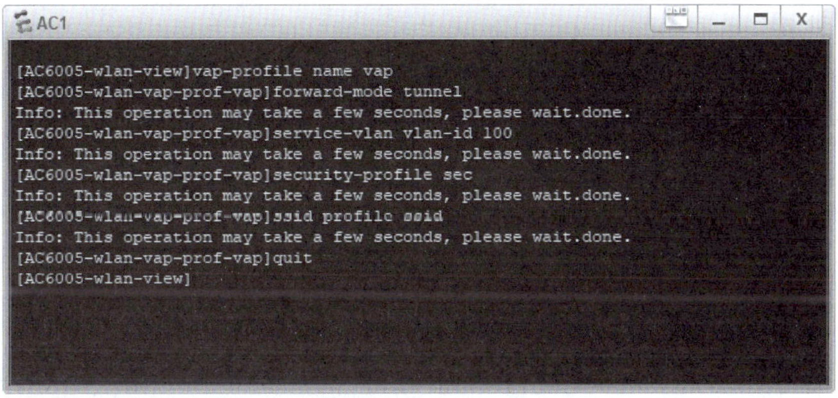

图 22-16　创建安全策略及 VAP 模板

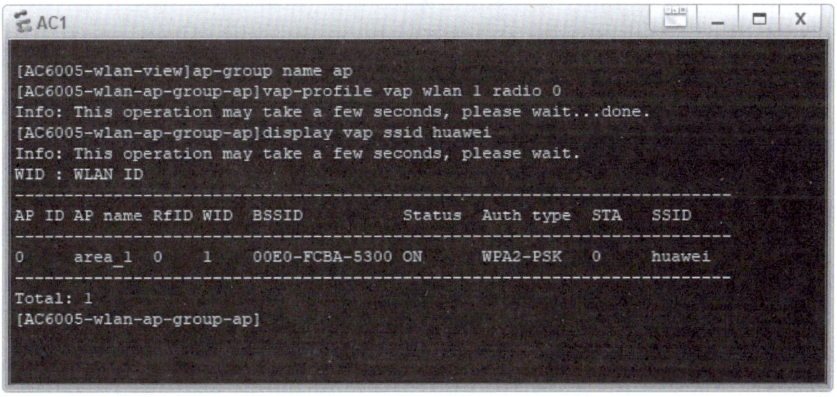

图 22-17　添加 AP

5）验证结果。如图 22-18 所示，右击“STA1”（STA1 应放置在 AP1 信号范围内）进行设置，可看到 SSID 为“huawei”的 vap，使用密码“bhzyxy@net”登录验证结果；同理验证其他设备，若设备连接成功，其效果如图 22-19 所示。

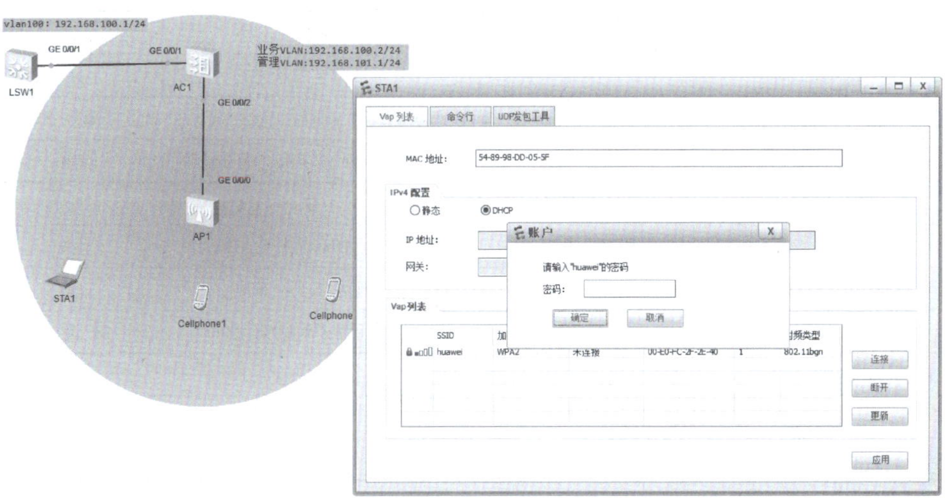

图 22-18　验证结果

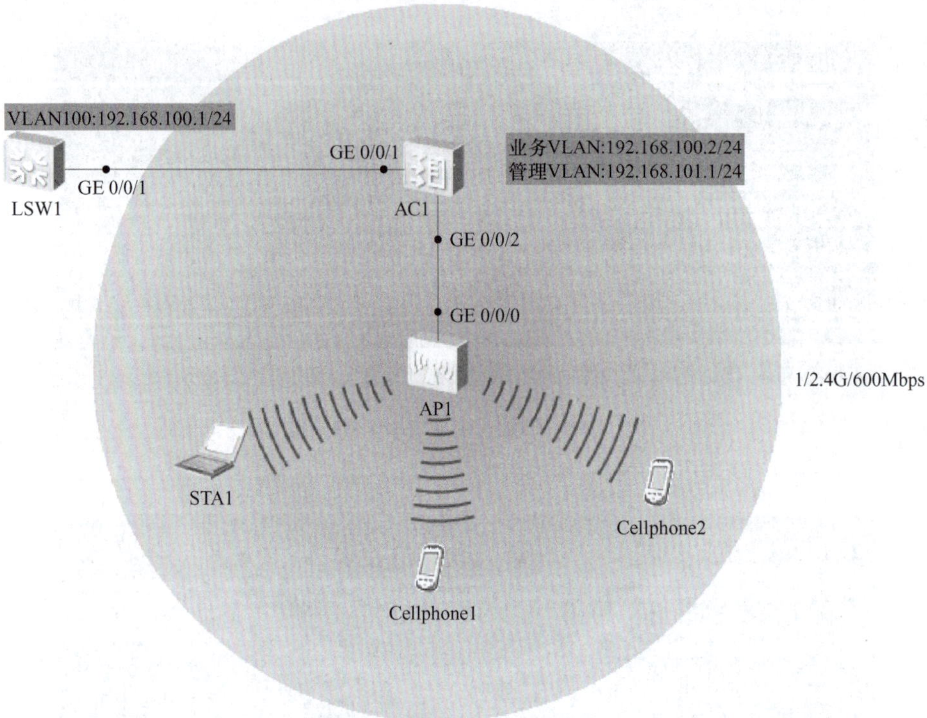

图 22-19　AP 组网

4. 交付验收

由验收人填写无线局域网配置验收单，见表 22-1。

表 22-1　无线局域网配置验收单

标题：		姓名：	
任务 1：家用无线配置			
是否进行了硬件连接	□是　□否	是否设置了上网口令	□是　□否
是否设置了 WiFi 密码	□是　□否	是否进行了设备连接	□是　□否
任务 2：企业无线配置			
是否测试了 PC2 与 AR2 的连通性	□是　□否	是否测试了 PC1 与 PC2 的连通性	□是　□否
是否配置了管理 VLAN	□是　□否	是否配置了业务 VLAN	□是　□否
是否配置了地址池	□是　□否	是否配置了 DHCP 和 CAPWAP	□是　□否
是否配置了域管理模板	□是　□否	是否配置了安全策略	□是　□否
是否配置了 AP 组	□是　□否	是否配置了 VAP 模板	□是　□否
是否验证了实验结果	□是　□否		
是否满足交付要求	□是　□否		
验收人		验收时间：　　年　　月　　日	

5. 反思与评价

填写反思评价表，见表 22-2。

表 22-2　反思评价表

项目名称：	
完成情况	□完成　□部分完成　□没做
目标实现情况	□实现　□部分实现　□大部分未实现
与老师、同学沟通情况	□好　□较好　□一般　□存在较大问题
与同学协作情况	□好　□较好　□一般　□存在较大问题
技术方法运用情况	□好　□较好　□一般　□存在较大问题
资料收集水平	□高　□较高　□一般　□差
做事态度	□认真　□较认真　□应付　□差
项目是否完成	□完成　□部分完成　□大部分未完成　□未做
总结反思	
自我评价	
整体效果	
主要不足	
改进措施	
自评等级	□优秀　□良好　□一般
时间	年　月　日

Chapter

项目 23 安装 Windows Server 2012

1. 知识点导入

网络操作系统是网络的核心，是用户和计算机的接口，同时也是计算机硬件和软件的接口。在网络操作系统中安装相应的组件或软件，便可以提供多种服务功能，如 Web 服务、DNS 服务、DHCP 服务等。目前常用的网络操作系统有 Linux、Windows 和 UNIX 等。

（1）虚拟机概述

虚拟机（Virtual Machine）是指通过软件模拟的、具有完整硬件系统功能的、运行在一个完全隔离环境中的完整计算机系统。目前流行的虚拟机软件有 VMware（VMWare ACE）、Oracle VM VirtualBox 和 Virtual PC 等。

（2）Windows Server 2012 操作系统

Windows Server 2012 是由 Microsoft 公司开发的一款网络操作系统，是企业或个人管理局域网和创建服务器的理想操作系统，是目前主流的网络操作系统。

（3）ISO 文件

ISO 文件是一种镜像文件，刻录软件可以直接把 ISO 文件刻录成可安装的系统光盘，在 Windows 中可被虚拟光驱加载，用以模拟光盘，因此也称为虚拟光盘。

2. 工作情境

实验室欲测试 Windows Server 2012 在虚拟环境中的运行效率，实验小组负责组建虚拟环境，经过调研选中了 Oracle VM VirtualBox 作为虚拟环境，同时下载了 Windows Server 2012 的 ISO 文件，请完成虚拟机环境下 Window Server 2012 的安装。

3. 项目实施

（1）创建虚拟机系统

1）启动虚拟机。启动 VirtualBox，然后在其主界面中单击“新建”按钮，如图 23-1 所示。

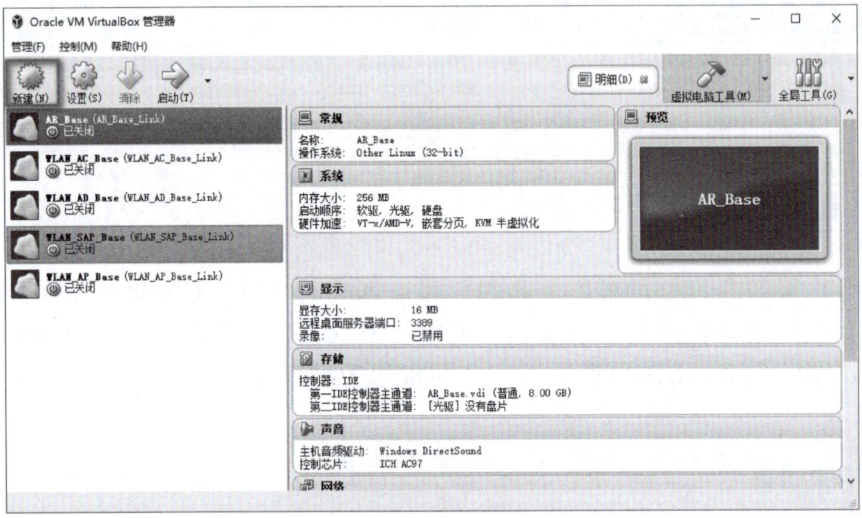

图 23-1 启动 Oracle VM VirtualBox

注：由于软件本身的原因，图中“电脑”不改为“计算机”，后同。

2）新建虚拟计算机。弹出“新建虚拟计算机”向导，在“名称”文本框中输入虚拟机名称；在“类型”下拉列表框中选择“Microsoft Windows”，在“版本”下拉列表框中选择“Windows 2012（64–bit）”，然后单击“下一步”按钮，如图 23-2 所示。

图 23-2 虚拟计算机名称和系统类型

3）分配虚拟机内存。进入“内存大小”界面，为虚拟机分配内存，用户可以根据计算机自身的内存容量选择合适的大小，然后单击“下一步”按钮，如图 23-3 所示。

图 23-3　分配虚拟内存

4）创建虚拟硬盘。进入“虚拟硬盘”界面，保持默认设置，单击“创建”按钮，便可新建一个虚拟硬盘，如图 23-4 所示。

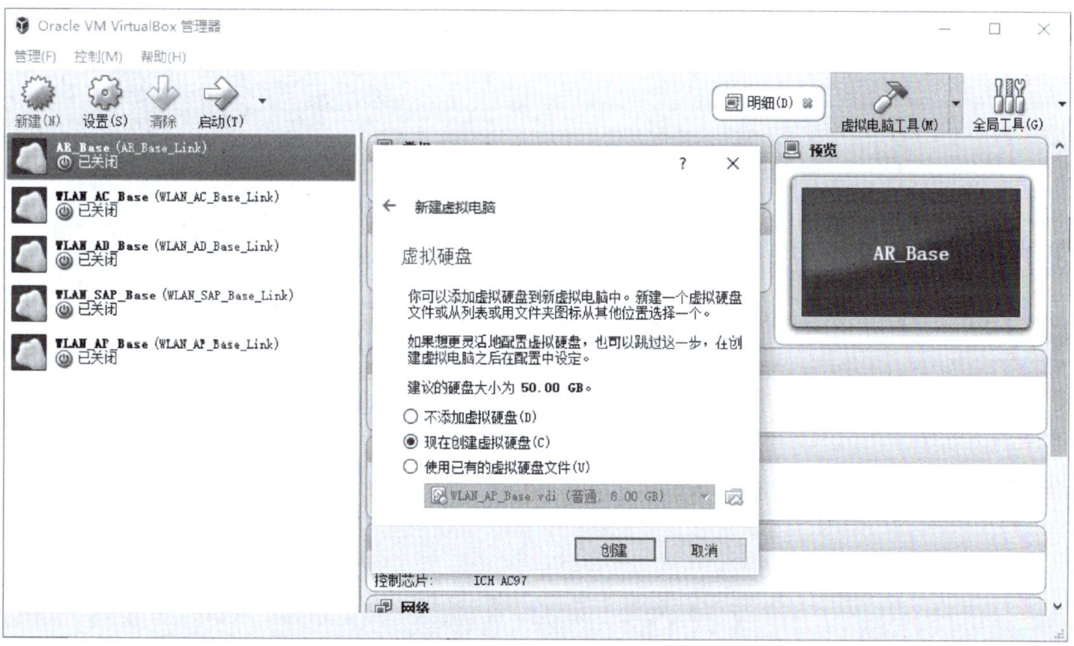

图 23-4　创建虚拟硬盘

5）选择虚拟磁盘文件类型。进入“虚拟硬盘文件类型”界面，选择虚拟硬盘文件类型，本例选择“VDI（VirtualBox 磁盘映像）”，然后单击“下一步”按钮，如图 23-5 所示。

图 23-5 选择虚拟硬盘文件类型

6）设置虚拟磁盘。进入“存储在物理硬盘上”界面，选择磁盘分配类型，本例选择“动态分配”，然后单击“下一步”按钮，如图 23-6 所示。

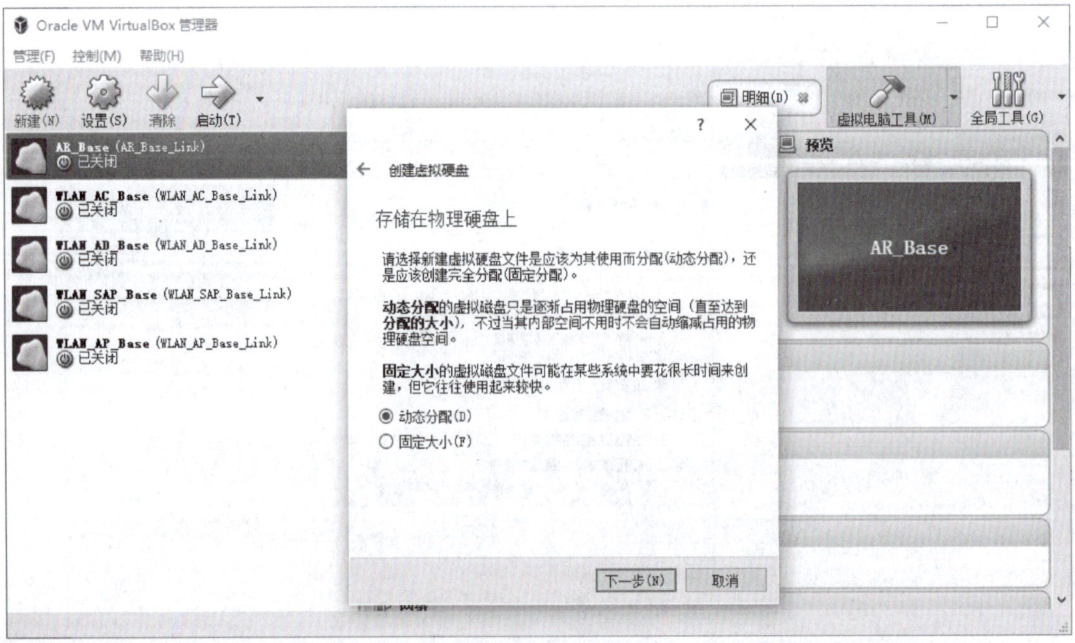

图 23-6 设置虚拟磁盘

7）文件位置和大小设置。进入“文件位置和大小”界面，选择虚拟硬盘的保存位置并设置虚拟硬盘大小，然后单击“创建”按钮，如图 23-7 所示。

图 23-7　文件位置和大小设置

8）虚拟机创建完成。虚拟机创建完成后，结果如图 23-8 所示，默认情况下新建好的虚拟机是关闭状态的。

图 23-8　完成虚拟机创建

（2）安装 Windows Server 2012 系统

1）设置虚拟 Windows。选择创建好的虚拟机，然后单击“设置”按钮，在弹出的“设置”对话框中选择“存储”→“没有盘片”选项，然后单击右侧属性栏中“分配光驱”下拉列表框右侧的小光盘图标，如图 23-9 所示，在弹出的下拉列表中选择“选择一个虚拟光盘文件”选项，进入 Windows 的安装选择，此处选择“ Windows Server 2012”如图 23-10 所示。

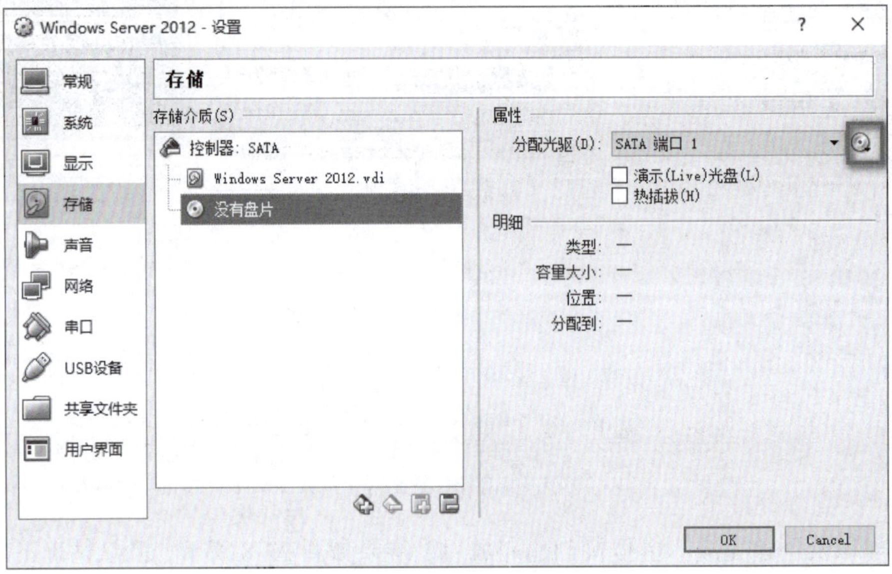

图 23-9　选择虚拟光盘

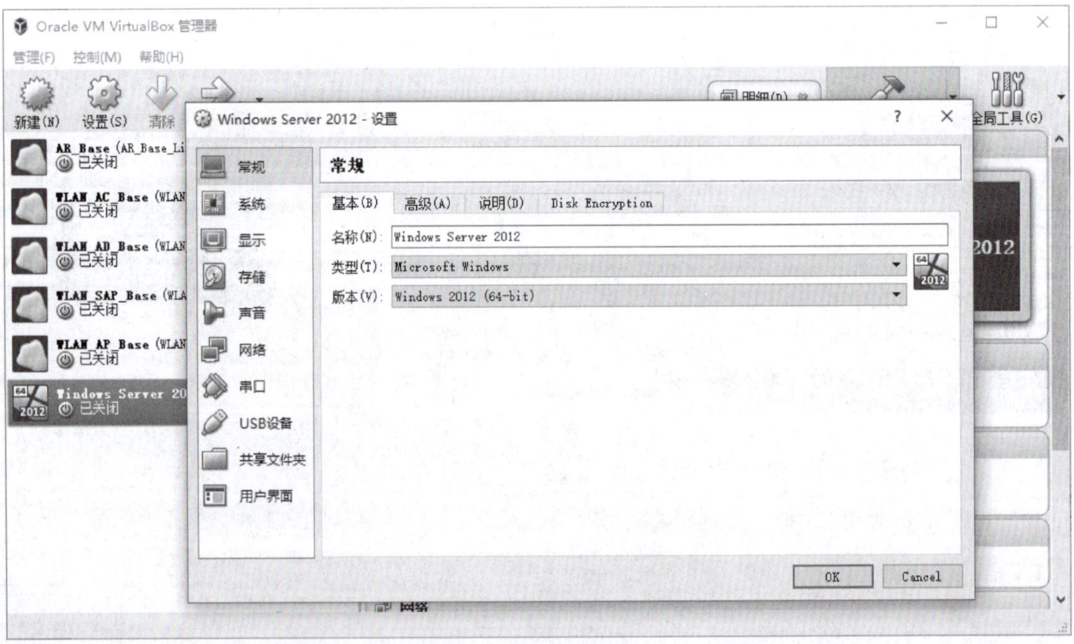

图 23-10　设置虚拟 Windows

2）选择光盘镜像。在存储功能卡中，单击右侧属性栏中“分配光驱”下拉列表框右侧的小光盘图标，加载 Windows Server 2012 R2 本地镜像文件，如图 23-11 所示。

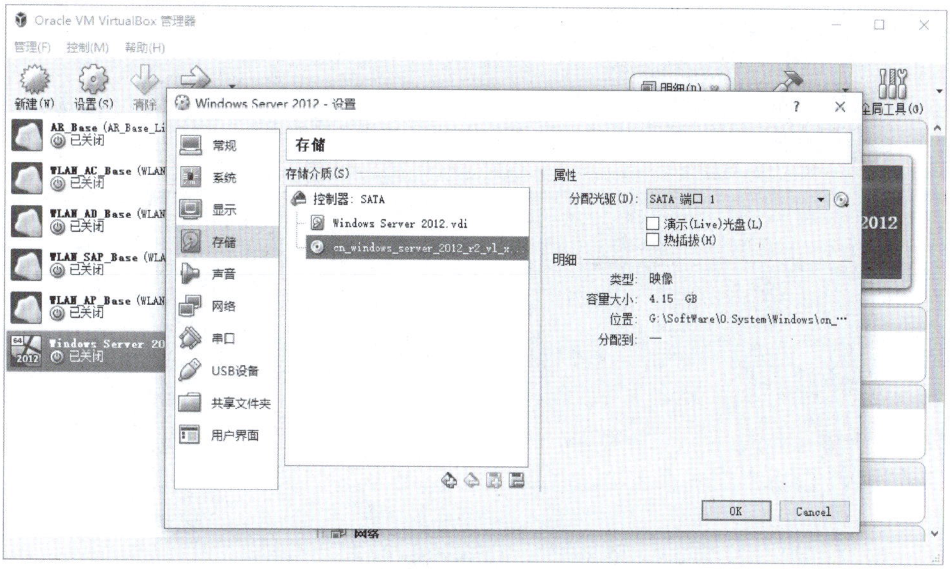

图 23-11　选择 ISO 文件

3）准备安装 Windows Server 2012。单击“启动”按钮启动虚拟机，不要进行任何操作，系统会自动进入 Windows Server 2012 安装界面，单击“下一步”按钮，如图 23-12 所示。

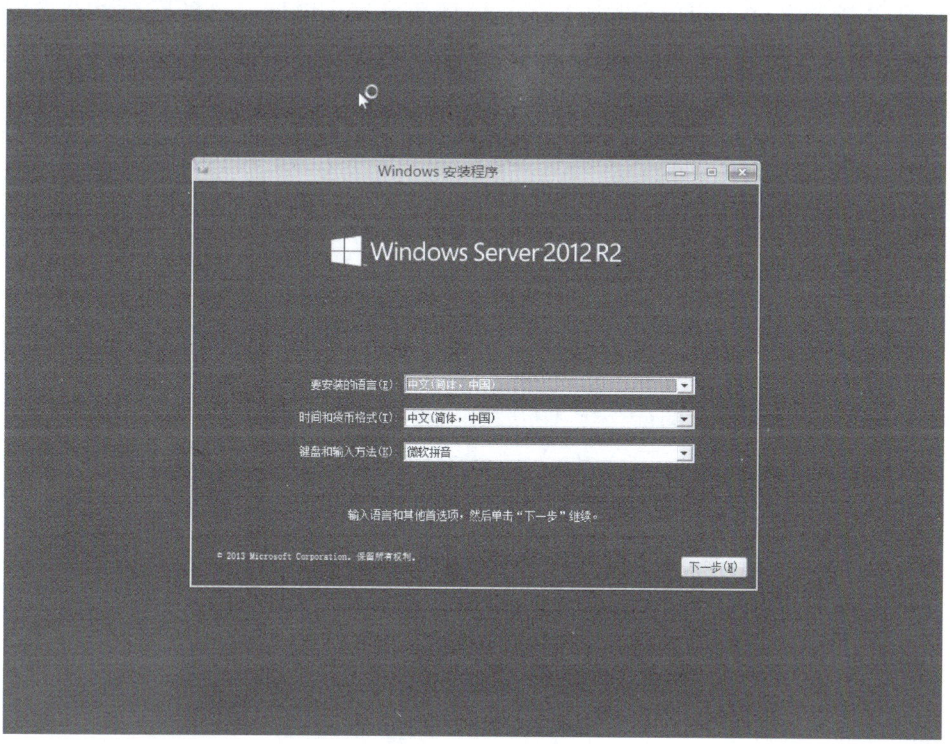

图 23-12　安装启动界面

4）开始安装 Windows Server 2012。在打开的界面中（见图 23-13）单击“现在安装”按钮开始安装。

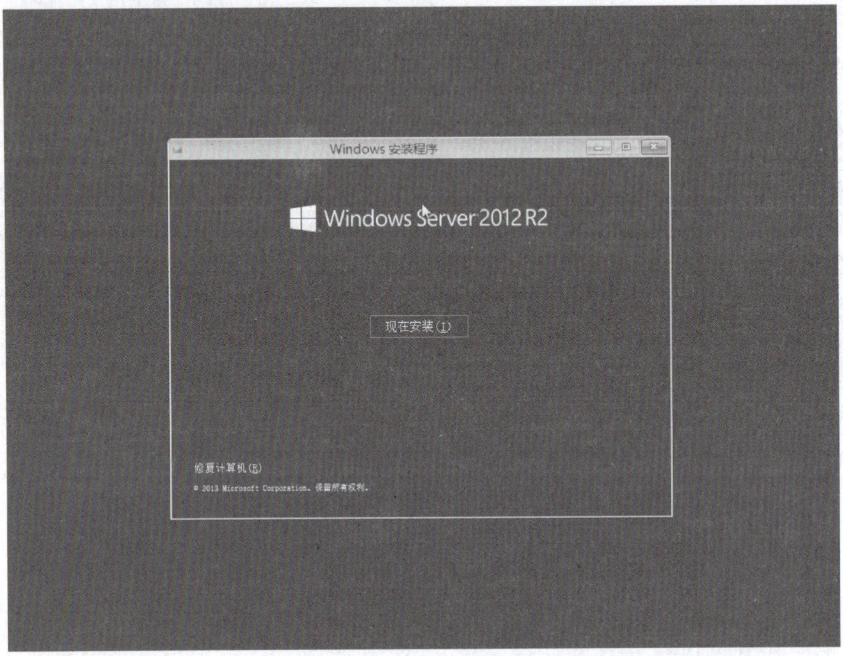

图 23-13　现在安装界面

5）选择安装版本。进入“选择要安装的操作系统”界面，选择要安装的系统版本，本例选择“ Windows Server 2012 R2 Standard（带有 GUI 的服务器)”选项，单击“下一步”按钮，如图 23-14 所示。

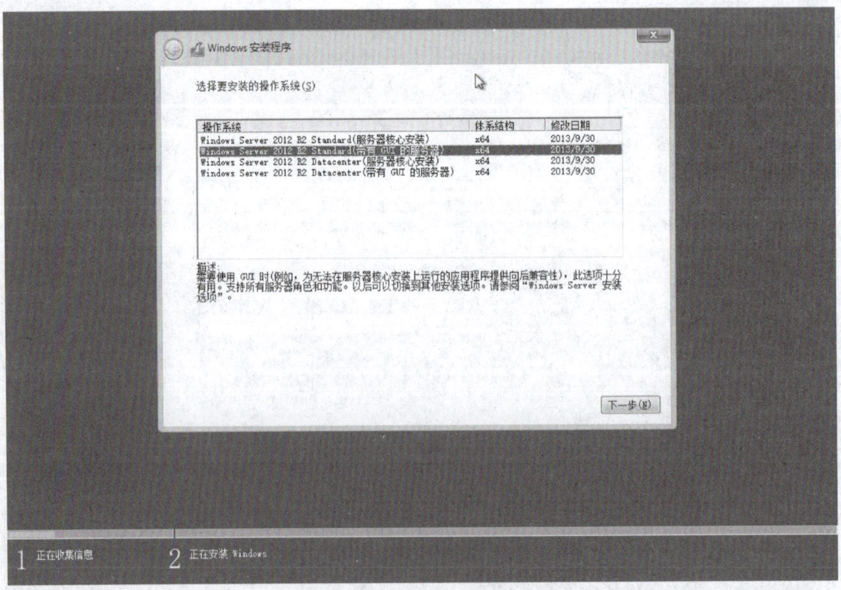

图 23-14　选择安装版本

6）许可条款。进入“许可条款”界面，阅读软件许可条款并勾选“我接受许可条款”复选框，然后单击“下一步”按钮，如图 23-15 所示。

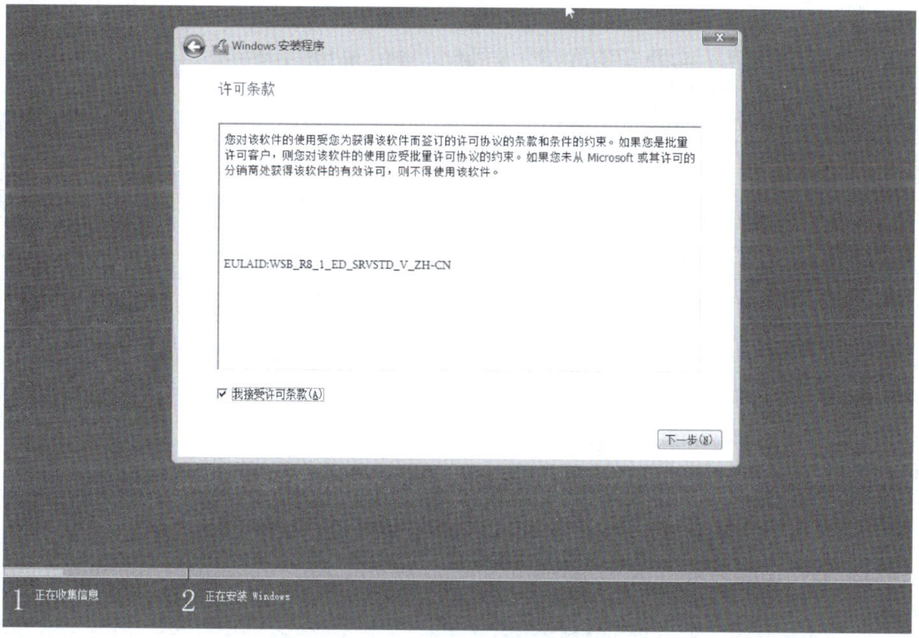

图 23-15　许可条款

7）选择安装类型。进入“你想执行哪种类型的安装？”界面，选择系统安装类型，本例选择“自定义：仅安装 Windows（高级）”安装类型，如图 22-16 所示。

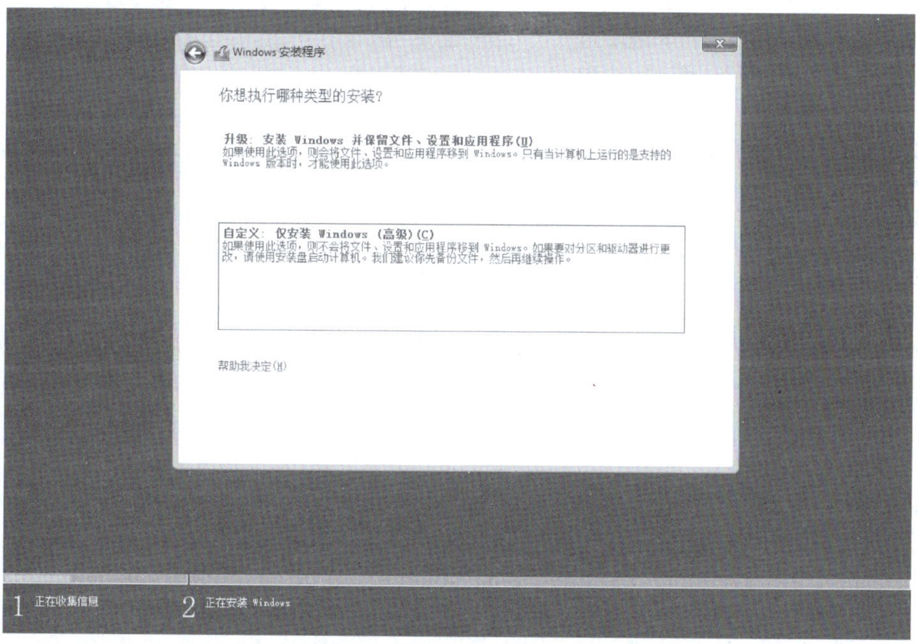

图 23-16　选择安装类型

8）安装位置。进入“你想将 Windows 安装在哪里?”界面，选择要安装操作系统的磁盘分区，然后单击“下一步”按钮开始安装 Windows Server 2012，如图 23-17 和图 23-18 所示。

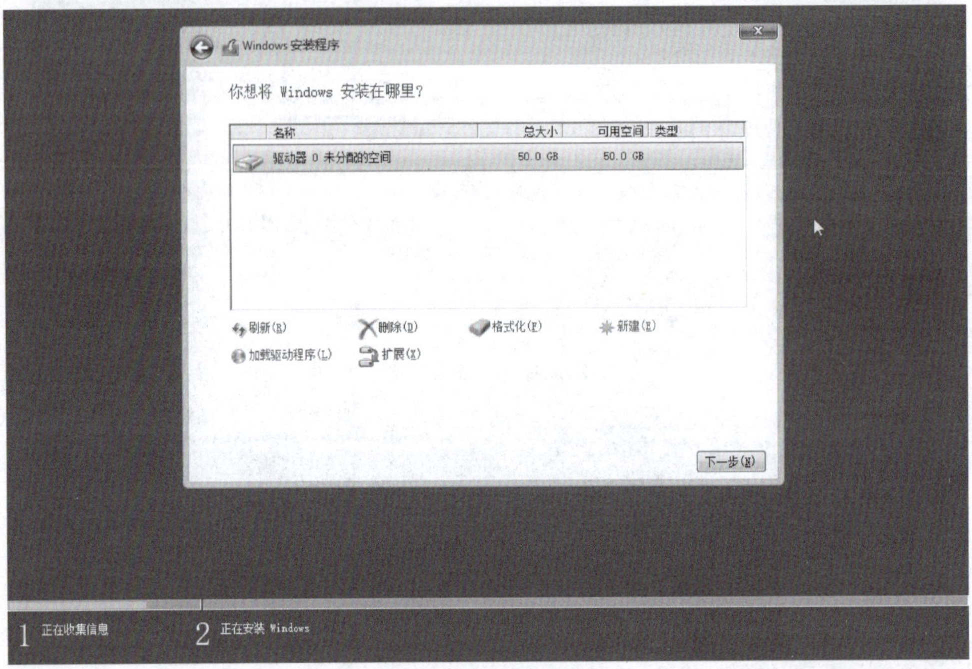

图 23-17 安装位置

图 23-18 安装过程

9）设置密码。Windows Server 2012 安装结束后，在如图 23-19 所示的界面中输入账户密码，然后单击“完成”按钮。

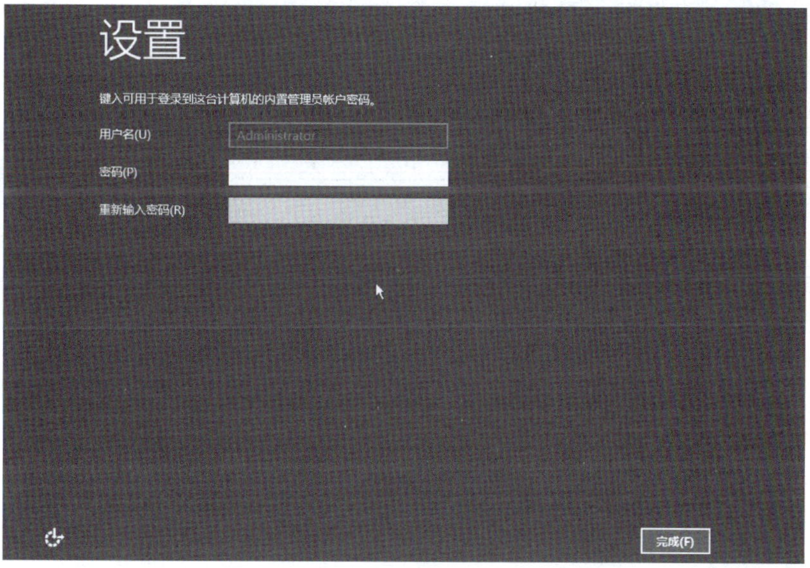

图 23-19　设置密码

10）登录界面。在虚拟机中单击“热键”菜单→“热键”→“传入 Ctrl-Alt-Del”（见图 23-20），在打开的登录界面中输入系统账号和密码后按 <Enter> 键，即可登录 Windows Server 2012。

图 23-20　登录界面

4. 交付验收

由验收人填写 Windows 安装验收单，见表 23-1。

表 23-1　Windows 安装验收单

标题：		姓名：	
是否配置了虚拟机系统	□是　□否		
内存大小			
硬盘大小			
系统版本			
安装介质			
是否满足交付要求	□是　□否		
验收人		验收时间：	年　月　日

5. 反思与评价

填写反思评价表，见表 23-2。

表 23-2　反思评价表

项目名称：	
完成情况	□完成　□部分完成　□没做
目标实现情况	□实现　□部分实现　□大部分未实现
与老师、同学沟通情况	□好　□较好　□一般　□存在较大问题
与同学协作情况	□好　□较好　□一般　□存在较大问题
技术方法运用情况	□好　□较好　□一般　□存在较大问题
资料收集水平	□高　□较高　□一般　□差
做事态度	□认真　□较认真　□应付　□差
项目是否完成	□完成　□部分完成　□大部分未完成　□未做
总结反思	
自我评价	
整体效果	
主要不足	
改进措施	
自评等级	□优秀　□良好　□一般
时间	年　月　日

Chapter

项目 24 配置 DHCP 服务

1. 知识点导入

某公司为了方便客户端计算机能快速联入企业网，准备搭建 DHCP 服务器，在 DHCP 服务器正常运行的情况下，客户机登录服务器时就可以自动获得服务器分配的 IP 地址和子网掩码。

（1）DHCP 概述

DHCP（Dynamic Host Configuration Protocol，动态主机配置协议）是一个局域网的网络协议。它是由服务器控制一段 IP 地址范围，客户机登录服务器时就可以自动获得服务器分配的 IP 地址和子网掩码。

DHCP 采用客户端 / 服务器模型，主机地址的动态分配任务由网络主机驱动。当 DHCP 服务器接收到来自网络主机申请地址的信息时，才会向网络主机发送相关的地址配置等信息，以实现网络主机地址信息的动态配置。

（2）DHCP 的功能

保证任何 IP 地址在同一时刻只能由一台 DHCP 客户机所使用。

DHCP 应当可以给用户分配永久固定的 IP 地址。

DHCP 应当可以同用其他方法获得 IP 地址的主机共存，如手工配置 IP 地址的主机。

DHCP 服务器应当向现有的 BOOTP 客户端提供服务。

2. 工作情境

DHCP（动态主机配置协议）是计算机网络中重要的协议，它降低了配置和部署设备的时间和发生配置错误的可能性。使用 DHCP 的设备为客户端，而提供 DHCP 服务的为服务端，请在 Windows Server 2012 上安装配置 DHCP，让其具备 DHCP 服务功能。

3. 项目实施

（1）DHCP 服务器的安装

1）打开服务器管理器。打开服务器管理器，选择“2 添加角色和功能”选项，如图 24-1 所示。

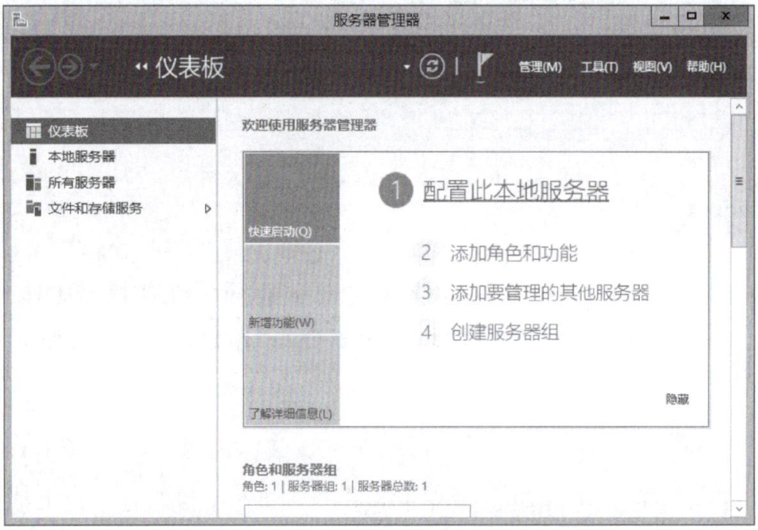

图 24-1 服务器管理器

2）添加角色。打开“添加角色和功能向导”对话框，保持默认设置，连续单击三次“下一步”按钮，在打开的界面中勾选“ DHCP 服务器”复选框，在弹出的对话框中单击“添加功能”按钮，最后单击“下一步”按钮，如图 24-2 所示。

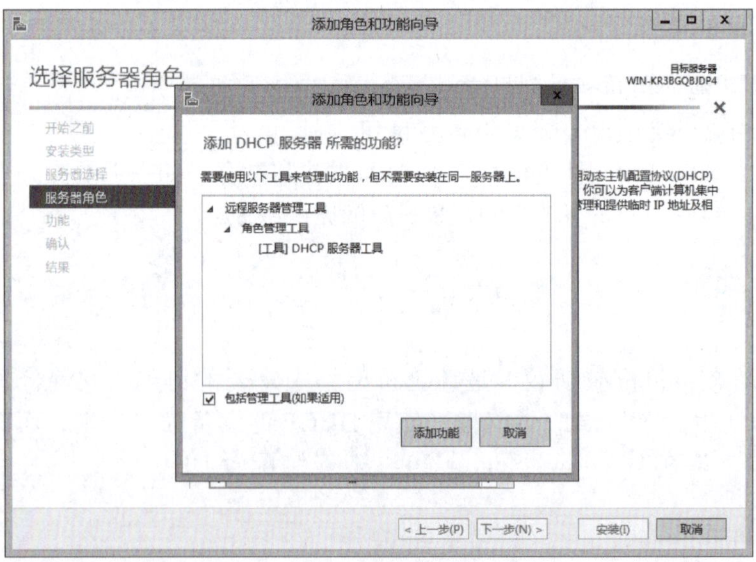

图 24-2 添加角色和功能

3）功能安装。保持默认设置，连续单击两次“下一步”按钮，在打开的“确认安装所选内容”界面中确认所选内容无误后单击“安装”按钮，安装完成的界面如图 24-3 所示。

图 24-3　功能安装

4）安装后配置。等待 DHCP 服务器安装完成后，在“描述”界面显示后续要执行的服务器配置，此时（见图 24-4）单击“提交”按钮可进行后续配置。

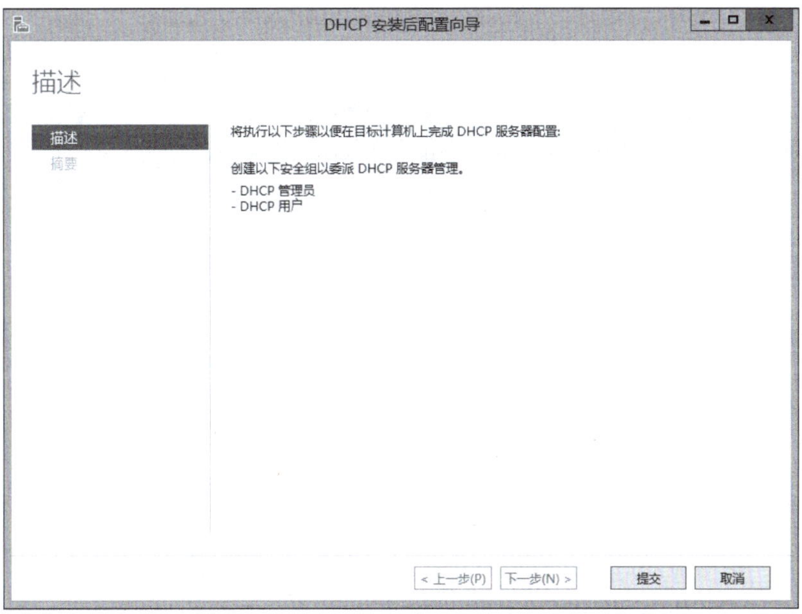

图 24-4　安装后配置

5）摘要。在“摘要”界面显示安装配置的状态，单击“关闭”按钮完成安装如图 24-5 所示。

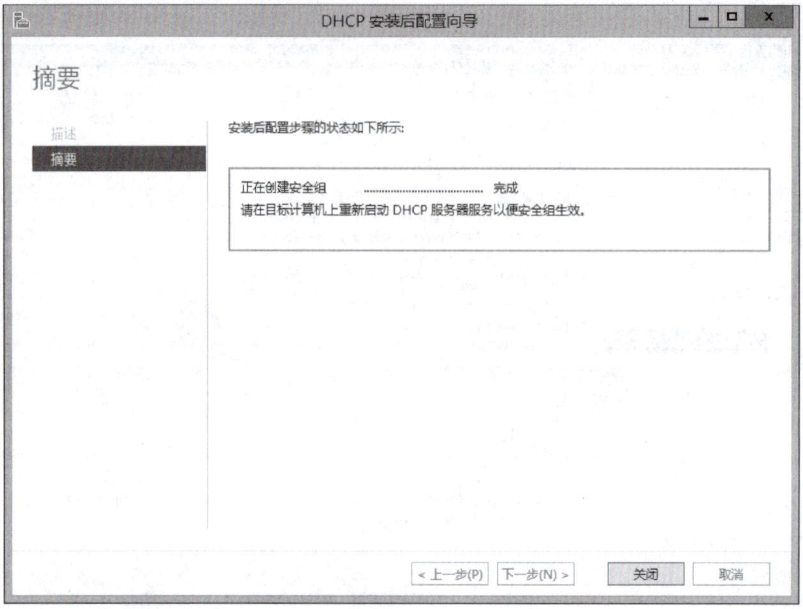

图 24-5　摘要

（2）DHCP 服务器的配置

1）打开服务器管理器。打开服务器管理器，选择“工具”→“DHCP”选项，如图 24-6 所示，打开 DHCP。

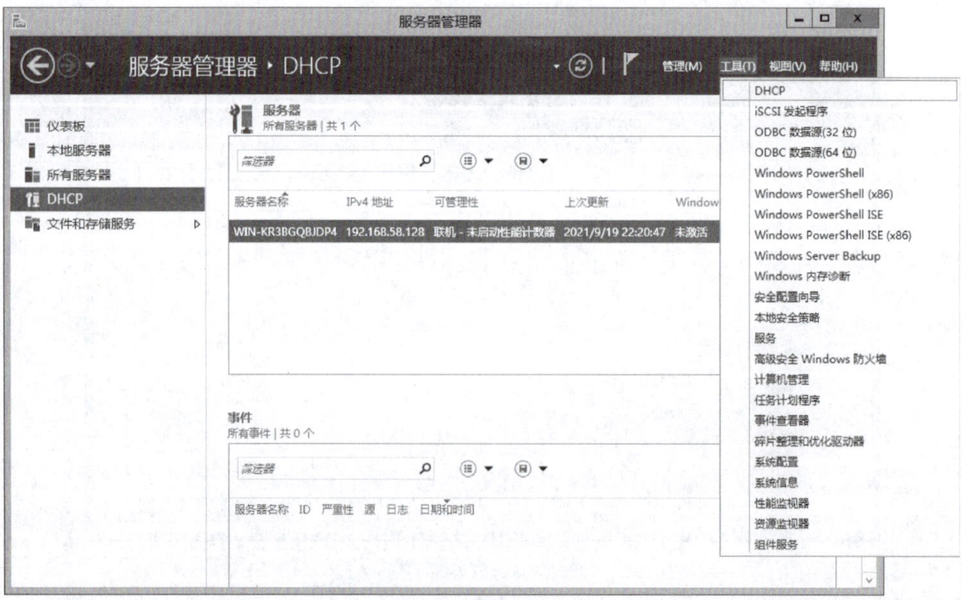

图 24-6　DHCP 管理

2）选择 IPv4。单击服务器名称，在展开的选项列表中右击“IPv4”，在弹出的快捷菜单中选择“新建作用域”命令，如图 24-7 所示。

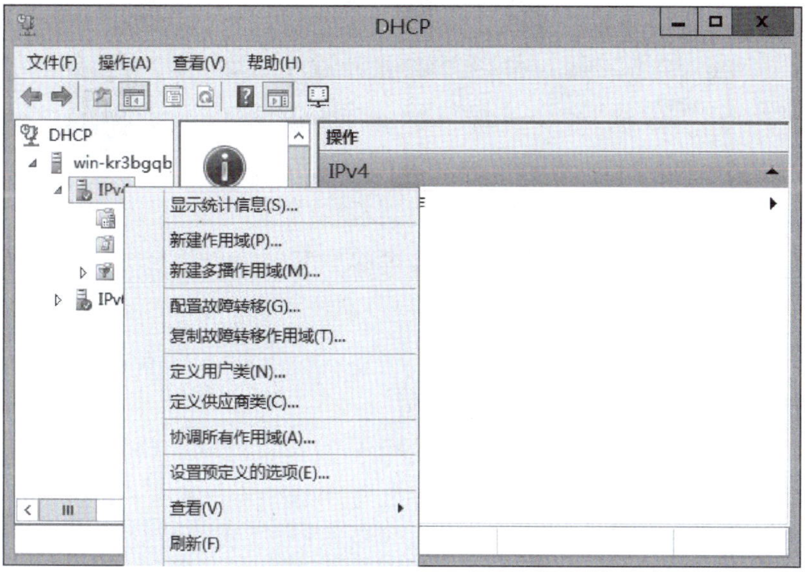

图 24-7 IPv4 设置

3）新建作用域。打开“新建作用域向导”界面，直接单击“下一步”按钮，如图 24-8 所示。

图 24-8 新建作用域向导

4）作用域名称。进入“作用域名称”界面，在“名称”文本框中输入 DHCP 作用域名称，在“描述”文本框中输入简单的描述信息（可以不填），然后单击“下一步”按钮，如图 24-9 所示。

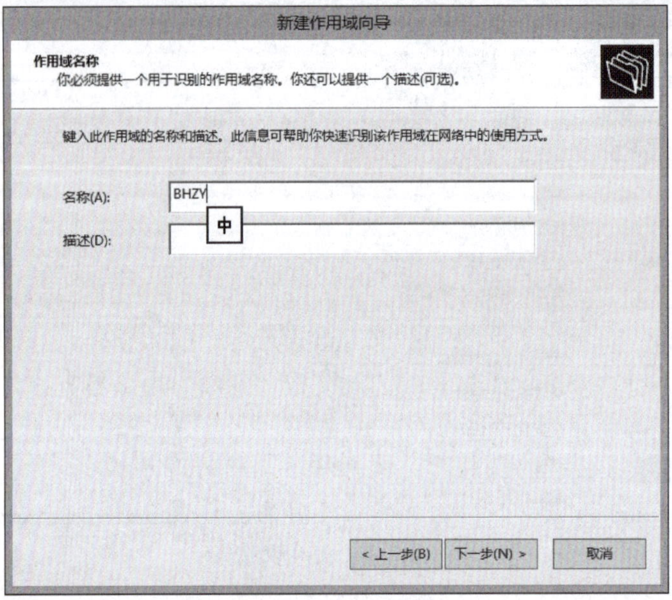

图 24-9　作用域名称

5）IP 地址范围。进入“ IP 地址范围”界面，分别在“起始 IP 地址”和“结束 IP 地址”文本框中输入已经确定好的 IP 地址范围（根据实际网络中的结点和规划好的计算机数量设置），然后单击“下一步”按钮，如图 24-10 所示。

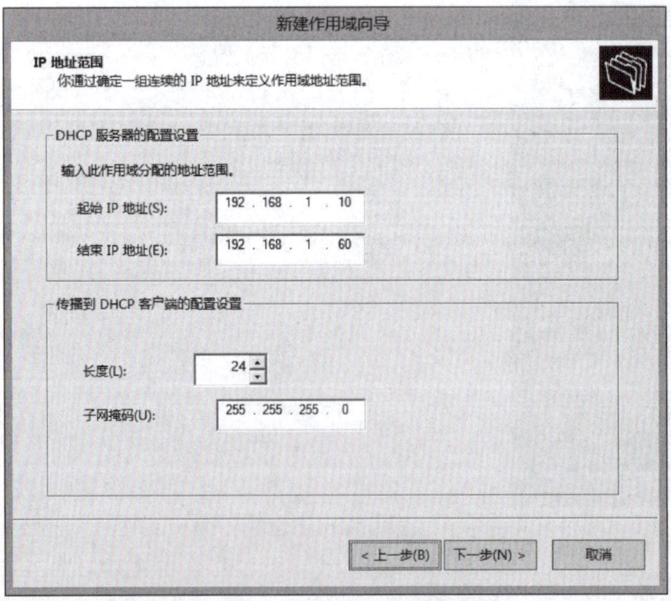

图 24-10　IP 地址范围

6）排除和延迟。进入“添加排除和延迟”界面，在该界面中可以指定需要排除的 IP 地址或 IP 地址范围。在“起始 IP 地址”和“结束 IP 地址”文本框中输入要排除的 IP 地址范围并单击“添加”按钮。重复操作可添加其他要排除的 IP 地址，此功能根据实际需要添加，如果在该范围内没有需要排除的 IP 地址，则直接单击“下一步”按钮，如图 24-11 所示。

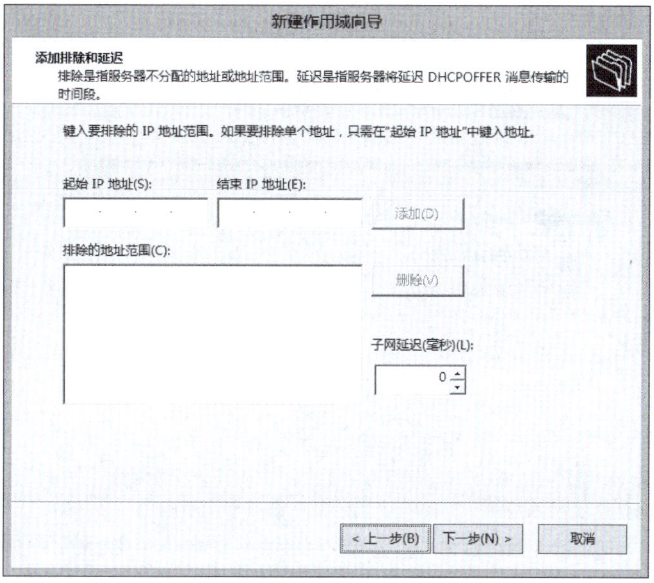

图 24-11　添加排除和延迟

7）设置租用期限。进入“租用期限”界面，默认将客户端获取的 IP 地址使用期限限制为 8 天，用户可根据实际情况或预先规划的情况更改时间，然后单击“下一步”按钮，如图 24-12 所示。

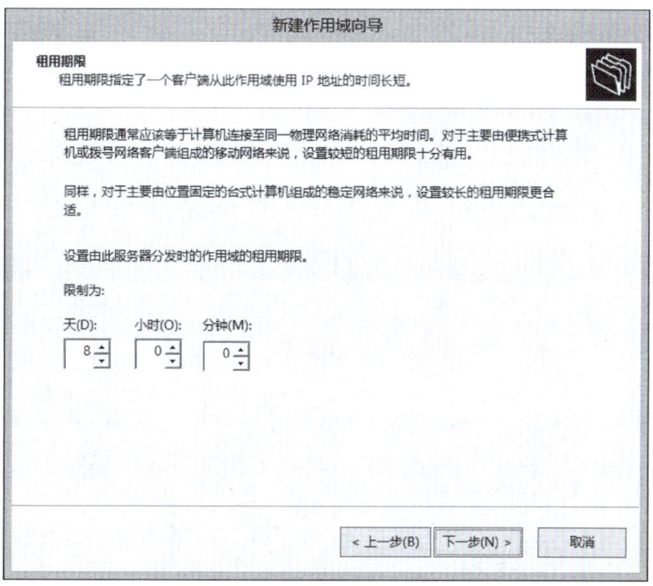

图 24-12　租用期限

8）配置 DHCP 选项。进入“配置 DHCP 选项”界面，选择是否配置常用的 DHCP 选项，如果选择“否，我想稍后配置这些选项”，则直接跳过配置 DHCP 选项。这里选择“是，我想现在配置这些选项”，然后单击“下一步”按钮，如图 24-13 所示。

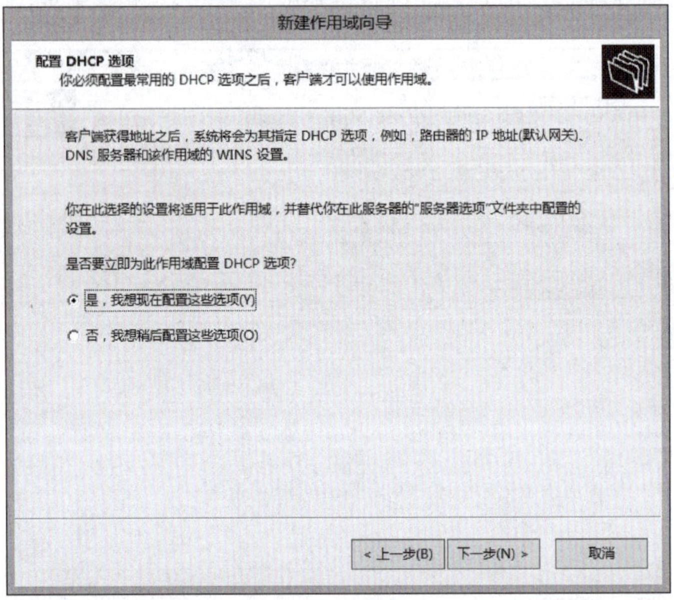

图 24-13　配置 DHCP

9）路由器默认网关。进入“路由器（默认网关）”界面，输入默认网关地址，然后单击“添加”按钮，添加为客户端分配的默认网关，最后单击“下一步”按钮，如图 24-14 所示。

图 24-14　路由器默认网关

10）域名称和 DNS 服务器。进入“域名称和 DNS 服务器”界面，输入 DNS 服务器的“服务器名称”和“IP 地址”，然后单击“添加”按钮，最后单击“下一步”按钮，如图 24-15 所示。

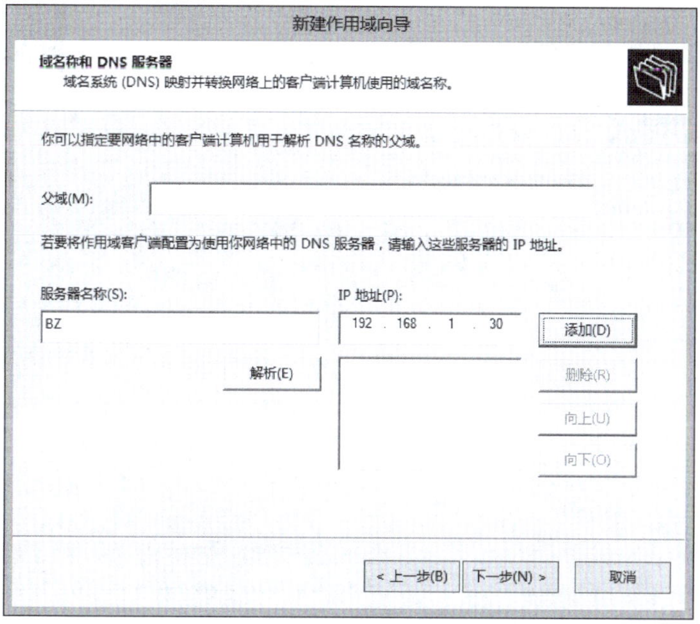

图 24-15　域名称和 DNS 服务器

11）WINS 服务器。进入“WINS 服务器”界面，如果企业中有 WINS 服务器，则在此添加，否则直接单击“下一步”按钮，如图 24-16 所示。

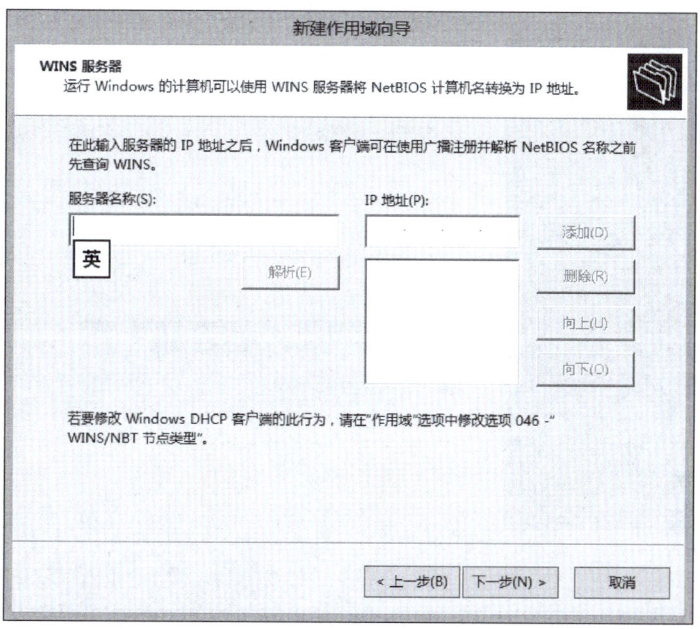

图 24-16　WINS 服务器

12）激活作用域。进入“激活作用域”界面，选择“是，我想现在激活此作用域”，然后单击“下一步”按钮，如图 24-17 所示。

图 24-17　激活作用域

13）完成作用域的创建。在打开的“正在完成新建作用域向导”界面中单击“完成”按钮，如图 23-18 所示。

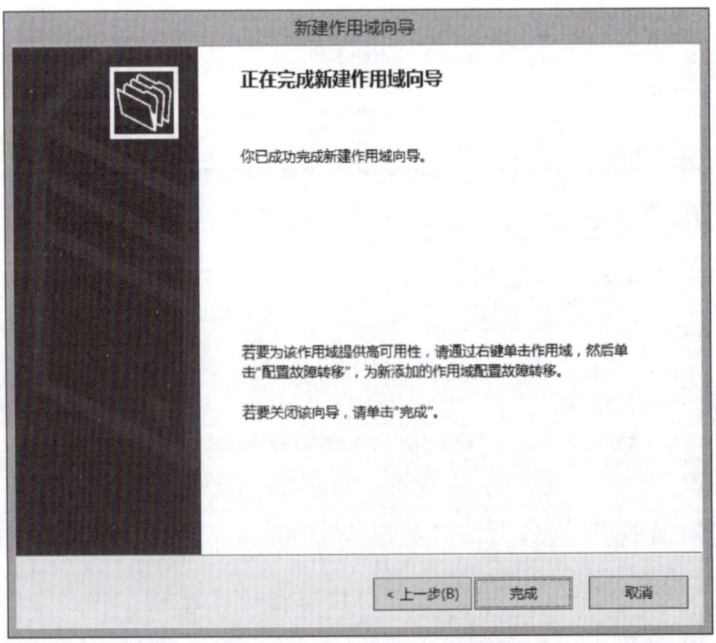

图 24-18　完成作用域的创建

14）查看新建的作用域。在 DHCP 服务器中可以看到新创建的作用域，如图 24-19 所示，如果要对作用域进行详细配置或修改，则右击某一配置选项，在弹出的快捷菜单中选择对应选项。

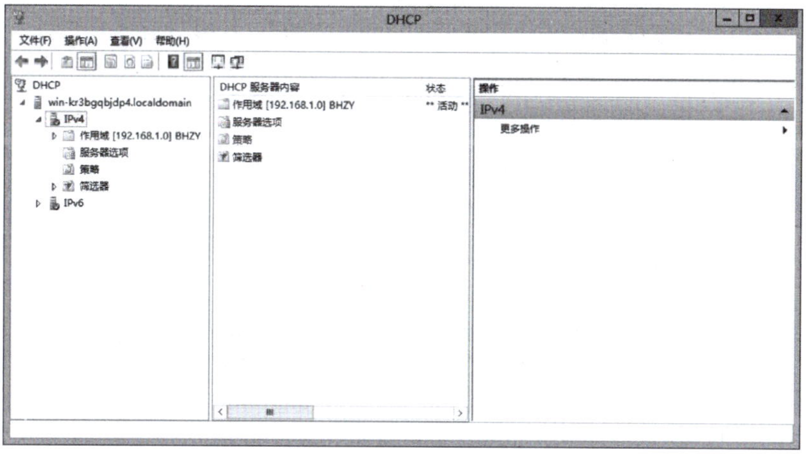

图 24-19　查看新建的作用域

（3）DHCP 客户端验证配置

为了使客户端计算机能够自动获取 IP 地址，除了 DHCP 服务器正常工作以外，还需要将客户端计算机 TCP/IP 配置成自动获取 IP 地址的方式。操作如下：

1）打开本地连接。在 Windows 系统的“网络连接”窗口中打开“本地连接属性”对话框，选择“Internet 协议版本 4（TCP/IPv4）”选项，单击“属性”按钮，如图 24-20 所示。

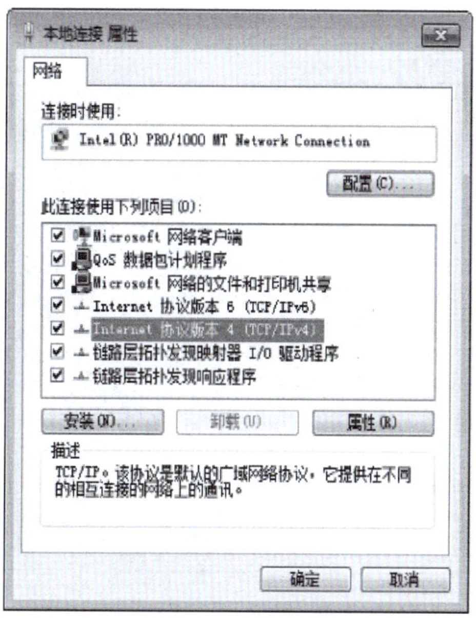

图 24-20　本地连接属性

2）配置 DHCP 客户端。打开“Internet 协议版本 4（TCP/IPv4）属性”对话框，选中“自动获得 IP 地址”和“自动获得 DNS 服务器地址”选项，单击“确定”按钮应用设置，如图 24-21 所示。

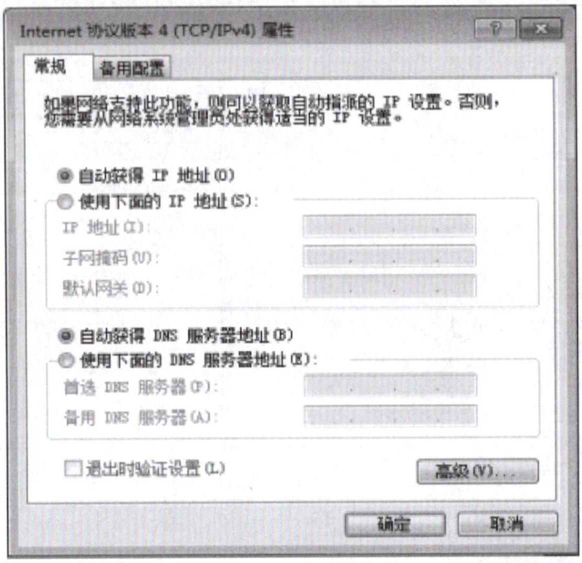

图 24-21 配置 IP 地址

3）查看客户端。打开命令提示符窗口，输入命令“ipconfig /all”，按 <Enter> 键执行命令后，观察并记录系统返回的信息。如果显示正确的 IP 地址信息，则表示 DHCP 服务器配置正确，包括以太网卡型号、MAC（物理）地址、IP 地址、默认网关、DHCP 服务器地址、DNS 服务器地址、租约期限等，如图 24-22 所示。

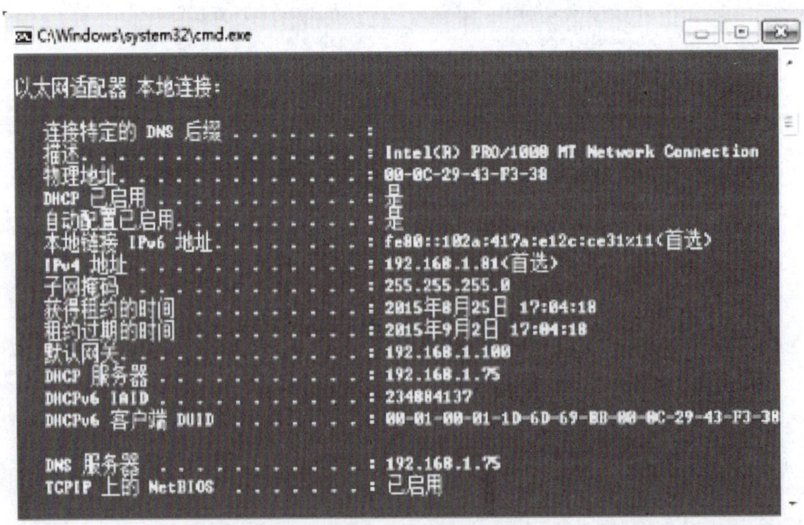

图 24-22 验证成功

4. 交付验收

由验收人填写 DHCP 服务配置验收单，见表 24-1。

表 24-1 DHCP 服务配置验收单

标题：		姓名：	
是否安装了 DHCP 服务器	□是 □否		
是否配置了 DHCP 服务器	□是 □否		
是否验证了 DHCP 服务器	□是 □否		
是否配置了 DHCP 客户端系统		是否配置了 DHCP 客户端系统 IP	
是否配置了 DHCP 客户端 DNS		是否配置了 DHCP 客户端租期	
是否满足交付要求	□是 □否		
验收人		验收时间： 年 月 日	

5. 反思与评价

填写反思评价表，见表 24-2。

表 24-2 反思评价表

项目名称：	
完成情况	□完成 □部分完成 □没做
目标实现情况	□实现 □部分实现 □大部分未实现
与老师、同学沟通情况	□好 □较好 □一般 □存在较大问题
与同学协作情况	□好 □较好 □一般 □存在较大问题
技术方法运用情况	□好 □较好 □一般 □存在较大问题
资料收集水平	□高 □较高 □一般 □差
做事态度	□认真 □较认真 □应付 □差
项目是否完成	□完成 □部分完成 □大部分未完成 □未做
总结反思	
自我评价	
整体效果	
主要不足	
改进措施	
自评等级	□优秀 □良好 □一般
时间	年 月 日

Chapter

项目 25

配置 DNS 服务

1. 知识点导入

域名系统（Domain Name System，DNS）负责把主机名解析成 IP 地址。简单理解为：网络之间相互访问，计算机识别的是 IP 地址，识别不了主机名或域名，所以需要 DNS 域名系统把主机名解析成 IP 地址。

DNS 用于 TCP/IP 网络中，通过以简单的域名（如“www.baidu.com”）代替难记的 IP 地址（如“220.42.105.11”）来定位计算机和服务。因此，使用域名访问 Web 服务器之前，首先应在服务器上安装和配置 DNS 服务，确定 IP 地址和域名的对应关系。

DNS 服务器的配置主要包括正向查询和反向查询。

正向查询：已知某台计算机的名称，通过 DNS 服务器查询该计算机的 IP 地址。

反向查询：已知某台计算机的 IP 地址，发出 IP 地址查询，DNS 服务器返回该计算机的名称。

2. 工作情境

实验室由于实验需要临时搭建一台 DNS 用于内部服务，请在 Windows Server 2012 上安装并配置 DNS。

3. 项目实施

（1）DNS 服务器的安装

1）打开服务器管理器。在 Windows Server 2012 R2 服务器上选择开始菜单中的“服务器管理器”命令，打开服务器管理器，如图 25-1 所示。

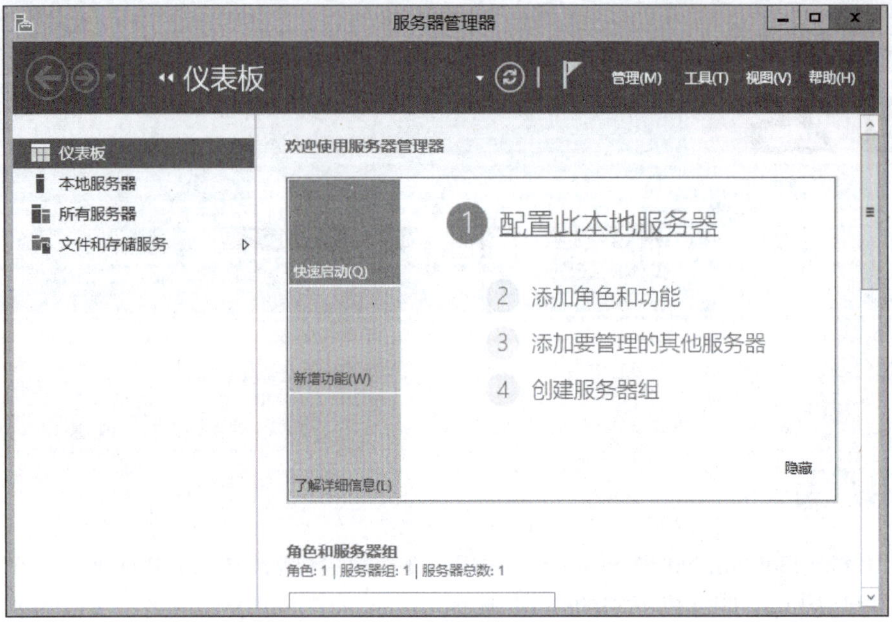

图 25-1　服务器管理器

2）添加角色和功能向导。在服务器管理器右侧的面板中选择“2 添加角色和功能”选项，打开“添加角色和功能向导”窗口，如图 25-2 所示，窗口左侧列出了安装服务器角色的步骤，根据向导操作即可完成 DNS 服务器的安装，单击“下一步”按钮。

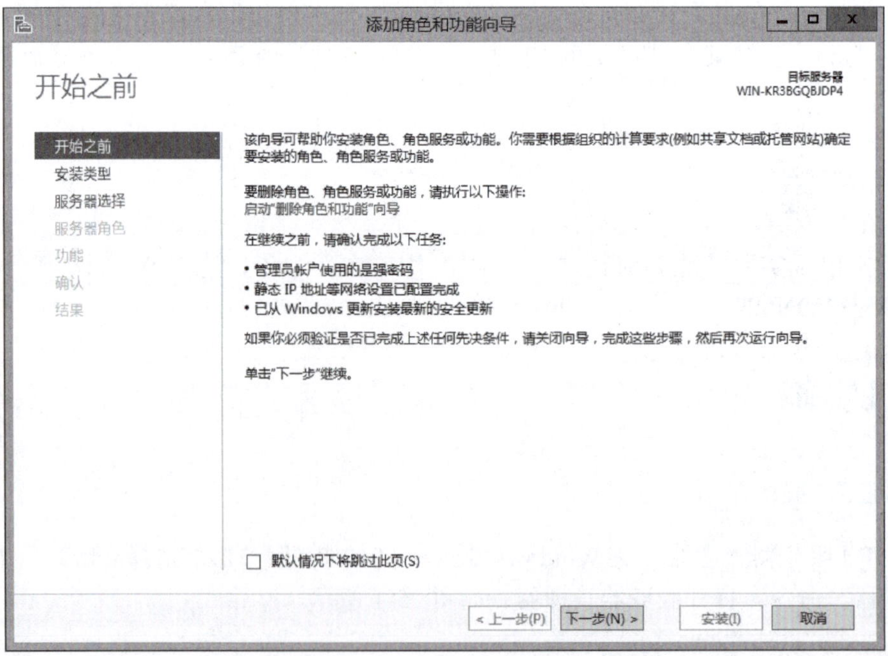

图 25-2　添加角色和功能向导

3）选择安装类型。进入“选择安装类型”界面，选择窗口右侧的“基于角色或基于功能的安装”选项，然后单击“下一步”按钮，如图 25-3 所示。

图 25-3　选择安装类型

4）选择目标服务器。进入“选择目标服务器”界面，在窗口右侧的“服务器池”列表框中选择已有的本地服务器，然后单击“下一步”按钮，如图 25-4 所示。

图 25-4　选择目标服务器

5）选择服务器角色。进入图 25-5 所示的“选择服务器角色”界面，在窗口右侧的“角色”列表框中勾选“DNS 服务器”复选框，系统弹出如图 25-6 所示的“添加 DNS 服务器所需的功能?”对话框，在该对话框中单击“添加功能”按钮，即可在安装 DNS 服务器的同时添加 DNS 服务器所需的功能。

图 25-5　选择服务器角色

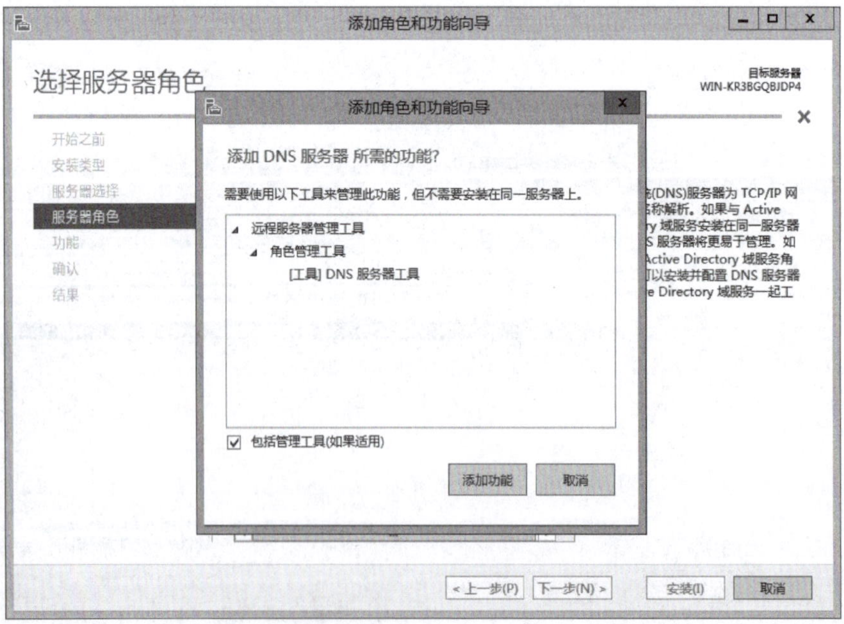

图 25-6　添加角色和功能向导

6）确认安装所选内容。连续单击三次“下一步”按钮，为“功能”“DNS 服务器”等步骤选择默认选项，进入“确认安装所选内容”界面，确认要安装的系统组件后，单击“安装”按钮，如图 25-7 所示。

图 25-7　确认安装所选内容

7）开始安装 DNS。开始安装 DNS 服务器，等待安装完成后单击“关闭”按钮即可，如图 25-8 所示。

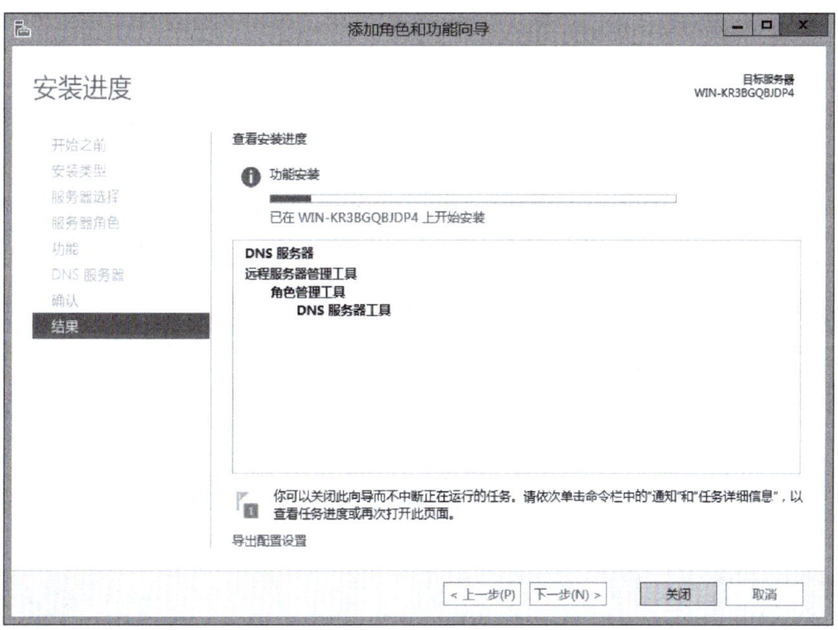

图 25-8　安装 DNS

（2）DNS 服务器的配置

1）服务器管理器。在服务器管理器中选择“工具”→“DNS”命令，如图 25-9 所示，打开 DNS 管理器。在 DNS 管理器中可以配置 DNS 服务器的正向查找区域和反向查找区域等，如图 25-10 所示。

图 25-9　服务器管理器

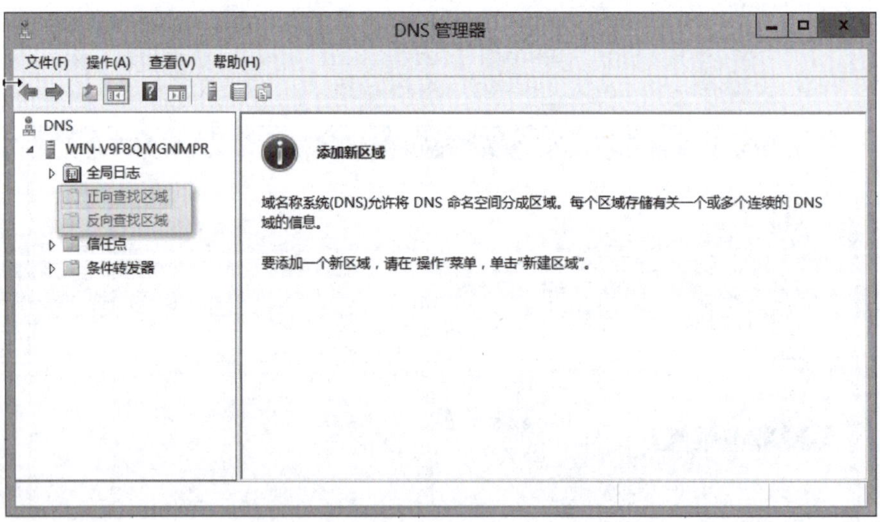

图 25-10　DNS 管理器

2）正向查找区域。右击 DNS 管理器左侧窗格中的“正向查找区域”选项，在弹出的快捷菜单中选择“新建区域”命令，打开图 25-11 所示的“新建区域向导”对话框，单击“下一步”按钮。

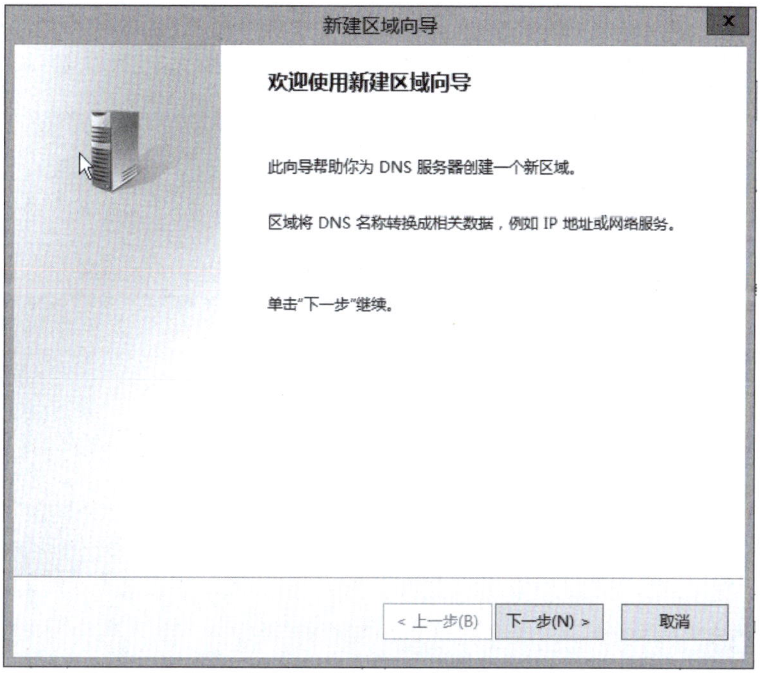

图 25-11　新建区域

3）区域类型。进入"区域类型"界面，在该界面中可以选择要创建的区域类型。本项目选择"主要区域"类型，单击"下一步"按钮，如图 25-12 所示。

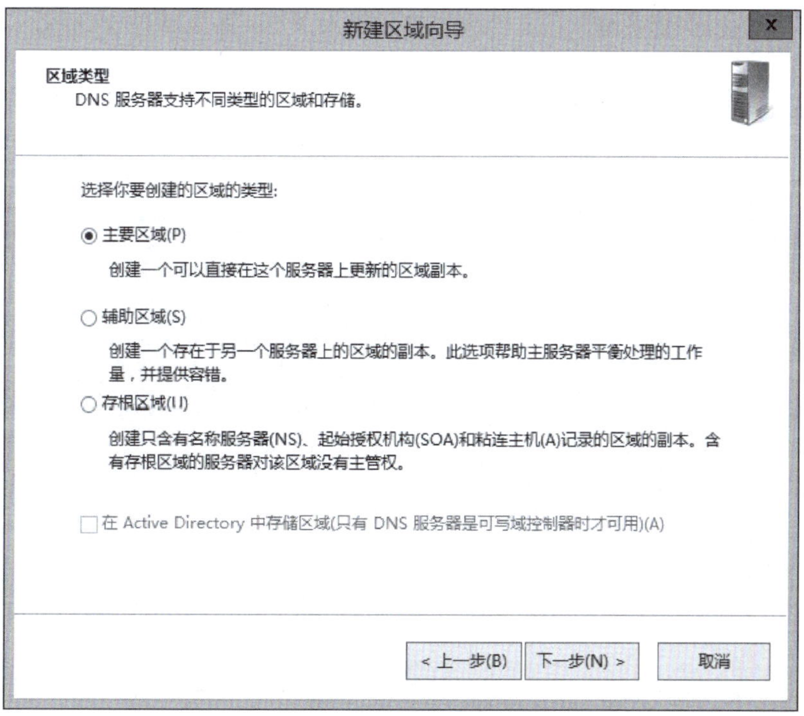

图 25-12　区域类型

4）区域名称。进入“区域名称”界面，在该界面中可以设置要创建区域的名称。本项目设置区域名称为“abc.edu.cn”，然后单击“下一步”按钮，如图 25-13 所示。

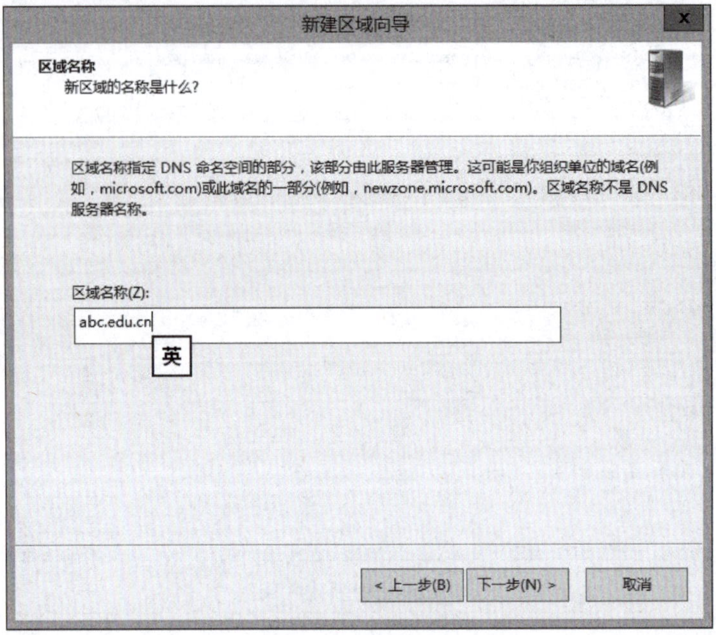

图 25-13　区域名称

5）区域文件。进入“区域文件”界面，在该界面中可以设置区域的文件名或选择已有的区域文件。本项目保持系统默认文件名，直接单击“下一步”按钮，如图 25-14 所示。

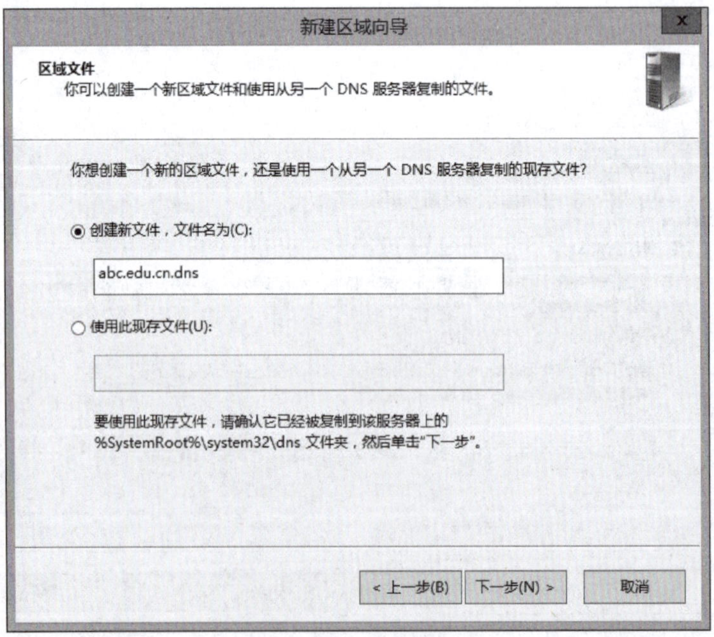

图 25-14　区域文件

6）动态更新。进入“动态更新”界面，在该界面中可以设置 DNS 区域是否接受动态更新。本项目选择“不允许动态更新”选项，单击“下一步”按钮，如图 25-15 所示。

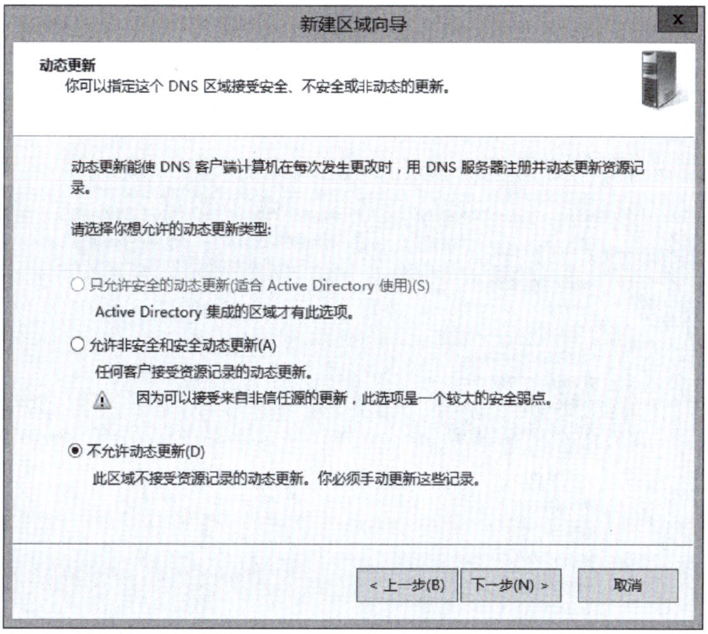

图 25-15　动态更新

7）完成新建区域向导。在“正在完成新建区域向导”界面中可以查看前面设置的区域信息。单击“完成”按钮，即可完成正向查找区域的创建，如图 25-16 所示。

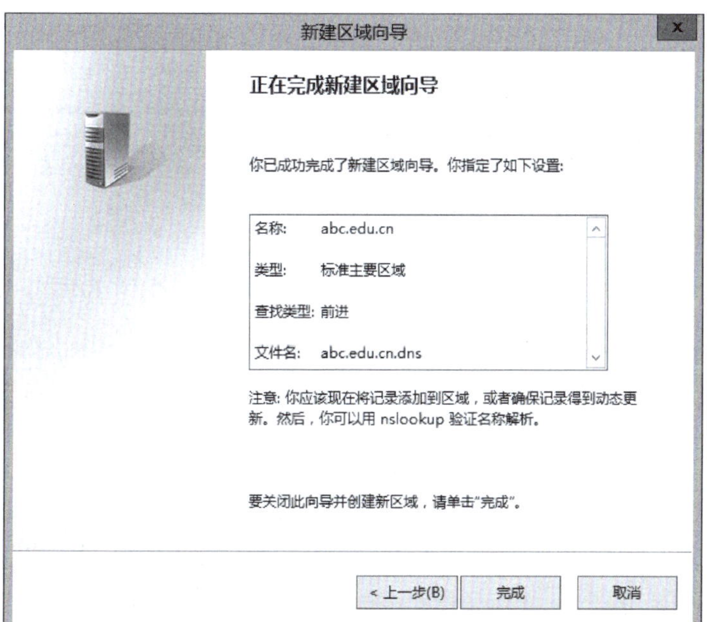

图 25-16　完成正向查找区域的创建

8）新建主机。返回 DNS 管理器，单击左侧列表中“正向查找区域”前的“▷”，在展开的列表中右击“abc.edu.cn”，在弹出的快捷菜单中选择“新建主机（A 或 AAAA）（S）”命令，如图 25-17 所示，弹出“新建主机”对话框，在该对话框中添加 DNS 服务器的主机信息，如图 25-18 所示。

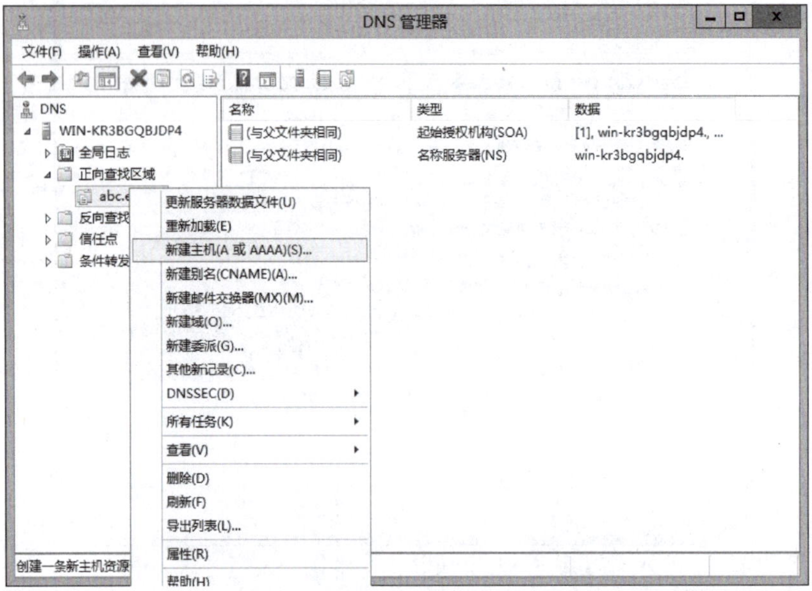

图 25-17　新建主机（一）

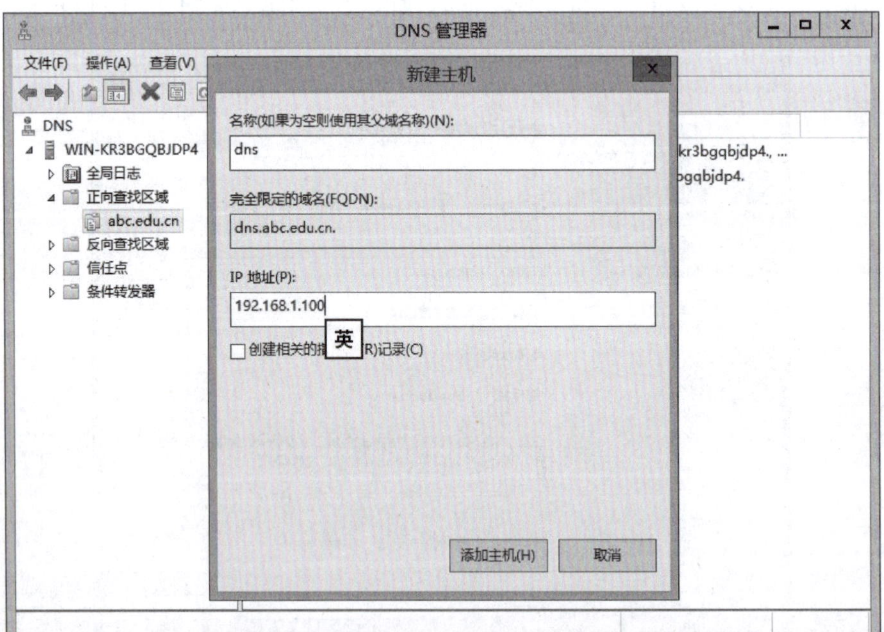

图 25-18　新建主机（二）

9）添加主机。重复上一步，为 Web 服务器添加主机信息。最终的正向查找区域信息，如图 25-19 所示。

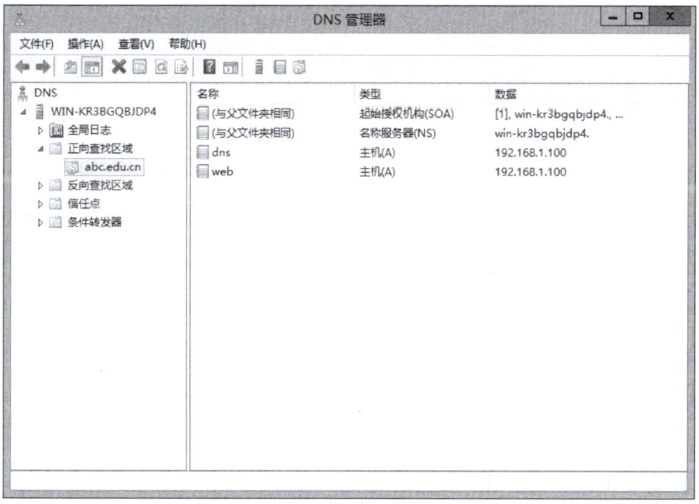

图 25-19　添加主机

10）新建区域。右击 DNS 管理器左侧窗口中的“反向查找区域”选项，在弹出的快捷菜单中选择“新建区域”命令，打开“新建区域向导”对话框，单击“下一步”按钮。

11）选择区域。进入“区域类型”界面，选择“主要区域”类型，单击“下一步”按钮。

12）IPv4 反向查找域（4）。进入“反向查找区域名称”界面，在该界面中选择“IPv4 反向查找域（4）”选项，单击“下一步”按钮，如图 25-20 所示。

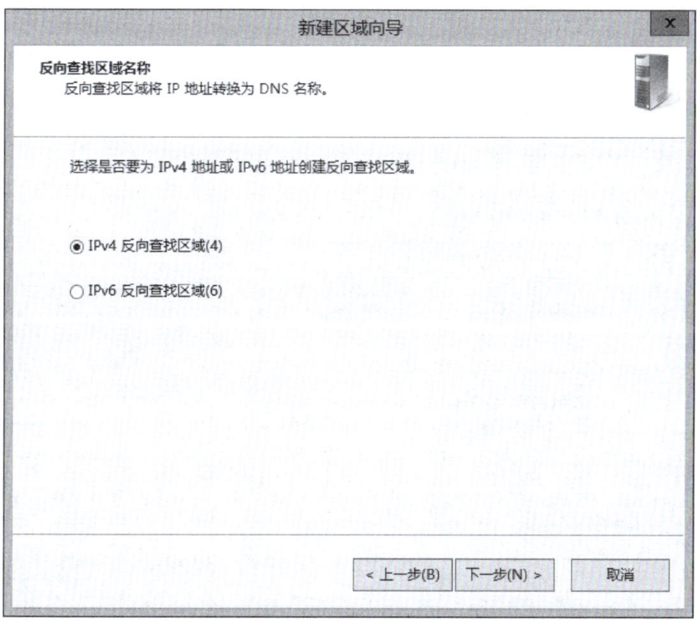

图 25-20　IPv4 反向查找区域

13）反向查找区域名称。进入“反向查找区域名称”界面，在“网络 ID（E）”文本框中输入标识反向查找区域的网络 ID。本项目输入“192.168.1”，单击“下一步”按钮，如图 25-21 所示。

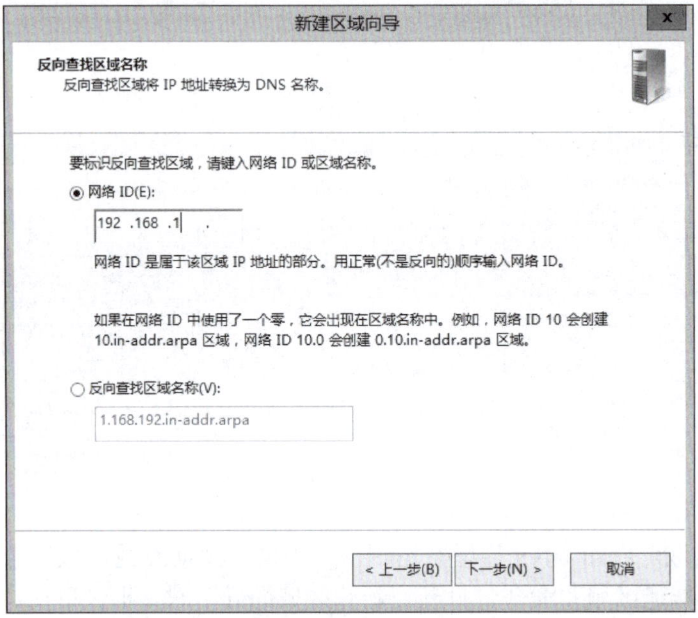

图 25-21　反向查找区域名称

14）区域文件。进入“区域文件”界面，保持系统默认设置，选择自动生成的区域文件名，单击“下一步”按钮，如图 25-22 所示。

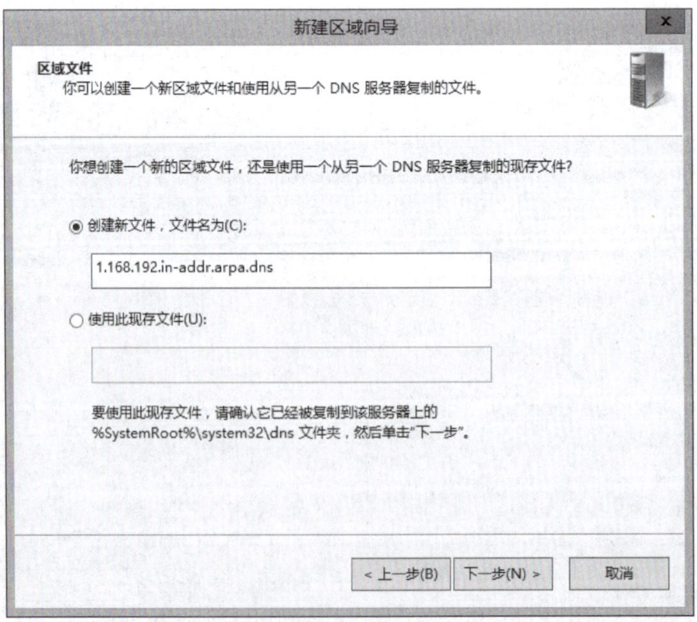

图 25-22　区域文件

15）动态更新。进入“动态更新”界面，选择“不允许动态更新”选项，单击“下一步”按钮，如图 25-23 所示。

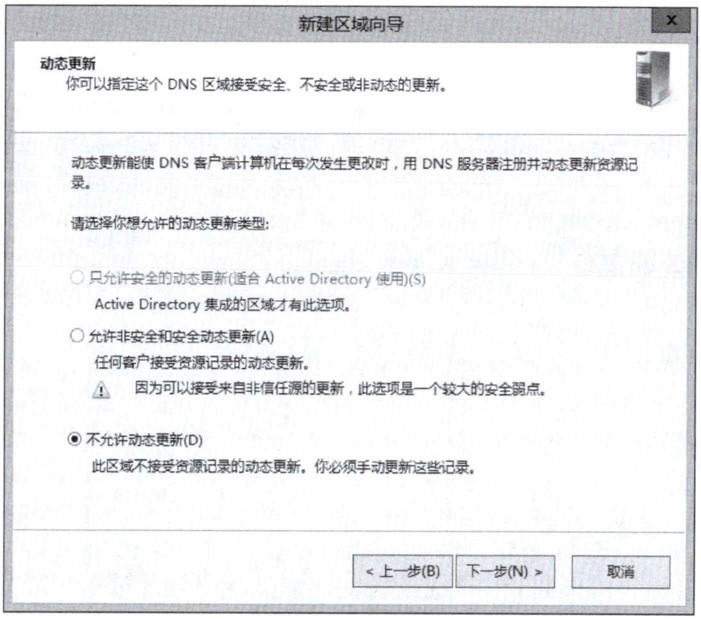

图 25-23　动态更新

16）正在完成新建区域向导。进入“正在完成新建区域向导”界面，在该界面中可以看到反向查找区域的信息。单击“完成”按钮，即可完成反向查找区域的创建，如图 25-24 所示。

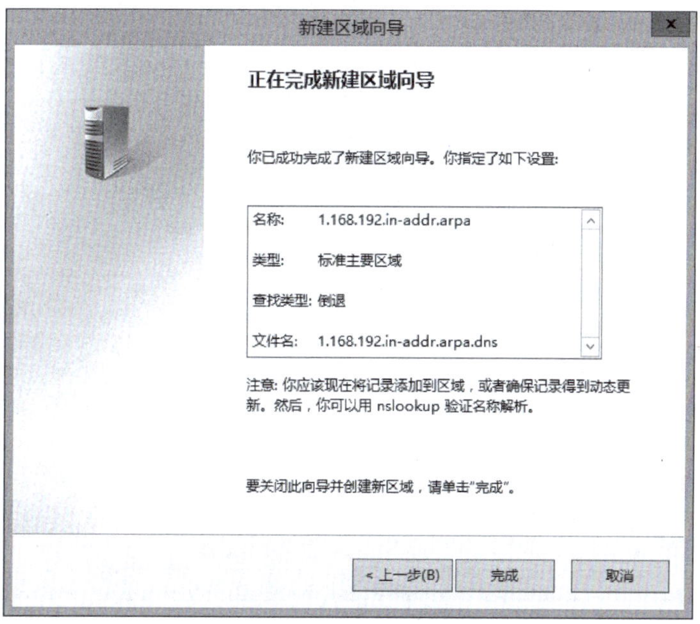

图 25-24　完成反向查找区域的创建

17）DNS 管理器。返回 DNS 管理器，单击左侧列表中“反向查找区域”前的“▷”，在展开的列表中右击“1.168.192.in-addr.arpa，在弹出的快捷菜单中选择“新建指针（PTR）”命令，弹出“新建资源记录”对话框。在该对话框中输入 DNS 服务器的资源记录，最后单击“确定”按钮，如图 25-25 所示。

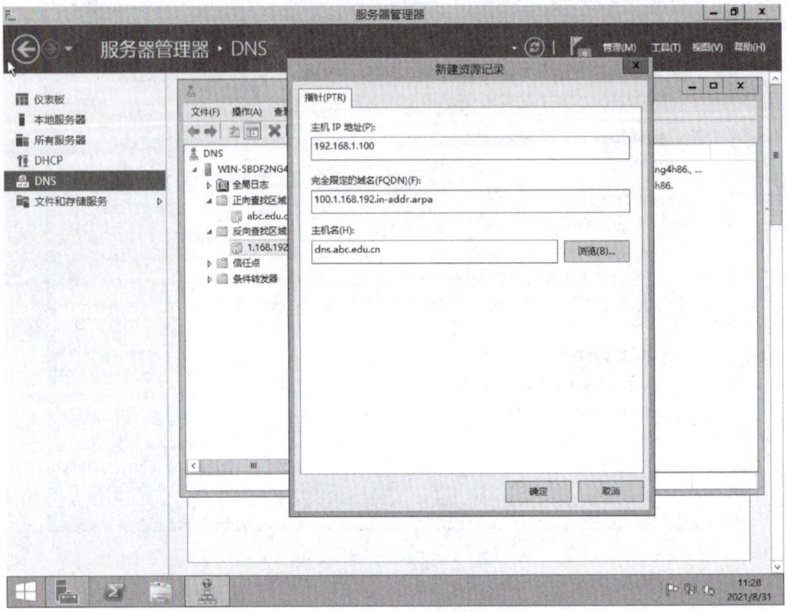

图 25-25　DNS 管理器

18）重复添加 Web 服务器资源。重复上一步，添加 Web 服务器的资源记录，最终的反向查找区域信息如图 25-26 所示。

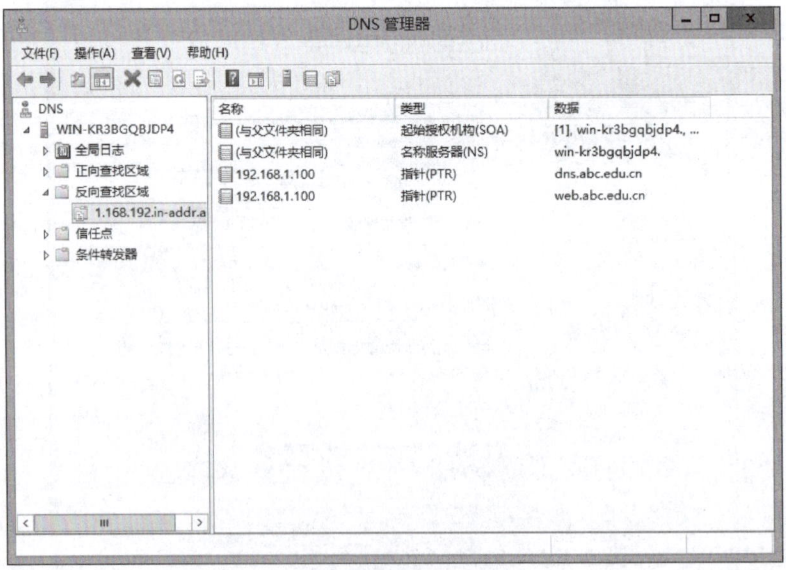

图 25-26　反向查找区域信息

4. 交付验收

由验收人填写 DNS 服务配置验收单，见表 25-1。

表 25-1　DNS 服务配置验收单

标题：		姓名：	
是否安装了 DNS 服务器	□是　□否		
是否配置了 DNS 服务器	□是　□否		
是否验证了 DNS 服务器	□是　□否		
区域名称			
是否满足交付要求	□是　□否		
验收人		验收时间：　　年　　月　　日	

5. 反思与评价

填写反思评价表，见表 25-2。

表 25-2　反思评价表

项目名称：	
完成情况	□完成　□部分完成　□没做
目标实现情况	□实现　□部分实现　□大部分未实现
与老师、同学沟通情况	□好　□较好　□一般　□存在较大问题
与同学协作情况	□好　□较好　□一般　□存在较大问题
技术方法运用情况	□好　□较好　□一般　□存在较大问题
资料收集水平	□高　□较高　□一般　□差
做事态度	□认真　□较认真　□应付　□差
项目是否完成	□完成　□部分完成　□大部分未完成　□未做
总结反思	
自我评价	
整体效果	
主要不足	
改进措施	
自评等级	□优秀　□良好　□一般
时间	年　　月　　日

Chapter

项目 26

配置文件服务器

1. 知识点导入

文件服务器（File Server），又称为档案伺服器，是指在计算机网络环境中，所有用户都可访问的文件存储设备，是一种专供其他计算机检索和存储文件的特殊计算机。

（1）SMB 协议

SMB（Server Message Block）通信协议是微软和英特尔在 1987 年制定的协议，是一种 Microsoft 网络的通信协议，文件共享也是基于 SMB 通信协议实现的。

（2）文件权限

完全控制：对文件具备以下所有的操作权限。

修改：指写入或追加内容、创建文件、删除现有文件等操作。

读取和执行：可以对可执行文件进行运行、安装和使用操作。

列出文件夹内容：对文件夹下面的文件进行列表。

读取：文件可以被显示或复制，不可以对可执行文件进行运行、安装和使用操作。

写入：既可以对文件数据进行写入和追加，也可以创建新文件，但是不能删除文件。

（3）共享方式

共享分为 SMB 和 NFS 两种方式。其中，SMB 共享包括快速、高级和应用程序三种；而 NFS 共享则分为快速和高级两种。

2. 工作情境

为了更好地进行在线协作，实验室欲搭建内部文件服务器以提高工作效率，请以 Windows Server 2012 共享为基础，搭建内部文件服务器，并实现一定的权限控制。

3. 项目实施

(1) 打开服务器管理器

在开始菜单或任务栏的左侧单击并打开“服务器管理器”，如图 26-1 所示，在“仪表板”中选择“2 添加角色和功能”。

图 26-1 打开“服务器管理器”

(2) 安装角色、服务和功能

在弹出的“添加角色和功能向导”界面中(见图 26-2)选择“服务器角色”选项，并选中“文件和 iSCSI 服务”中的相关选项(见图 26-3)，多次单击“下一步”直到出现确认界面(见图 26-4)，单击“安装”按钮。

(3) 设置共享

在“服务器管理器”—“仪表板”中选择“文件和存储服务”(见图 26-5)，在出现的图 26-6 所示界面中选择“共享”进行设置，并单击“若要创建文件共享，请启动新加共享向导”启动共享设置。

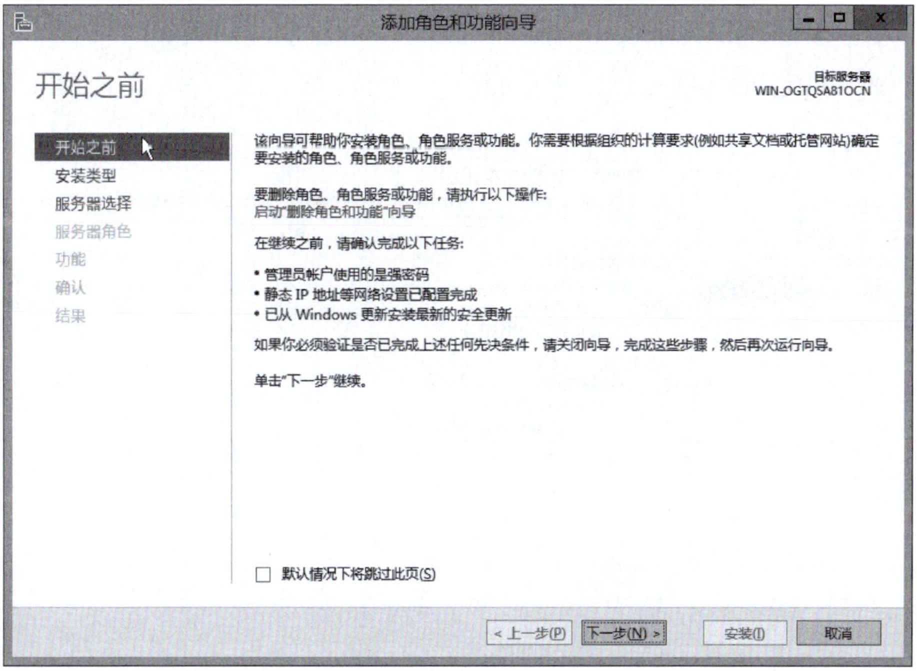

图 26-2　添加角色和功能向导

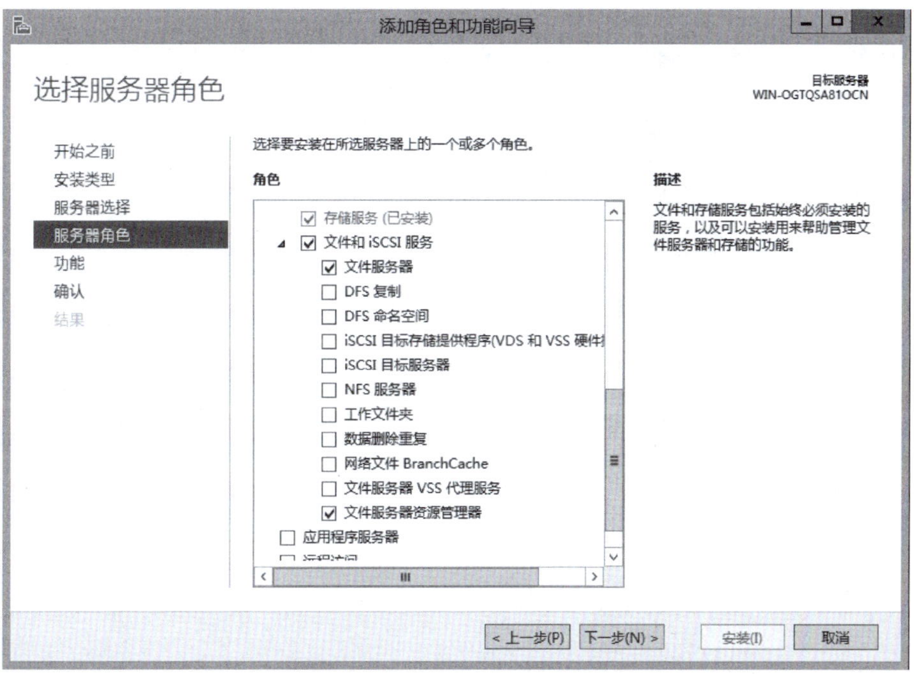

图 26-3　添加服务器角色

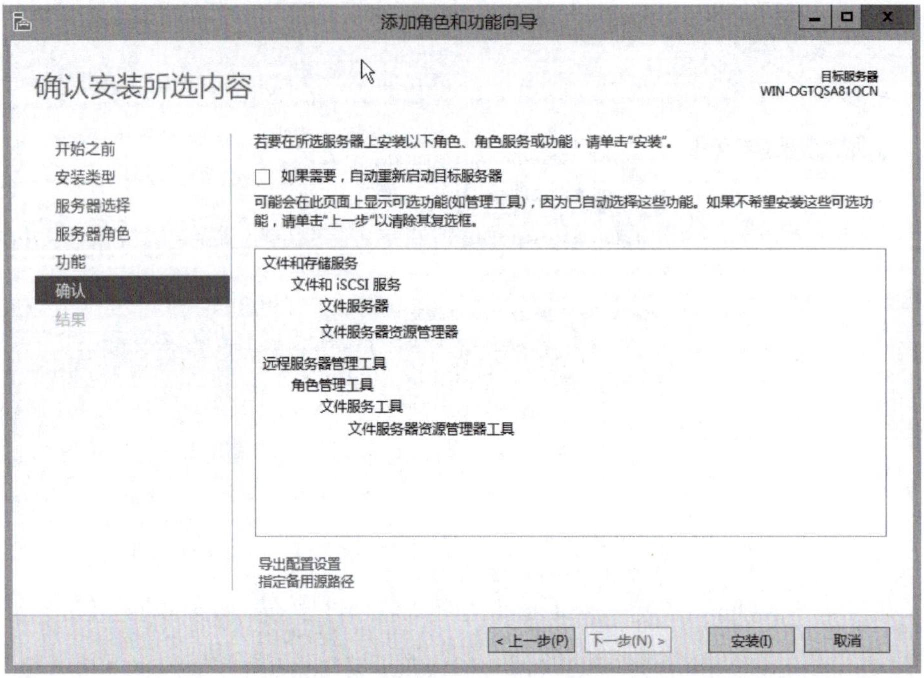

图 26-4　确认界面

图 26-5　确认界面

图 26-6　共享设置界面

（4）设置共享方式

在“新建共享向导”界面中选择“SMB 共享 – 高级”（见图 26-7），单击“下一步”按钮，设置共享路径（见图 26-8），为了管理方便，此处选择“键入自定义路径”（若路径不存在，请手动创建），单击“下一步”按钮进行共享名称设置，如图 26-9 所示。

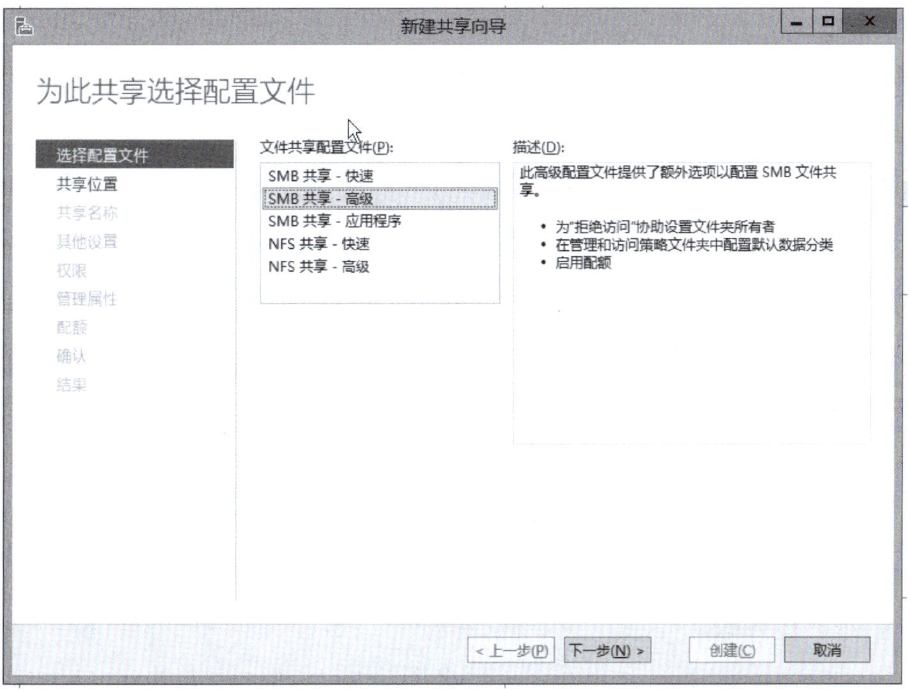

图 26-7　SMB 共享 – 高级选择界面

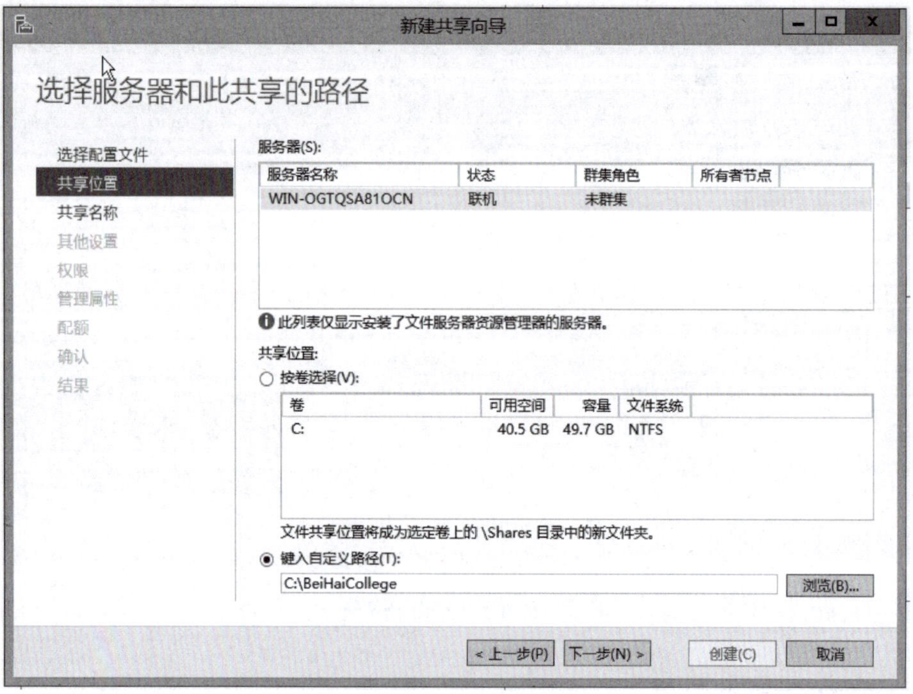

图 26-8　设置共享路径

图 26-9　设置共享名称

（5）其他设置

单击“下一步”按钮进入其他设置（见图 26-10），此界面有下面几个选项：

启用基于存取的枚举：如果用户（User）的权限只能访问目录（Dir），则目录（Dir）下的文件无法被用户（User）访问。

允许共享缓存：为脱机用户提供解决方案。

加密数据访问：在共享文件传输时会对数据进行加密，以提高数据传输的安全性。

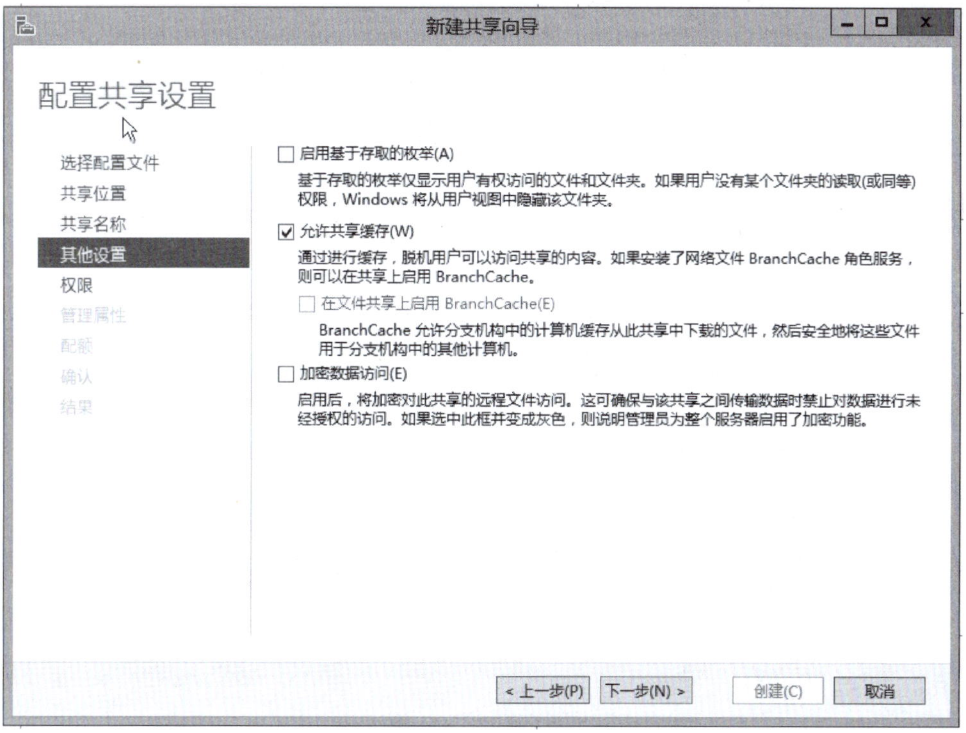

图 26-10　其他设置

（6）权限设置

接下来设置权限，用户可根据自身业务场景的需要进行个性化设置，此处设置的共享文件是“普通级别”，可以供网内所有用户访问，如图 26-11 和图 26-12 所示。

（7）管理属性及配额

管理属性用于指定文件夹的用途，在此选择“用户文件”（见图 26-13），文件夹的配额选择“不应用配额”（见图 26-14），在单击“下一步”按钮并确认后（见图 26-15），可根据服务器的 IP 地址对共享路径进行访问并测试权限，如图 26-16 所示。

图 26-11　禁用继承权限

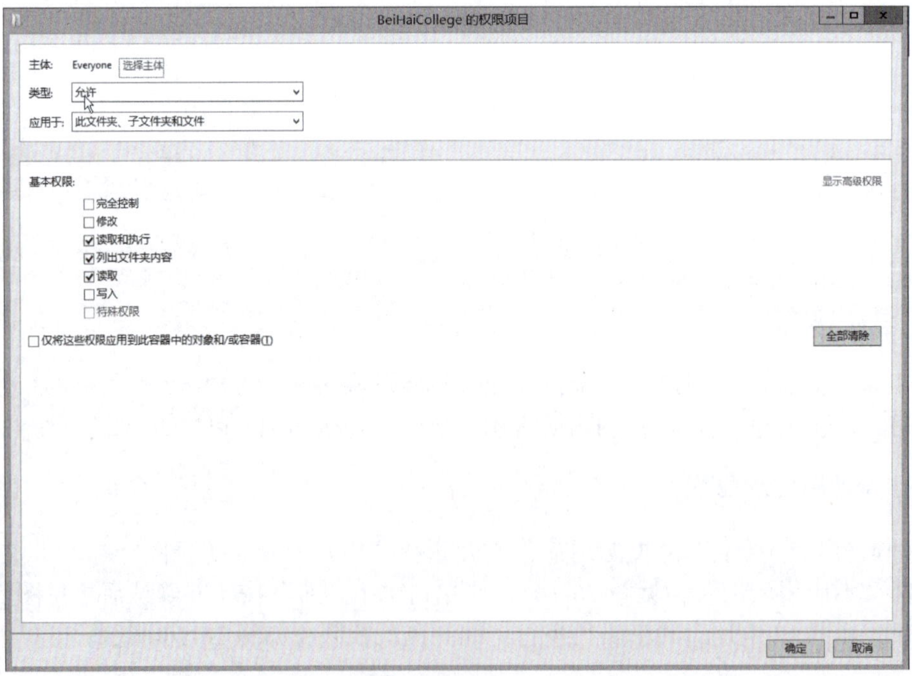

图 26-12　添加角色及权限

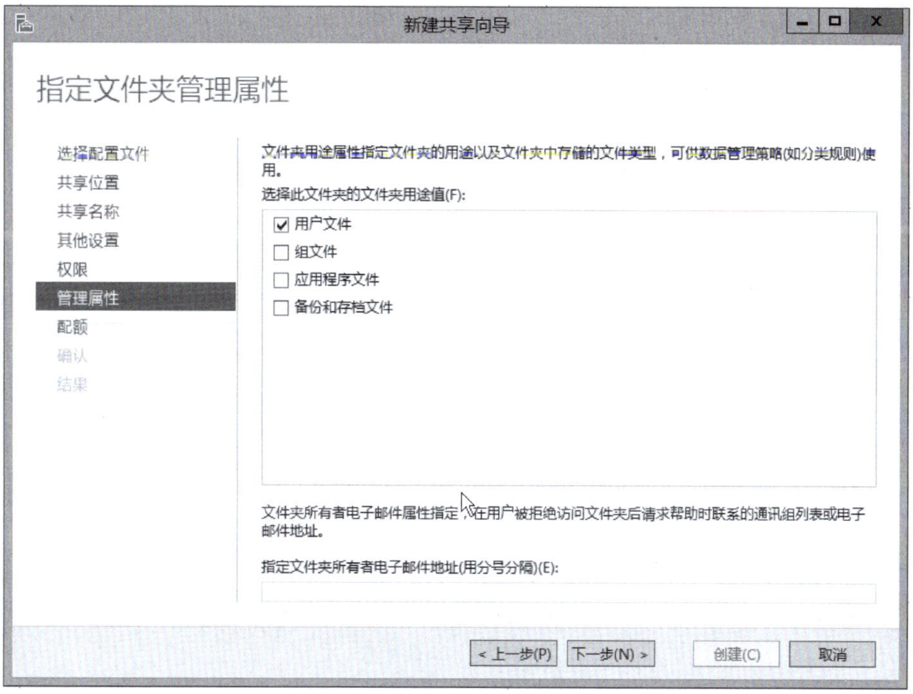

图 26-13　管理属性

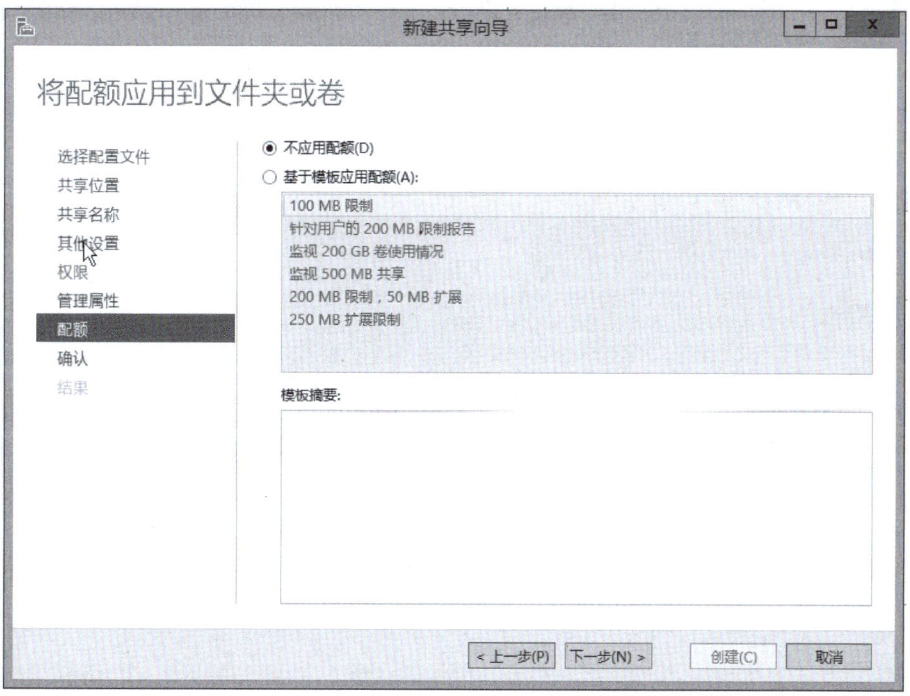

图 26-14　应用配额

图 26-15 确认配置

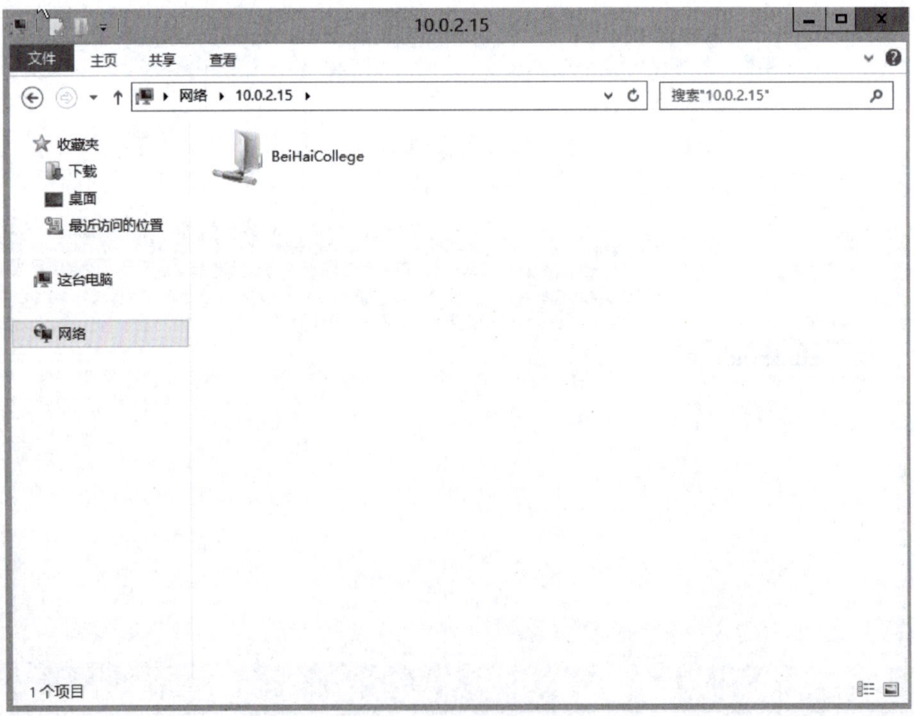

图 26-16 访问共享路径

4. 交付验收

由验收人填写文件服务器配置验收单，见表 26-1。

表 26-1　文件服务器配置验收单

标题：		姓名：	
是否配置了文件服务器	□是　□否		
是否设置了共享	□是　□否		
共享方式			
是否设置了权限	□是　□否		
管理属性			
是否设置了配额	□是　□否		
是否满足交付要求	□是　□否		
验收人		验收时间：　　年　　月　　日	

5. 反思与评价

填写反思评价表，见表 26-2。

表 26-2　反思评价表

项目名称：	
完成情况	□完成　□部分完成　□没做
目标实现情况	□实现　□部分实现　□大部分未实现
与老师、同学沟通情况	□好　□较好　□一般　□存在较大问题
与同学协作情况	□好　□较好　□一般　□存在较大问题
技术方法运用情况	□好　□较好　□一般　□存在较大问题
资料收集水平	□高　□较高　□一般　□差
做事态度	□认真　□较认真　□应付　□差
项目是否完成	□完成　□部分完成　□大部分未完成　□未做
总结反思	
自我评价	
整体效果	
主要不足	
改进措施	
自评等级	□优秀　□良好　□一般
时间	年　　月　　日

Chapter

项目 27 配置 Web 服务器

1. 知识点导入

Web 服务器一般指网站服务器，是指驻留于 Internet 上某种类型计算机的程序，可以处理浏览器等 Web 客户端的请求并返回响应，既可以放置网站文件，公开浏览，又可以放置数据文件，公开下载。目前主流的三个 Web 服务器分别是 Apache、Nginx、IIS。

（1）WWW（World Wide Web）

即全球广域网，也称为万维网，是一种基于超文本和 HTTP 的、全球性的、动态交互的、跨平台的分布式图形信息系统。它是建立在 Internet 上的一种网络服务，为浏览者在 Internet 上查找和浏览信息提供了图形化的、易于访问的直观界面，其中的文档及超级链接将 Internet 上的信息节点组织成一个互为关联的网状结构。

（2）超文本

一个超文本由多个信息源链接而成。利用一个链接可找到另一个文档，而在新文档中又可以链接到其他文档，这些文档可位于 Internet 上任何一个超文本系统（在不同的 Web 服务器上）。

（3）URL

因特网上的可用资源可以用简单字符串来表示，该文档用于描述这种字符串的语法和语义，而这些字符串则被称为“统一资源定位器”（URL）。

2. 工作情境

为了更好地宣传实验室工作，实验室欲搭建一个基于 HTML 技术的 Web 服务器，实验室选择 Windows Server 2012 作为操作系统，使用 IIS 作为 Web 服务器，请完成 Web 服务器的搭建。

3. 项目实施

(1) 安装 Web 服务器

1)添加角色和功能。在服务器管理器的仪表板界面选择“添加角色和功能”选项，如图 27-1 所示。

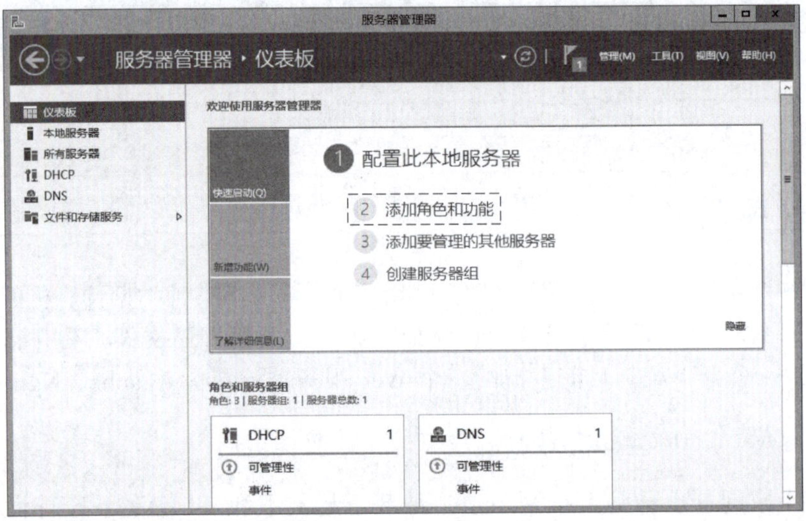

图 27-1 服务器管理器

2)选择 Web 服务器角色。在添加角色和功能向导界面中选择服务器角色(见图 27-2),勾选“Web 服务器(IIS)”复选框。

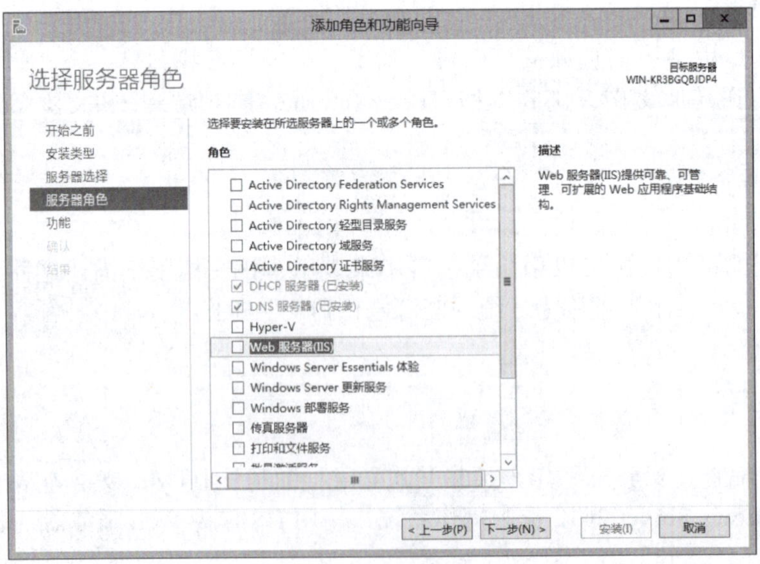

图 27-2 选择服务器角色

3）添加功能。在“Web 服务器（IIS）”安装过程中，会弹出“添加角色和功能向导”对话框，可以选择所需功能，此处保持默认，单击“添加功能”按钮，继续安装，如图 27-3 所示。

图 27-3　添加 Web 服务器（IIS）所需功能

4）角色服务。在角色服务中可以选择所需的功能和服务，如图 27-4 所示。

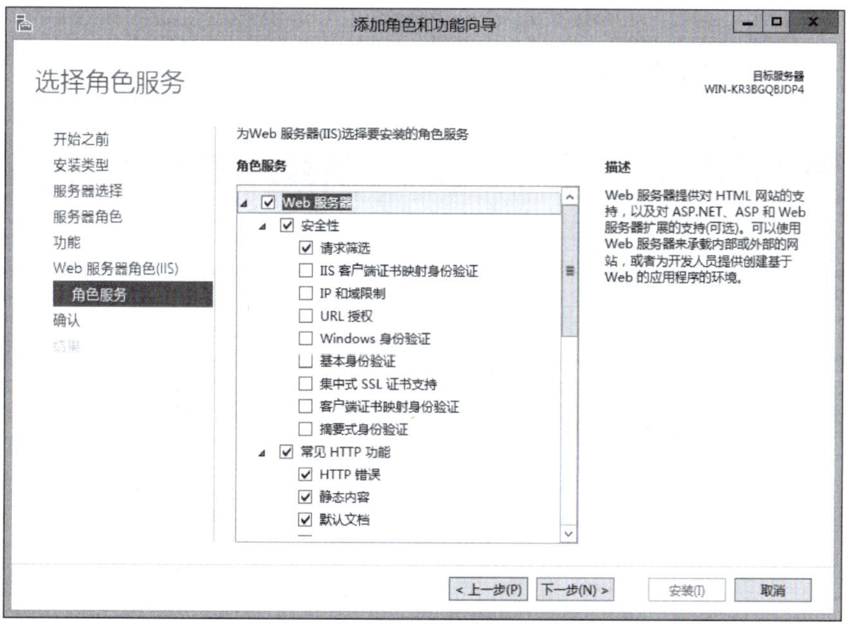

图 27-4　角色服务

5）完成安装。单击“下一步”按钮，开始 Web 服务安装（见图 27-5），安装完成后，关闭安装向导。

图 27-5　安装进度

（2）配置 IIS

1）IIS 管理器。安装成功后，在“工具”菜单中打开 IIS 管理器（见图 27-6），可以看到已经有默认站点了，名称是“Default Web Site”，如图 27-7 所示。

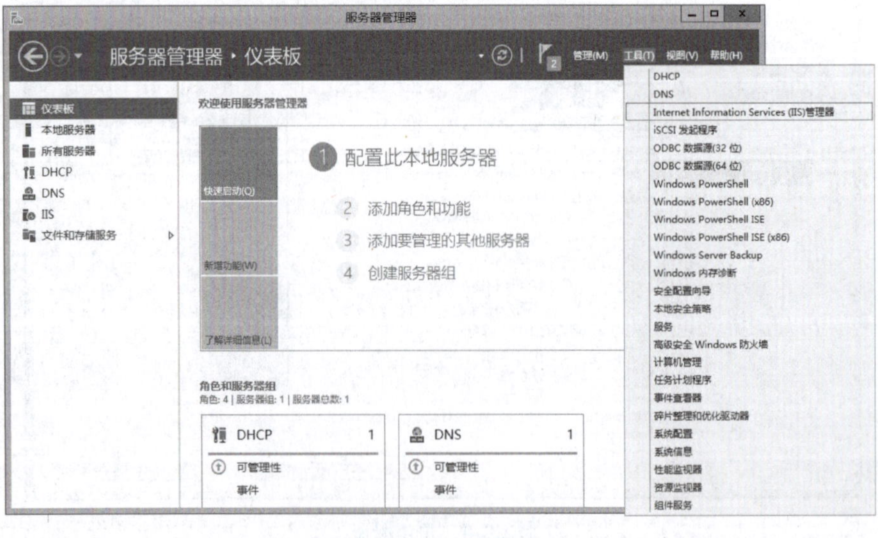

图 27-6　打开 IIS 管理器

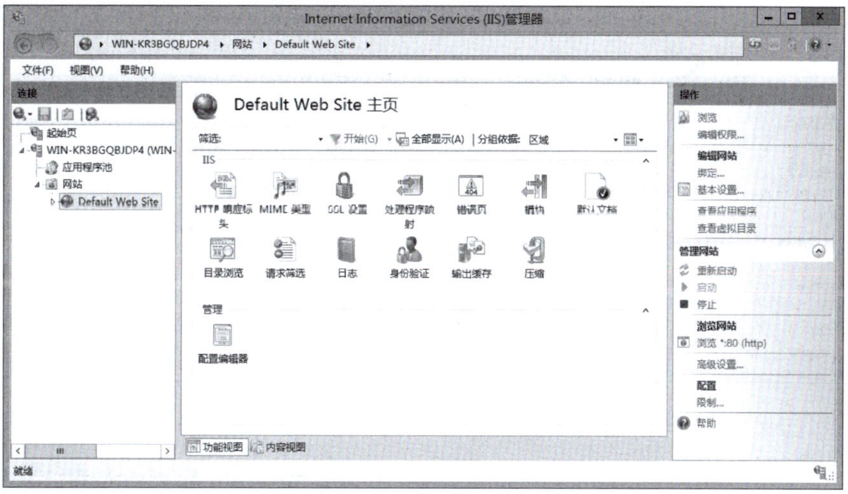

图 27-7　IIS 管理器默认站点

2）新建 HTML 文件。右击“Default Web Site”，在弹出的菜单中选择“浏览”命令（见图 27-8），利用记事本新建一个 welcome.htm 文件（见图 27-9），并保存在站点目录中（见图 27-10）。

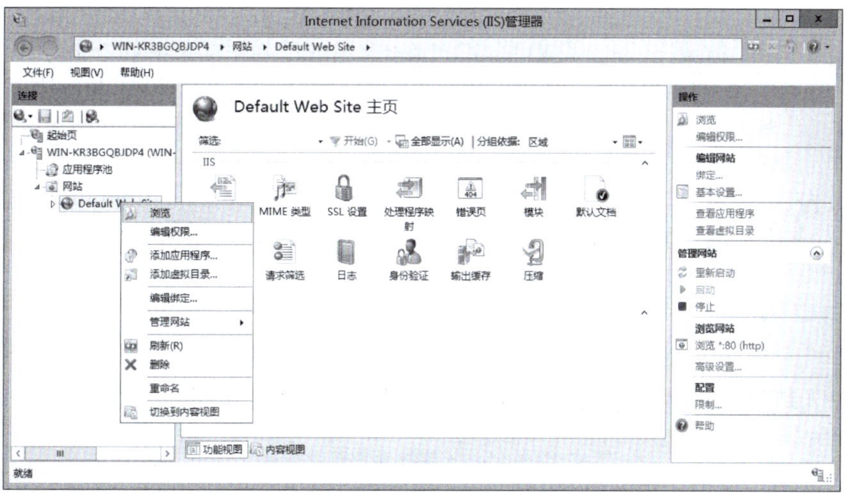

图 27-8　浏览默认站点

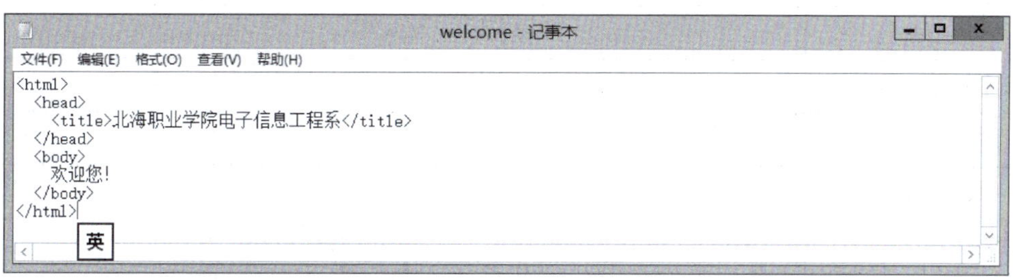

图 27-9　welcome.htm 文件

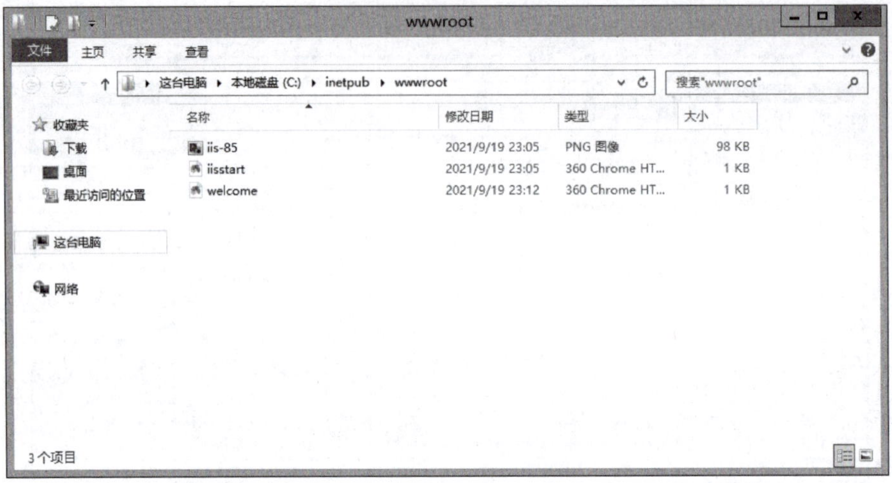

图 27-10　站点目录

（3）访问 Web 页面

1）输入 URL。在局域网内（包括本机）输入地址就可以访问站点目录下的 welcome.htm 文件，如图 27-11 所示。

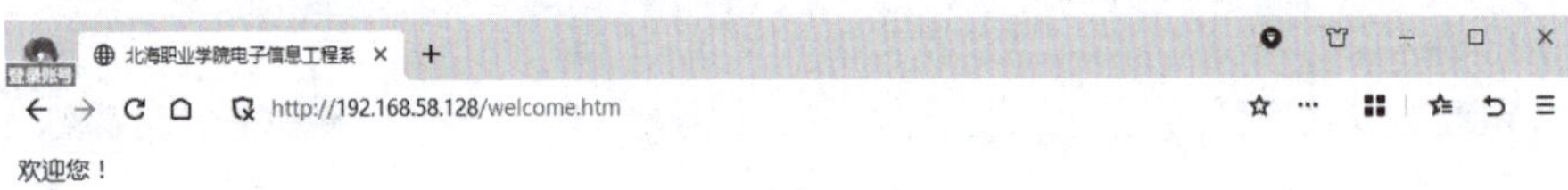

图 27-11　访问网页

2）按需上传应用。Web 站点搭建完成后，可以通过 URL 进行访问。

4. 交付验收

由验收人填写 Web 服务器配置验收单，见表 27-1。

表 27-1　Web 服务器配置验收单

标题：		姓名：	
是否安装了 IIS	□是　□否		
角色服务			
是否配置了 IIS	□是　□否		
HTML 测试文件			
默认首页			
是否满足交付要求	□是　□否		
验收人		验收时间：　　年　　月　　日	

5. 反思与评价

填写反思评价表，见表 27-2。

表 27-2　反思评价表

项目名称：	
完成情况	□完成　□部分完成　□未做
目标实现情况	□实现　□部分实现　□大部分未实现
与老师、同学沟通情况	□好　□较好　□一般　□存在较大问题
与同学协作情况	□好　□较好　□一般　□存在较大问题
技术方法运用情况	□好　□较好　□一般　□存在较大问题
资料收集水平	□高　□较高　□一般　□差
做事态度	□认真　□较认真　□应付　□差
项目是否完成	□完成　□部分完成　□大部分未完成　□未做
总结反思	
自我评价	
整体效果	
主要不足	
改进措施	
自评等级	□优秀　□良好　□一般
时间	年　月　日

Chapter

项目 28 配置 FTP 服务器

1. 知识点导入

网络中的数据传输是一个复杂的过程。一个简单的数据传输，其实经过了很多道协议的规范和作用。

（1）FTP 的基本概念

文件传输协议（File Transfer Protocol，FTP）是用于在网络上进行文件传输的一套标准协议，它工作在 OSI 模型的第七层、TCP 模型的第四层，即应用层。使用 TCP 传输而不是 UDP，客户在和服务器建立连接前要经过一个“三次握手”的过程，保证客户与服务器之间的连接是可靠的，而且是面向连接，为数据传输提供可靠保证。

（2）FTP 的工作原理

FTP 有两个过程：一个是控制连接，一个是数据传输。FTP 协议不像 HTTP 协议一样需要一个端口作为连接（默认时 HTTP 端口是 80，FTP 端口是 21）。FTP 协议需要两个端口，一个端口作为控制连接端口，也就是 FTP 的 21 端口，用于发送指令给服务器以及等待服务器响应；另一个端口用于数据传输，端口号为 20（仅用于 PORT 模式），是用于建立数据传输通道的，主要作用是从客户端向服务器发送一个文件、从服务器向客户端发送一个文件、从服务器向客户端发送文件或目录列表。

（3）FTP 的传输模式

FTP 的传输有两种模式：ASCII 传输模式和二进制数据传输模式。

ASCII 传输模式假定用户正在复制的文件包含简单的 ASCII 码文本，如果在远程机器上运行的不是 UNIX，当文件传输时，FTP 通常会自动调整文件的内容，以便于把文件解析成另外一台计算机存储文本文件的格式。

二进制传输模式在二进制传输中保存文件的位序，以保证原始数据和复制的数据是逐位对应的。

2. 工作情境

实验室完成 Web 服务器的搭建后，在网站更新时碰到了一些问题——文件无法通过互联网传输到 Web 服务器，于是想配置 FTP 服务，将需要更新的网站文件传输到站点的相应目录，请完成 FTP 服务器的搭建。

3. 项目实施

(1) 启动服务器管理器

进入操作系统，直接从启动栏打开服务器管理器，选择“添加角色和功能”，如图 28-1 所示。

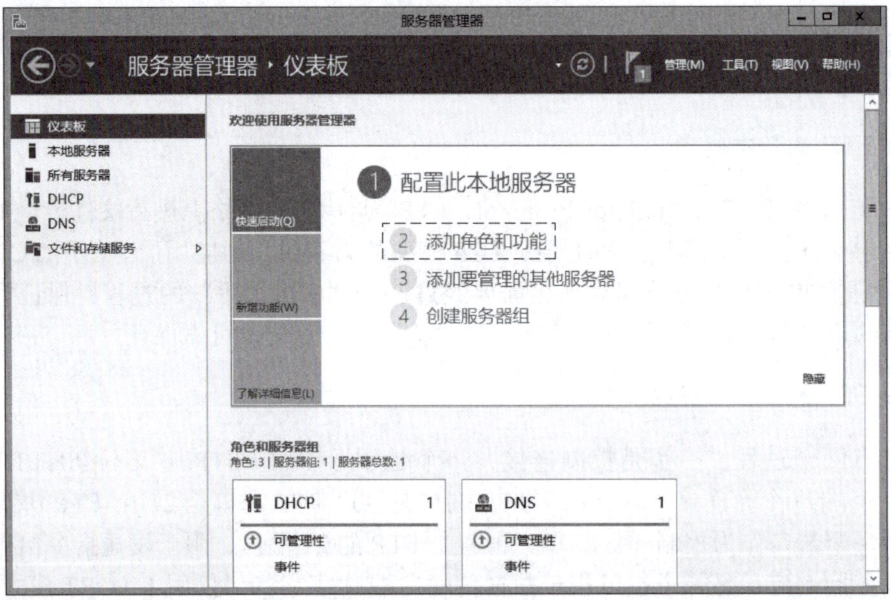

图 28-1　服务器管理器

(2) 服务器选择

选择服务器，在开始菜单或任务栏的左侧单击并打开“服务器管理器”，选择“从服务器池中选择服务器”，单击“下一步”按钮，如图 28-2 所示。

(3) 安装角色、服务和功能

在弹出的“添加角色和功能向导”界面中（见图 28-3）切换到“服务器角色”页并选中“FTP 服务器”（见图 28-4），单击“下一步”按钮直到转到确认界面（见图 28-5），单击“安装”按钮。

图 28-2　选择服务器

图 28-3　添加角色和功能向导

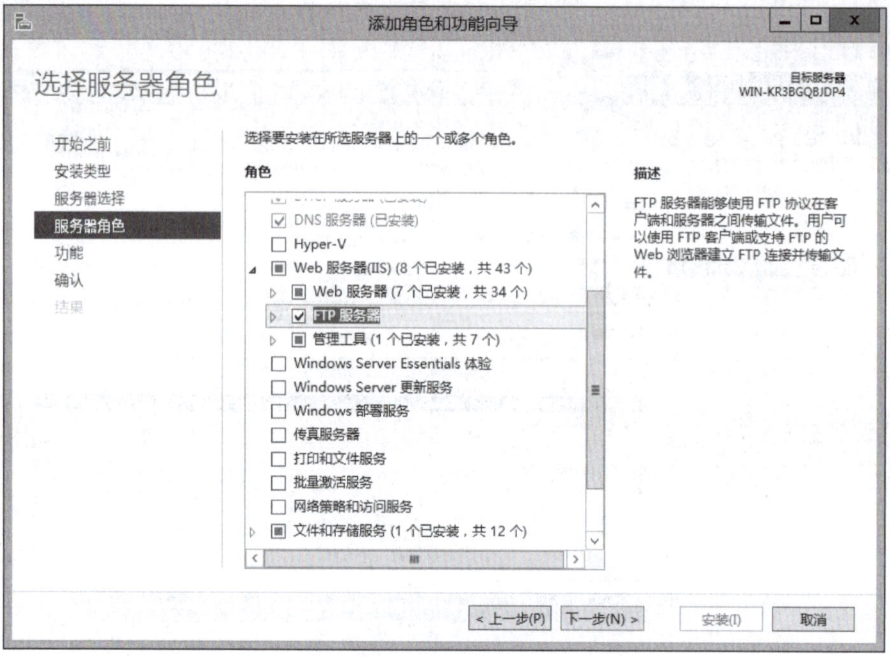

图 28-4　添加服务器角色

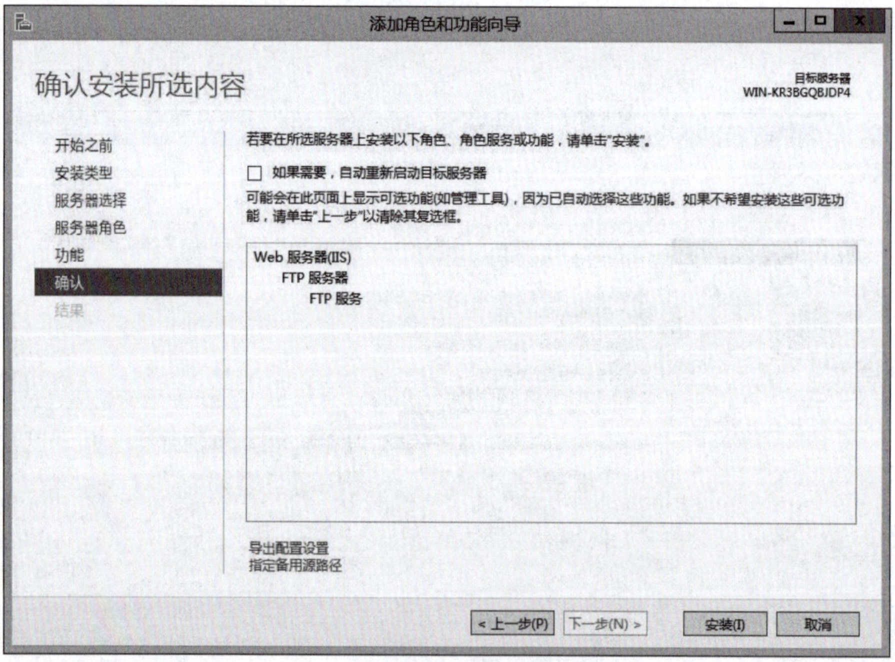

图 28-5　确认界面

（4）等待安装完成

等待功能安装完成即可，如图 28-6 所示。

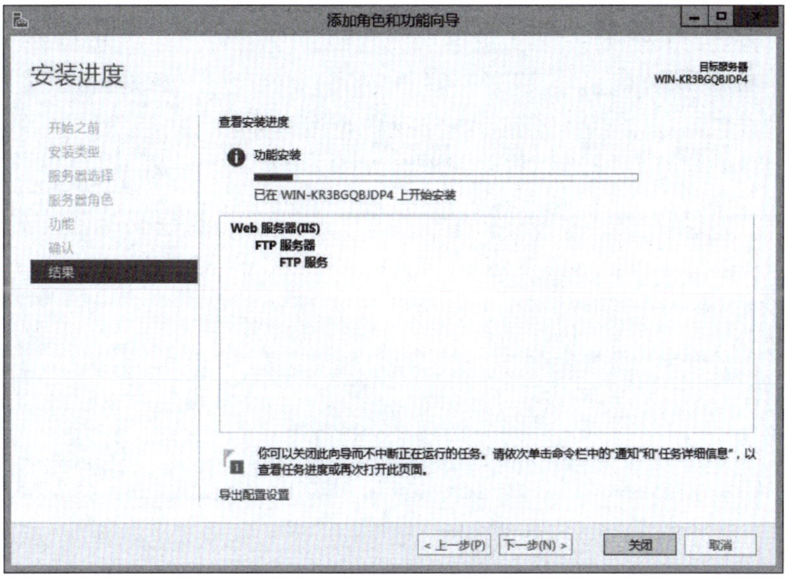

图 28-6　功能安装进度

（5）打开 IIS 管理器

再次打开服务器管理器，在右上角的工具菜单栏中选择 IIS 管理器，如图 28-7 所示。

图 28-7　服务器管理器

（6）添加 FTP 站点

在 IIS 管理器界面单击右侧的“添加 FTP 站点”，如图 28-8 所示。

图 28-8　添加站点界面

（7）站点信息

在弹出的“添加 FTP 站点”对话框中设置 FTP 站点名称和物理路径，如图 28-9 所示，单击“下一步”按钮。

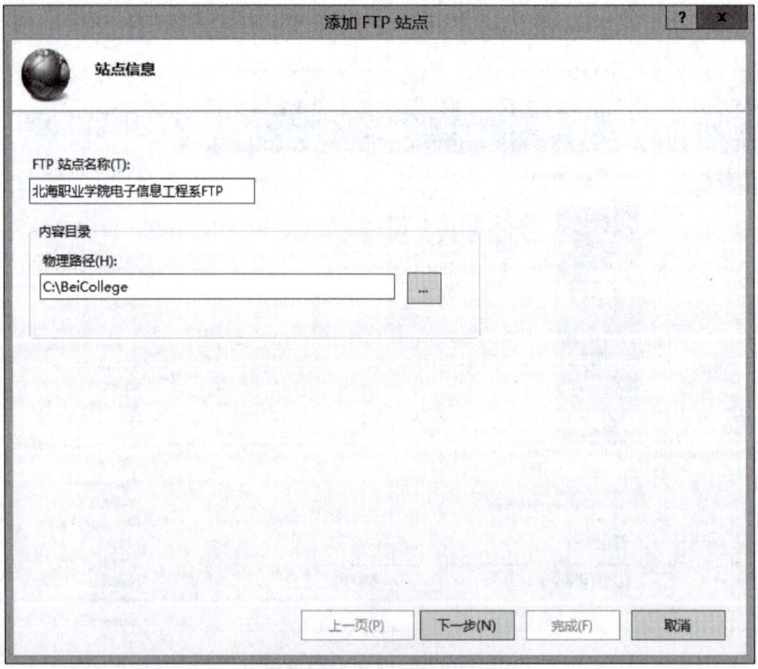

图 28-9　站点信息

（8）绑定和 SSL 设置

绑定 IP 地址和端口。选中“自动启动 FTP 站点”和无“SSL”，如图 28-10 所示，单击“下一步”按钮。

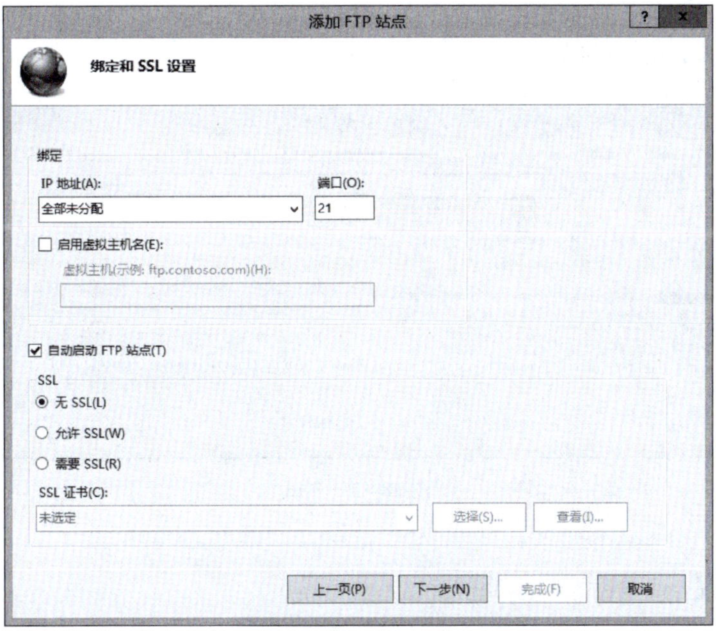

图 28-10　绑定和 SSL 设置

（9）身份验证和授权信息

如图 28-11 所示，此处为了方便，授予了所有用户读取和写入权限（实际中不按此设置）。

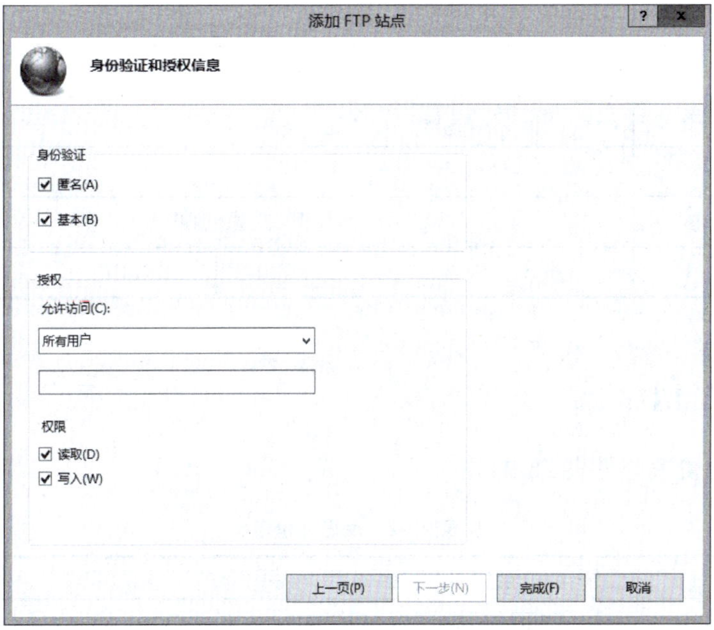

图 28-11　身份验证和授权信息

（10）测试

可以在这台计算机的地址栏输入：ftp://192.168.58.128（以实际服务器 IP 为准）访问 FTP 服务器，如图 28-12 所示。

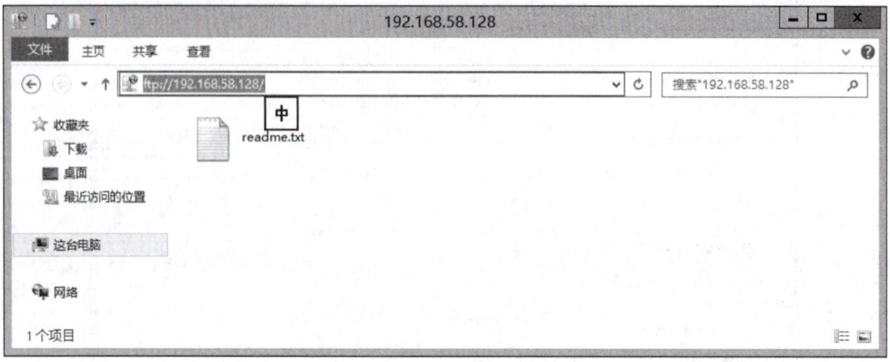

图 28-12 测试

4. 交付验收

由验收人填写 FTP 服务器配置验收单，见表 28-1。

表 28-1 FTP 服务器配置验收单

标题：		姓名：	
是否安装了 IIS 服务器	□是 □否		
是否配置了 FTP 服务器	□是 □否		
是否配置了站点信息	□是 □否		
FTP 物理路径			
身份验证和授权信息			
FTP 测试			
是否满足交付要求	□是 □否		
验收人		验收时间： 年 月 日	

5. 反思与评价

填写反思评价表，见表 28-2。

表 28-2 反思评价表

项目名称：	
完成情况	□完成 □部分完成 □没做

（续）

目标实现情况	□实现 □部分实现 □大部分未实现
与老师、同学沟通情况	□好 □较好 □一般 □存在较大问题
与同学协作情况	□好 □较好 □一般 □存在较大问题
技术方法运用情况	□好 □较好 □一般 □存在较大问题
资料收集水平	□高 □较高 □一般 □差
做事态度	□认真 □较认真 □应付 □差
项目是否完成	□完成 □部分完成 □大部分未完成 □未做
总结反思	
自我评价	
整体效果	
主要不足	
改进措施	
自评等级	□优秀 □良好 □一般
时间	年 月 日

Chapter

项目 29 配置安全策略

1. 知识点导入

随着信息技术的不断飞速发展，新型网络移动应用和服务应运而生。在丰富的网络移动应用大环境下，互联网络逐渐暴露出越来越多的安全隐患和安全问题。对个人用户而言，为避免网络黑客的非法攻击、保证计算机能够在互联网上安全运行，有必要对计算机进行安全设置。

（1）网络安全的定义

网络安全在不同的应用环境下有不同的解释。

1）广义的网络安全概念。根据《中华人民共和国网络安全法》的定义，“网络安全，指通过采取必要措施，防范对网络的攻击、侵入、干扰、破坏和非法使用以及意外事故，使网络处于稳定可靠运行的状态，以及保障网络数据的完整性、保密性、可用性的能力。”广义的概念倾向于针对整个网络空间，侧重于网络空间的运行安全和信息安全。

2）狭义的网络安全概念。一般是针对某个独立运行的网络系统而言，主要是指系统内重要数据和关键信息的传输安全和存储安全等。

（2）网络安全面临的威胁

网络安全面临的威胁主要有如下几种：系统漏洞、病毒威胁、黑客攻击、人为因素、自然威胁等。

（3）网络安全的防护技术

防火墙技术、入侵检测技术、VPN 技术、防病毒技术、访问控制技术。

2. 工作情境

计算机操作系统的安全是网络安全的基础，了解操作系统的安全机制和安全策略，掌握 Windows 操作系统的安全配置方法非常必要，请完成以下任务：

完成计算机登录账户和密码、防火墙、端口禁用等设置，关闭网络共享，安装杀毒软件。

3. 项目实施

（1）设置账户和密码

1）修改默认管理员账户名称。系统默认的管理员账户名称是___________，该账户拥有系统___________级别权限。可通过“控制面板”→“管理工具”→“本地安全策略”→“本地策略”→“安全选项”→“账户：重命名系统管理员账户”来修改。

2）禁用非必要的账户。禁用来宾账户___________，以及其他非必要的账户。可通过右击“我的计算机”，选择“管理”→“本地用户和组”→“用户”来禁用。

3）设置账户密码策略。启用“密码必须符合复杂性要求”时，密码的长度至少为___________位，至少包含___________、___________、___________、___________四类字符中的___________类。可通过“控制面板”→“管理工具”→“本地安全策略”→“账户策略”→“密码策略”来设置。

4）开启账户锁定策略。如果定义了账户锁定阈值，则此重置时间必须___________账户锁定时间。可通过“控制面板”→“管理工具”→“本地安全策略”→“账户策略”→“账户锁定策略”来开启。

（2）开启防火墙

通过“控制面板”→“系统和安全”→“Windows 防火墙”开启防火墙。

（3）禁用端口和服务

1）禁用非必要的端口。Windows 操作系统中的___________、___________等端口是默认开放的，这些端口很容易被黑客利用进行非法攻击。可通过“控制面板”→“系统和安全”→“Window 防火墙”→“高级设置”进行入站规则设置。

2）禁用非必要的服务。在 Windows 操作系统中，并非所有开放服务都是必需的。禁用非必要的服务可以节省系统内存和资源，同时提升系统安全性。可通过“任务管理器”→“服务”→“打开服务”选择某项服务进行禁用。

（4）关闭网络共享

可通过“控制面板”→“网络和 Internet”→“选择家庭组和共享选项”→“更改高级共享设置”进行设置。

（5）安装杀毒软件

常见的杀毒软件有___________、___________、___________等。以火绒为例，可通过火绒官网下载最新杀毒软件版本，按提示进行安装。

4. 交付验收

由验收人填写安全策略配置验收单，见表 29-1。

表 29-1　安全策略配置验收单

标题：		姓名：	
账户和密码	□已设置　□未设置		
防火墙	□已开启　□未开启		
非必要端口和服务	□已关闭　□未关闭		
网络共享	□已开启　□已关闭		
杀毒软件	□已安装　□未安装		
是否满足交付要求	□是　□否		
验收人		验收时间：　　年　　月　　日	

5. 反思与评价

填写反思评价表，见表 29-2。

表 29-2　反思评价表

项目名称：	
完成情况	□完成　□部分完成　□没做
目标实现情况	□实现　□部分实现　□大部分未实现
与老师、同学沟通情况	□好　□较好　□一般　□存在较大问题
与同学协作情况	□好　□较好　□一般　□存在较大问题
技术方法运用情况	□好　□较好　□一般　□存在较大问题
资料收集水平	□高　□较高　□一般　□差
做事态度	□认真　□较认真　□应付　□差
项目是否完成	□完成　□部分完成　□大部分未完成　□未做
总结反思	
自我评价	
整体效果	
主要不足	
改进措施	
自评等级	□优秀　□良好　□一般
时间	年　　月　　日

Chapter

项目 30 使用网络命令

1. 知识点导入

Windows 有很多网络命令，了解和掌握这些网络命令，有助于快速检测网络故障，提高检修效率。

（1）ping 命令

ping 是个使用频率极高的测试程序，主要用于检查网络是否连通，有助于分析和判断网络故障。如果 ping 运行正确，则大体可排除网络访问层、网卡、路由器等存在的故障，从而缩小故障检测范围。

（2）IPConfig 命令

IPConfig 可用于显示当前主机的 TCP/IP 配置信息。如果该主机和所处的局域网都使用了 DHCP（动态主机配置协议），则还可显示本机当前的 IP 地址、子网掩码和默认网关等信息。

（3）Tracert 命令

Tracert 命令可以用来判断数据包到达目的主机所经过的路径，还可显示数据包经过的中继结点清单和到达时间。如果网络出现故障，可以通过命令返回查找出现问题的位置。

（4）Netstat 命令

Netstat 命令用于了解网络的整体使用情况，它可以显示当前计算机中正在活动的网络连接的详细信息。

（5）ARP 命令

ARP 即地址解析协议，是一个重要的 TCP/IP 协议，用于确定对应 IP 地址的物理地址。使用 ARP 命令可以查看本机或其他主机 ARP 高速缓存中的当前内容。当需要查看某台计算机高速缓存中的内容时，首先要 ping 通此台计算机，才能使用 ARP 命令。

2. 工作情境

掌握 Windows 网络命令的基本功能、使用方法。学会使用网络命令判断网络状态是一项基本的应用技能，请完成以下任务：

1）使用 ping 命令验证网络连接。

2）使用 IPConfig 命令查看 TCP/IP 信息。

3）使用 Tracert、Netstat、ARP 查看网络信息。

3. 项目实施

（1）使用 ping 命令验证网络连接

1）验证本机 TCP/IP 协议及配置是否正确：ping____________。

2）验证主机文件是否存在问题：ping____________。

3）验证本机网络适配器是否正常：ping____________（请写明具体的 IP 地址）。

4）检查本机与本地网络连接是否正常：ping____________（请写明具体的 IP 地址）。

5）检查本机与网关的链路是否正常：ping____________（请写明具体的 IP 地址）。

6）验证检查本机与外网远程网站的链路是否正常：ping____________（请写明具体的 IP 地址）。

（2）使用 IPConfig 命令查看 TCP/IP 信息

可通过 IPConfig/____________来显示已配置且所要使用的附加信息，以及本机网卡中的物理地址（MAC）。

（3）使用 Tracert、Netstat、ARP 等命令查看网络信息

1）要跟踪到 IP 地址“192.168.30.12”的路由，可用____________命令实现（请写出完整的命令）。

2）要显示所有主机连接和监听的端口号，可用____________命令实现（请写出完整的命令）。

3）要显示 IP 地址“192.168.30.12”的 ARP 缓存信息，可用____________命令实现（请写出完整的命令）。

4. 交付验收

由验收人填写网络命令使用验收单，见表 30-1。

表 30-1　网络命令使用验收单

标题:		姓名:	
ping 命令			
IPConfig 命令			
Tracert 命令			
Netstat 命令			
ARP 命令			
是否满足交付要求	□是　□否		
验收人		验收时间:	年　月　日

5. 反思与评价

填写反思评价表，见表 30-2。

表 30-2　反思评价表

项目名称:	
完成情况	□完成　□部分完成　□没做
目标实现情况	□实现　□部分实现　□大部分未实现
与老师、同学沟通情况	□好　□较好　□一般　□存在较大问题
与同学协作情况	□好　□较好　□一般　□存在较大问题
技术方法运用情况	□好　□较好　□一般　□存在较大问题
资料收集水平	□高　□较高　□一般　□差
做事态度	□认真　□较认真　□应付　□差
项目是否完成	□完成　□部分完成　□大部分未完成　□未做
总结反思	
自我评价	
整体效果	
主要不足	
改进措施	
自评等级	□优秀　□良好　□一般
时间	年　月　日

Chapter

项目 31 排除局域网故障

1. 知识点导入

在网络使用过程中经常会遇到各种各样的网络故障，如无法连接到互联网、网络时断时续等。局域网的故障现象很多，涉及的硬件和软件故障也很多，本项目将介绍一些常见的局域网故障实例和排除方法。

（1）故障分类

主要分为硬件故障和软件故障两种。

硬件故障主要包括设备故障、设备冲突、驱动问题（该类故障也可归为软件故障）。

软件故障主要包括协议配置、服务安装、用户权限、其他故障（如网络通信堵塞、广播风暴等）。

（2）排除方法

1）检查并确认故障，了解故障出现前用户进行的操作，收集故障相关问题。

2）对故障问题进行整理归类，找出引发问题的各种可能性。

3）制定故障排除计划，逐一对故障点进行排除。

2. 工作情境

了解局域网故障基础知识，掌握常见故障的排除方法，模拟并进行故障排除，要求详细记录故障排除过程。

3. 项目实施

（1）无法安装网卡驱动

1）故障描述：安装网卡驱动后，系统无法看到安装的网卡，重启计算机也无法显示。

2）故障猜测：计算机中存在设备冲突、网卡与主板接触不良或 CMOS 未设置正确。

3）故障排除如下：

① 先把主板上的声卡等设备卸下，只保留网卡和显卡；然后重新开机，逐一安装显卡驱动、网卡驱动；如果一切正常，则再插入声卡等设备，重新安装对应的驱动即可。若操作以上步骤均无问题，则说明是____________导致。

② 将网卡卸下后重新插入，如果恢复正常，则说明是____________导致。

③ 如果上述操作均不能解决问题，则重启进入 CMOS，将系统中不存在的设备都设置为 Disabled。因现在的主流主板和操作系统均支持设备即插即用，在修改过 CMOS 后再重装网卡驱动，一般均可解决上述问题。

（2）无法连接至网络

1）故障描述：局域网中单台计算机无法连接到网络。

2）故障猜测：硬件故障或软件故障。

3）故障排除如下：

① 先检查网线两端是否松动，集线器的电源是否打开，集线器是否有问题。最直接的方法就是检查网卡和集线器上的工作状态指示灯是否亮。

② 如果指示灯不亮，则说明硬件连接有问题。将网线从原集线器接口上拔下来，再重新插好，看看问题是否解决。如果问题依旧存在，再把网线换到集线器的其他接口上试一试。如果问题解决了，就说明问题出在____________上。

③ 如果指示灯都亮，则需要对网卡进行诊断，最直接的方式是利用____________命令来诊断。通过____________命令逐一对“127.0.0.1”、本机 IP、局域网内其他主机 IP、局域网网关 IP、远程网站进行检查，逐项排除故障。

④ 如果上述操作均不能解决问题，可利用____________命令查看网卡的 TCP/IP 信息，检查 IP 地址、DNS 等配置信息，可更换 IP 地址进行排除。

⑤ 如果还不能解决问题，请完成接下来的排除操作。

____

____

4. 交付验收

由验收人填写局域网故障排除验收单，见表 31-1。

表 31-1 局域网故障排除验收单

标题：		姓名：	
驱动安装			
网络连接排查			
是否满足交付要求	□是 □否		
验收人		验收时间：	年 月 日

5. 反思与评价

填写反思评价表，见表 31-2。

表 31-2　反思评价表

项目名称：	
完成情况	□完成　□部分完成　□没做
目标实现情况	□实现　□部分实现　□大部分未实现
与老师、同学沟通情况	□好　□较好　□一般　□存在较大问题
与同学协作情况	□好　□较好　□一般　□存在较大问题
技术方法运用情况	□好　□较好　□一般　□存在较大问题
资料收集水平	□高　□较高　□一般　□差
做事态度	□认真　□较认真　□应付　□差
项目是否完成	□完成　□部分完成　□大部分未完成　□未做
总结反思	
自我评价	
整体效果	
主要不足	
改进措施	
自评等级	□优秀　□良好　□一般
时间	年　月　日

参考文献

[1] 卜建高，刘毅，徐娜 . 局域网组建与维护 [M]. 上海：上海交通大学出版社，2020.

[2] 沈鑫剡，等 . 网络技术基础与计算思维实验教程——基于华为 eNSP[M]. 北京：清华大学出版社，2020.

[3] 刘彩凤 . Packet Tracer 经典案例之路由交换入门篇 [M]. 北京：电子工业出版社，2017.

[4] 王新忠，黄锦煜，朱娜 . 计算机网络实验教程 [M]. 上海：上海交通大学出版社，2015.

[5] 吕小刚，马武飚，程勇兵 . 网络设备配置与管理 [M]. 北京：航空工业出版社，2015.

[6] 谢希仁 . 计算机网络 [M]. 8 版 . 北京：电子工业出版社，2021.

[7] 章忠宪 . 中小企业网络构建工作页 [M]. 厦门：厦门大学出版社，2009.